普通高等教育"十三五"规划教材

建筑暖通空调

郑庆红　主编

U0352707

北　京

冶金工业出版社

2021

内 容 提 要

本书共分7章，主要内容包括暖通空调相关知识、供暖工程、供热系统的热源及主要设备、燃气工程、建筑通风及防排烟、空气调节以及空气调节用制冷技术。

本书为高等院校建筑给排水、建筑工程、建筑管理及监理、建筑学等相关专业的教材（配有教学课件），也可作为有关工程技术人员参考书。

图书在版编目（CIP）数据

建筑暖通空调/郑庆红主编.—北京：冶金工业出版社，2017.10（2021.6重印）

普通高等教育"十三五"规划教材

ISBN 978-7-5024-7614-4

Ⅰ.①建… Ⅱ.①郑… Ⅲ.①房屋建筑设备—采暖设备—高等学校—教材 ②房屋建筑设备—通风设备—高等学校—教材 ③房屋建筑设备—空气调节设备—高等学校—教材 Ⅳ.①TU83

中国版本图书馆 CIP 数据核字（2017）第 238451 号

出 版 人　苏长永
地　　址　北京市东城区嵩祝院北巷 39 号　邮编　100009　电话　（010）64027926
网　　址　www.cnmip.com.cn　电子信箱　yjcbs@cnmip.com.cn
责任编辑　俞跃春　杜婷婷　美术编辑　杨帆　版式设计　禹蕊
责任校对　郑娟　责任印制　李玉山
ISBN 978-7-5024-7614-4
冶金工业出版社出版发行；各地新华书店经销；北京建宏印刷有限公司印刷
2017 年 10 月第 1 版，2021 年 6 月第 3 次印刷
787mm×1092mm　1/16；14.5 印张；352 千字；222 页
39.00 元

冶金工业出版社　投稿电话　（010）64027932　投稿信箱　tougao@cnmip.com.cn
冶金工业出版社营销中心　电话　（010）64044283　传真　（010）64027893
冶金工业出版社天猫旗舰店　yjgycbs.tmall.com
（本书如有印装质量问题，本社营销中心负责退换）

前　言

本书主要介绍了现代建筑工程中的供暖工程、通风工程、冷热源工程、空调工程、燃气供应等相关知识。本书将理论与实际工程相结合，在介绍工程基本原理的基础上，主要针对各工程的系统组成形式和特点、设备种类及功能、安装敷设方式等方面进行详细阐述。

本书配合工程相关图表等，突出对各工程系统、相关设备的基本内容和内部构造的讲解，加强各部分内容的衔接，突出基础理论在工程实际整体中的应用，以利于缺乏工程实践经验的学生对相关系统、设备的特点和作用的理解和掌握。在每章内容后配有习题，便于学生加深对本章内容的理解和认识。本书内容符合学生的认知层次，体系完善，内容先进。

本书的编写分工为：第1章和第6章由西安建筑科技大学郑庆红编写；第2章由西安建筑科技大学设计研究院李婧编写；第3章和第4章由西安建筑设计研究院许彤编写；第5章由西安建筑科技大学金振星编写；第7章由西安建筑科技大学孙婷婷编写。郑庆红负责统稿。

本书配套教学课件读者可在冶金工业出版社官网（http：//www.cnmip.com.cn）输入书名搜索资源并下载。

由于作者水平所限，书中不妥之处，敬请读者指正。

编　者
2017 年 5 月

目　　录

暖通空调相关知识

1.1 热工学概述

在暖通空调工程中经常会遇到计算供暖、空调房间负荷，确定换热设备规格，处理送入房间的空气等问题。要解决这类问题就需要具备热工学方面的知识。本节简要介绍有关水蒸气的性质、湿空气的性质以及传热学等的基本知识。

1.1.1 基本概念

1.1.1.1 工质

在暖通空调系统中，经常会需要实现热能与机械能的转换、或热能的转移等热力过程，通常都需要借助于一种能携带热能的工作物质来实现这些热力过程，这种工作物质简称工质，工程中常用的工质有气体、液体和蒸汽等。

1.1.1.2 热力系统

热力学的重要研究方法之一就是选取及建立热力系统，本节研究的物质的热力状况，可以将这种物质利用一个闭合的边界（设备界面、与外界的接触面等真实或假想的边界），将其从周围的环境划分出来，边界内部所包围的空间物体就称为热力系统，边界外部物体称为边界或环境。

热力系统与外界之间没有热的相互作用，这种系统称为绝热系统。系统既不与外界发生质量交换，又不发生能量交换，则称为孤立系统。但，孤立系统也可能是由几个物质和能量交换的分系统组成。这两个系统的概念是抽象的概念，虽然自然界不存在绝对的绝热和孤立系统，但对热力系统的研究有帮助。

1.1.1.3 温度

温度是表征物体冷热程度的参数，是物质分子平移运动的平均动能的量度；在一个系统中大量分子的热运动，可以用一个平均速度表示其热运动的情况，分子热运动越强烈，分子热运动平均速度越大，表现为系统的温度越高。因此，气体的平均动能仅与温度有关，并与热力学温度成正比。可见，温度的高低标志着物质内部大量分子热运动的强烈程度。

物体温度用温度计测量。测量的依据是：处于热平衡中的各个物体间具有相同的温度。所以当温度计与被测物体达到热平衡时，温度计指示的数值即为被测物体的温度。为保证各种温度计测出的温度值具有一致性，必须有统一的温度标尺，即温标。热力学温标为基本温标，其基本温度为热力学温度，也叫绝对温度，用 T 表示，单位为开尔文（Kelvin），符号为 K。热力学温度也可采用摄氏（Celsius）温度，用 t 表示，单位为摄氏度，符号为℃。两种温标的关系为：

$$t = T - 273.15 \approx T - 273, \ ℃ \tag{1-1}$$

1.1.1.4　比热容

为了计算热力过程所交换的热量，必须知道单位数量物质的热容量。单位数量物质的热容量称为比热容。比热容的定义是：在加热（或冷却）过程中，使单位质量（kg）的物质温度升高（或降低）1K（或1℃）所吸收（或放出）的热量。表示物量的单位不同，比热容的单位也不同。对固体、液体常用质量（kg）表示，相应的是质量热容，用符号 c 表示，单位是 kJ/(kg·℃)。对气体除用质量外，还常用标准容积（m^3，标态）和千摩尔（kmol）作单位，对应的是容积热容和摩尔热容。单位分别为 kJ/(m^3·℃) 和 kJ/(kmol·℃)。比热容除与物质性质有关外，还与其温度有关。在温度变化不很大的场合，一般可把比热容看作定值。

质量为 m、比热容为 c 的物质，从温度 t_1 升高到 t_2 所需吸收的热量 Q，可用式（1-2）计算：

$$Q = mc(t_2 - t_1) \tag{1-2}$$

气体比热容的大小与热力过程的特性有关。定压加热过程中气体的比热容称为质量定压热容，用符号 c_p 表示；定容加热过程气体的比热容称为质量定容热容，用符号 c_v 表示。定压加热是保持气体压力不变的加热过程。在一个闭口系统中，在气体定压加热过程中，气体可以膨胀，所以加入的热量除了用来增加气体分子的动能外，还应克服外力做功，因此对同样质量的气体升高同样的温度，在定压过程中所需加入的热量比定容过程要吸收更多的热量。因此，同种物质，其质量定压热容 c_p 比质量定容热容 c_v 大。

1.1.1.5　热力平衡及状态方程

如果系统内部的压力与温度都均匀一致，并与外界的压力和温度平衡，该系统则处于热力平衡状态。如果系统只有压力平衡称为力的平衡，只有温度平衡称为热平衡，两者都平衡才称为热力平衡。处于热力平衡状态的物质，其系统中各部分具有相同的压力、温度、比容等状态参数值，且与外界也处于平衡。

当气体作为理想气体对待时，其绝对压力 p、绝对温度 T 和比容 v 之间存在一定关系，可以用理想气体状态方程来表示。对于 1kg 气体而言，其状态方程式为：

$$pv = RT \quad 或 \quad pV = mRT \tag{1-3}$$

式中　p——绝对压力，Pa；

　　　　v——比容，m^3/kg；

　　　　T——绝对温度，K；

　　　　V——$m$kg 气体所占的容积，m^3；

　　　　R——气体常数，$R = \dfrac{8314.4}{\mu}$；

　　　　μ——气体相对分子质量。

实际气体与理想气体之间有所不同，对实际气体应用式（1-3）是有偏差的，其偏差随压力的升高、温度的降低而增大。暖通空调工程中所涉及的压力均不很高、温度也不很低，因此，可以近似采用上述方程式进行计算。

1.1.1.6　显热和潜热

工程热力学中涉及的物质称为工质。当工质被加热或被冷却时，只改变温度，而不改变质量和物态，这种变化过程吸收或放出的热量称为显热。可用式（1-2）计算。

如果工质吸热或放热时只改变其质量或物质存在形态而不改变温度，这种过程称为相变过程，其放出或吸收的热量称为潜热，用符号 r 表示，单位是 kJ/kg。液体变成气体吸收的热量称为气化潜热，而气体变成液体所放出的热量称为凝结潜热。固体溶解为液体所吸收的热量称为溶解潜热。工质在相变过程中所需的热量可用式（1-4）计算：

$$Q = mr, \text{ kJ} \tag{1-4}$$

1.1.1.7 焓

焓是工程热力学中的一个重要参数，它表示流动工质的能量中取决于工质热力状态的那部分能量。理想气体的焓和内能一样，也仅是工质温度的单值函数。

$$i = u + pv \times 10^{-3} = f(T), \text{ kJ/kg} \tag{1-5}$$

式中　i——工质的焓，kJ/kg；

　　　u——工质的内能，即物质内部所有的分子总能量，kJ/kg；

　　　pv——代表 1kg 工质的流动功，J/kg。

如果工质没有流动，焓只是一个复合的状态参数。在许多热工设备中，工质总是从一处流向另一处，其能量变化就用焓差来表示。焓的绝对值很难直接确定，实际上也没有必要去求它的绝对值。通常需要的是工质从一个状态变化到另一个状态时焓的变化值。所以，人为地把工质为 0℃时的焓值确定为 0。

1.1.2　水蒸气的物理性质

水蒸气是暖通工程上经常遇到的工质。因此，掌握水蒸气的性质十分重要。

1.1.2.1　气化

工质由液态转变为气态的过程称为气化，相反的过程称为凝结。气化有蒸发和沸腾两种方式。蒸发是在液体表面上进行的气化过程，它可在任意温度下进行。蒸发是由于液体表面上的一些能量较高的分子，克服其邻近分子的引力而离开液体表面进入周围空间所致。液体温度越高，具有较高能量的分子数目越多，蒸发越剧烈。蒸发除与液体温度有关外，还与蒸发表面积大小及液面上空的压力有关。由于能量较高的分子离开液面，致使液体分子平均动能减小，液体的温度随之降低。蒸发时与之相反的过程也在同时进行，即空间某些蒸汽分子与液面相接触而由气态转变为液态。

在封闭容器内，当蒸发与凝结的分子数目相等时，蒸汽分子浓度保持不变，蒸汽压力达到最大值，此时气液两相处于动态平衡。两相平衡的状态称为饱和状态；所对应的蒸汽、液体、气液两相的温度和压力分别称为饱和蒸汽、饱和液体、饱和温度、饱和压力。在一定温度下的饱和蒸汽，其分子浓度和分子的平均动能是一个定值，因此蒸汽压力也是一个定值。温度升高，蒸汽分子浓度增大，分子平均动能增大，蒸汽压力也升高。所以，对应于一定的温度就有一个确定的饱和压力；反之，对应于一定的压力也有一确定的饱和温度。例如，100℃水的饱和压力为 101.325kPa，20℃时其饱和压力为 2.29kPa。

沸腾是指表面和液体内部同时进行的剧烈气化现象。在一定的外部压力下，当液体温度升至一定值时，液体的内部产生大量气泡，气泡上升至表面破裂而放出大量蒸汽，这就是沸腾，对应的温度称为沸点。沸点随外界压力的增加而升高，二者具有一一对应关系，例如，压力为 100kPa 时，水的沸点为 99.63℃；压力为 500kPa 时，其沸点相应为 151.85℃。不同性质的液体沸点不相同，如在一个物理大气压下酒精沸点为 78℃，氨的沸点为 -33℃。

1.1.2.2　湿饱和蒸汽、干饱和蒸汽和过热蒸汽

若在定压下对液体进行加热，当达到饱和温度时，液体沸腾变成蒸汽；继续加热，则比容增加，温度不变，称为饱和温度。这时容器内存在饱和液体与饱和蒸汽的混合物，称为湿饱和蒸汽状态。再继续加热，液体全部变成为饱和蒸汽，此时称为干饱和蒸汽状态。如进一步加热，则蒸汽的温度升高而超过该饱和压力下对应的饱和温度，比容也将增加，这种状态称为过热蒸汽。过热蒸汽温度与饱和温度之差称为过热度。

水蒸气是由液态水气化而来的一种气体，它离液态较近，不能将其作为理想气体。对水蒸气热力性质的研究，通常按各区分别通过实验测定并结合热力学微分方程，推算出水蒸气不可测的参数值，将数据列表或绘图供工程计算用。部分温度下饱和水蒸气压力见表 1-1。

表 1-1　部分温度下饱和水蒸气压力

空气温度/℃	10	15	20	25	30	35	40	45	50
饱和水蒸气压力/Pa	1225	1701	2331	3160	4232	5610	7358	9560	12301

1.2　湿空气的物理性质与焓湿图

湿空气既是空气环境的主体又是空调工程的处理对象。因此，首先要熟悉湿空气的物理性质及空气的焓湿图。

1.2.1　湿空气的组成

大气由干空气和一定量的水蒸气混合而成的，称为湿空气。干空气的成分主要是氮、氧、氩及其他微量气体，其中多数成分比较稳定，少数随季节和气候条件的变化有所波动。但从总体上仍可将干空气作为一种稳定的混合物来看待。

空气环境内的空气成分和人们平时所说的"空气"实际上是干空气和水蒸气的混合物，即湿空气。湿空气中水蒸气的含量虽少，质量比通常为千分之几至千分之二十几。此外，水蒸气含量常随季节、气候、地理环境等条件的变化而变化。因此，湿空气中水蒸气含量的变化对空气环境的干湿程度产生重要影响，并使湿空气的物理性质随之改变。

1.2.2　湿空气的状态参数

1.2.2.1　压力

地球表面的空气层在单位面积上所形成的压力称为大气压力。大气压力随着各个地区的海拔高度不同而存在差异，海平面的标准大气压力为 101.325kPa。

湿空气中水蒸气单独占有湿空气容积，并具有与湿空气相同的温度时所产生的压力称为水蒸气分压力。根据道尔顿定律，湿空气的压力应等于干空气的分压力与水蒸气的分压

力之和：

$$B = P_g + P_q \tag{1-6}$$

式中　B——湿空气压力，即大气压力，Pa；

P_g，P_q——干空气及水蒸气分压力，Pa。

在常温常压下干空气可视为理想气体，而湿空气中的水蒸气一般处于过热状态且含量很少，可近似地视作理想气体。所以，湿空气也应遵循理想气体的状态方程。

1.2.2.2　含湿量

在空调工程中经常涉及湿空气的温度变化，湿空气的体积也会随之而变。用水蒸气密度作为衡量湿空气含有水蒸气量多少的参数会给实际计算带来诸多不便。为此，定义含湿量为：相应于 1kg 干空气的湿空气中所含有的水蒸气量，即：

$$d = \frac{m_q}{m_g} \, , \quad \text{kg/kg}_干 \tag{1-7a}$$

因为 $m_g = V\rho_g$，$m_q = V\rho_q$，所以，式（1-7a）还可写为：

$$d = \frac{\rho_q}{\rho_g} \, , \quad \text{kg/kg}_干 \tag{1-7b}$$

1.2.2.3　相对湿度

在一定温度下，湿空气所含的水蒸气量有一个最大限度，超过这一限度多余的水蒸气会从湿空气中凝结出来。这种含有最大限度水蒸气量的湿空气称为饱和空气。饱和空气所具有的水蒸气分压力和含湿量称为该温度下湿空气的饱和水蒸气分压力和饱和含湿量。若温度发生变化，它们也将相应地变化，见表 1-2。

表 1-2　空气温度与饱和水蒸气压力及饱和含湿量的关系

空气温度 t/℃	饱和水蒸气压力 $P_{q \cdot b}$/Pa	饱和含湿量 d_b/g·kg$_干^{-1}$（$B = 101325$Pa）
10	1225	7.63
20	2331	14.70
30	4232	27.20

湿空气中水蒸气分压力与同温度下饱和水蒸气分压力之比称为相对湿度 φ，它是另一种度量水蒸气含量的间接指标，可表示为：

$$\varphi = \frac{P_q}{P_{q \cdot b}} \times 100\% \tag{1-8}$$

式中　$P_{q \cdot b}$——饱和水蒸气分压力，Pa。

1.2.2.4　湿空气的焓

在暖通工程中，空气的压力变化一般很小，可近似于定压加热或冷却过程。因此，可直接用空气焓的变化来度量空气的热量变化。湿空气的焓应等于 1kg 干空气的焓 i 加上与其同时存在的 $d$kg（或 g）水蒸气的焓。已知干空气的质量定压热容 $C_{p \cdot g} = 1.01$kJ/(kg·℃)，水蒸气的质量定压热容 $C_{p \cdot q} = 1.84$kJ/(kg·℃)，则湿空气的焓为：

$$i = 1.01t + (2500 + 1.84t)d \, , \quad \text{kJ/(kg·℃)} \tag{1-9a}$$

或

$$i = 2500d + (1.01 + 1.84d)t \, , \quad \text{kJ/(kg·℃)} \tag{1-9b}$$

由式（1-9b）可看出，$[（1.01+1.84d）t]$ 是随温度而变化的热量，称为显热；而 $(2500d)$ 仅随含湿量变化而与温度无关，称为潜热。由此可见，湿空气的焓将随温度和含湿量的升高而增大，随其降低而减少。式（1-9）中的常数 2500 是水在 0℃时的气化潜热。

1.2.3　湿空气的焓湿图

湿空气的主要状态参数有 t、d、B、φ、I、P_q 等，采用计算方法确定这些状态参数十分麻烦。

工程上应用一种能够全面反映湿空气性质，既能表示空气的各种状态参数，又能表达空气状态变化过程的列线图称为焓湿图（又称 i-d 图），如图 1-1 所示。焓湿图的应用使得空气状态及其参数的确定大为简化，又能清晰直观地反映出空气状态变化过程。它是空调工程设计与运行中一种十分重要的工具。

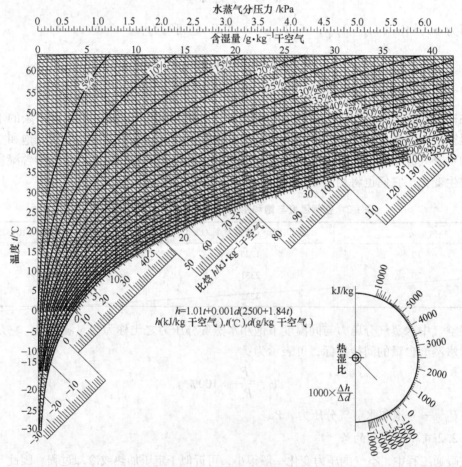

图 1-1　湿空气在标准大气压时的焓湿图

1.2.3.1　i-d 图的结构

i-d 图的具体形式因绘制者不同而有差异。图 1-2 所示为我国常用的 i-d 图结构示意。绘制时取焓 i 为纵坐标，含湿量 d 为横坐标，且两坐标之间的夹角等于或大于 135°。在实际使用中，为避免图面过长，常将 d 坐标改为水平线。i-d 图主要由 i、d 及 P_q、t、φ 的等值线列所构成。需要注意的是：$\varphi = 0\%$ 的等值线与纵坐标轴相重合，这代表了干空气的状态。$\varphi = 100\%$ 的等值线是一条特殊的饱和曲线，它代表了饱和空气状态。该曲线将 $i\text{-}d$ 图分成两部分，其左上方为湿空气区（又称未饱和区），该区内水蒸气处于过热状态；其右下方为过饱和区，空气在该区内的状态是不稳定的，其中的水雾易出现凝结现象，故该区又称为"雾区"。

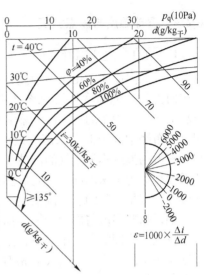

图 1-2　焓湿图

1.2.3.2　热湿比 ε

在 $i\text{-}d$ 图上任何一点均表示空气的某一状态。空调工程中常常需要对空气进行加热、加湿、冷却、减湿等处理。这势必引起空气状态发生变化。空气的这些变化取决于所吸收或放出的热量和湿量，并且认为一定量的空气吸收这些热量和湿量是"同时"和"均匀"进行的。这样在 $i\text{-}d$ 图上就可以用变化前后两个状态点的连线来代表空气这一状态变化过程。假定对 $m$kg 空气加入 QkJ 的热量和 Wkg 的湿量，从而使空气由 A 状态变化为 B 状态。该过程在 $i\text{-}d$ 图上用 AB 连线来表示，如图 1-3 所示。

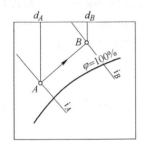

图 1-3　ε 在焓湿图上的表示

焓及含湿量的变化分别为：

$$\Delta i = i_B - i_A = \frac{Q}{m} \tag{1-10a}$$

$$\Delta d = d_B - d_A = \frac{W}{m} \tag{1-10b}$$

由式（1-10）可进一步得出：

$$\frac{\Delta i}{\Delta d} = \frac{i_B - i_A}{d_B - d_A} = \frac{Q}{W}$$

通风空调技术中，常常借助于状态变化前后焓差与含湿量差的比值来表征空气状态变化过程的方向和特征，这一比值称为热湿比 ε，即：

$$\varepsilon = \frac{\Delta i}{\Delta d} = \frac{i_B - i_A}{d_B - d_A} = \frac{Q}{W} \tag{1-11a}$$

式（1-11a）中如 Δd 改用 g 作单位，则应变为如下形式：

$$\varepsilon = \frac{\Delta i}{\dfrac{\Delta d}{1000}} = \frac{i_B - i_A}{\dfrac{d_B - d_A}{1000}} = \frac{Q}{\dfrac{W}{1000}} \tag{1-11b}$$

显然，ε 值还是过程 AB 的斜率，它反映 AB 连线的倾斜程度，故又称为角系数。斜率与起始位置无关，且斜率相同的各条直线必定相互平行。据此，可以在 $i\text{-}d$ 图上以任意点为中心设置 ε 标尺，如图 1-2 中右下方所示。实际应用时，只需按已知 ε 值把等值的 ε 标尺平行移动到既定的空气初始状态点，即可获得所需的过程线。然后，再结合其他条件确定出终状态点，进而将空气状态变化过程完全确定下来。

1.2.4　湿球温度与露点温度

1.2.4.1　湿球温度

空气的温度通常用水银温度计或酒精温度计测出。如果用两支相同的温度计（见图1-4），将其中一支的感温包裹上纱布，纱布的下端浸入盛有水的小杯中，在毛细作用下纱布经常处于润湿状态，此湿度计称为湿球温度计，它所测得的温度称为空气的湿球温度。另一支未包裹纱布的温度计称为干球温度计，它所测得的温度称为空气的干球温度，就是实际的空气温度。

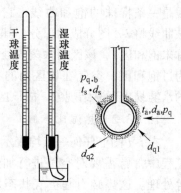

图1-4　干湿球温度计

如果忽略湿球与周围物体表面间辐射换热的影响，同时保持湿球周围的空气不滞留，湿球温度计的读数反映了湿纱布中水的温度。当空气的相对湿度 $\phi < 100\%$ 时，必然存在着水的蒸发现象。无论原来水温多高，经过一段时间后，水温终将降至空气温度以下。这时，也就出现了空气向水面的传热。此热量随着空气与水之间温差的加大而增加。当水温降到某一数值时，空气向水面的温差传热恰好补充水分蒸发所吸收的气化潜热。此时水温不再下降，这一稳定温度称为湿球温度 t_s。当相对湿度 $\phi = 100\%$ 时，水分不再蒸发，干球、湿球温度相等。

由此可见，在一定的空气状态里，干湿球温度的差值反映了空气相对湿度的大小。在 i-d 图上，可以近似地认为等焓线即为等湿球温度线。

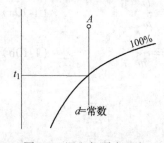

图1-5　湿空气露点温度

1.2.4.2　露点温度

湿空气的露点温度 t_1 定义为在含湿量不变的条件下，湿空气达到饱和时的温度。露点温度也是湿空气的状态参数，它与 d（或 P_q）相关，因而不是独立参数。在 i-d 图上（见图1-5）A 状态湿空气的露点温度是 A 沿等 d 线向下与 $\phi = 100\%$ 线交点的温度。当 A 状态湿空气被冷却时（或与某冷表面接触时），只要湿空气温度大于或等于其露点温度，则不会出现结露现象。因此，湿空气的露点温度是判断是否结露的依据。

1.3　传热基本原理

1.3.1　传热基本方式

凡是存在温度差的地方，就有热量由高温物体传到低温物体。因此，传热是自然界和人类活动中非常普遍的现象。以房屋墙壁在冬季的散热为例，整个过程如图1-6所示，可以将这个过程分为3段。首先室内空气以对流换热的形式、墙与物体间的以辐射方式把热量传给墙内表面；再由墙内表面以固体导热方式传递到墙外表面；最后由墙外表面以空气对流换热、墙与物体间以辐射方式把热量传

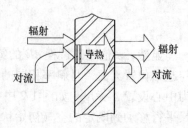

图1-6　墙体传热过程

给室外环境。从这一过程可以了解到：传热过程是由导热、热对流、热辐射 3 种基本传热方式组合形成的。不同的传热方式具有不同的传热机理，要了解传热过程的规律，首先要分析 3 种基本传热方式。

1.3.1.1 导热

导热又称热传导，是指物体各部分无相对位移或不同物体直接接触时依靠分子、原子及自由电子等微观粒子的热运动而进行的热量传递现象。导热过程可以在固体、液体及气体中发生。但在引力场下，液体和气体会出现热对流，因此单纯的导热一般只发生在密实的固体中。

大平壁导热是导热的典型问题。平壁导热量与平壁两侧表面的温度差成正比，与壁厚成反比，并与材料的导热性能有关。因此，通过平壁的导热量的计算式可表示为：

$$Q = \frac{\lambda}{\delta} \Delta t F \tag{1-12a}$$

或热流通量

$$q = \frac{\lambda}{\delta} \Delta t \tag{1-12b}$$

式中　Q——导热量，W；

　　　q——热流通量，W/m²；

　　　F——壁面积，m²；

　　　δ——壁厚，m；

　　　Δt——壁两侧表面的温差，℃，$\Delta t = (t_{w2} - t_{w1})$；

　　　λ——导热系数，指具有单位温度差的单位厚度物体，在它的单位面积上每单位时间的导热量，单位是 W/(m²·℃)。它表示材料导热能力的大小。导热系数一般由实验测定。改写式（1-12b），得：

$$q = \frac{\Delta t}{\delta / \lambda} = \frac{\Delta t}{R_\lambda} \tag{1-12c}$$

用 R_λ 表示导热热阻，则平壁导热热阻为 $R_\lambda = \delta / \lambda$（m²·℃/W）。可见平壁导热热阻与壁厚成正比，而与导热系数成反比。不同情况下的导热过程，导热热阻的表达式各异。

1.3.1.2 热对流

依靠流体的运动，把热量由一处传递到另一处的现象，称为热对流，它是传热的另一种基本方式。若热对流过程中，单位时间通过单位面积、质量为 m（kg/m²·s）的流体由温度 t_1 的地方流到 t_2 处，则此热对流传递的热量为：

$$q = m c_p (t_2 - t_1) \tag{1-13}$$

因为有温度差，热对流又必然同时伴随热传导。而且工程上遇到的实际传热问题，都是流体与固体壁面直接接触时的换热，故传热学把流体与固体壁间的换热称为对流换热（也称放热）。与热对流不同的是，对流换热过程既有热对流作用，也有导热作用，故已不再是基本传热方式。对流换热的基本计算式是牛顿于 1701 年提出的，即：

$$q = \alpha(t_w - t_f) = \alpha \Delta t \tag{1-14a}$$

式中　t_w——固体壁表面温度，℃；

　　　t_f——流体温度，℃；

　　　α——换热系数，其意义指单位面积上，当流体与壁面之间为单位温差，在单位时间内传递的热量。换热系数单位是 W/(m²·℃)。

α 的大小表达了该对流换热过程的强弱。式（1-14a）称为牛顿冷却公式。利用热阻概念，改写（1-14a）可得：

$$q = \frac{\Delta t}{1/\alpha} = \frac{\Delta t}{R_{\alpha}} \tag{1-14b}$$

式中，R_{α} 为单位壁表面积上的对流换热热阻，$R_{\alpha} = 1/\alpha$，$\mathrm{m}^2 \cdot ℃/\mathrm{W}$。

1.3.1.3　热辐射

导热或对流都是以冷、热物体的直接接触来传递热量，热辐射则不同，它依靠物体表面对外发射可见和不可见的射线（电磁波或者称光子）传递热量。物体表面每单位时间、单位面积对外辐射的热量称为辐射力，用 E 表示，单位是 $\mathrm{W/m}^2$，其大小与物体表面性质及温度有关。对于绝对黑体（一种理想的热辐射表面），理论和实验证实，它的辐射力 E_{b} 与表面热力学温度的 4 次方成比例，即斯蒂芬—玻尔茨曼定律：

$$E_{\mathrm{b}} = C_{\mathrm{b}}(T/1000)^4 \tag{1-15a}$$

式中　E_{b}——绝对黑体辐射力，$\mathrm{W/m}^2$；

C_{b}——绝对黑体辐射系数，$C_{\mathrm{b}} = 5.67\mathrm{W/(m}^2 \cdot \mathrm{K)}$；

T——热力学温度，K。

一切实际物体的辐射力 E 都低于同温度下绝对黑体的辐射力，有：

$$E_{\mathrm{b}} = \varepsilon_{\mathrm{b}} C_{\mathrm{b}}(T/1000)^4, \quad \mathrm{W/m}^2 \tag{1-15b}$$

式中，ε 为实际物体表面的发射率，也称黑度，其值处于 0~1 之间。

物体间依靠热辐射进行的热量传递称为辐射换热，它的特点是：在热辐射过程中伴随着能量形式的转换（物体内能→电磁波能→物体内能）；不需要冷热物体直接接触；不论温度高低，物体都在不停地相互发射电磁波能，相互辐射能量，高温物体辐射给低温物体的能量大于低温物体向高温物体辐射的能量，总的结果是热量由高温物体传到低温物体。

两个无限大的平行平面间的热辐射是最简单的辐射换热问题，设两表面的热力学温度分别为 T_1 和 T_2，且 $T_1 > T_2$，则两表面间单位面积、单位时间辐射换热量的计算式是：

$$q = C_{12}[(T_1/100)^4 - (T_2/100)^4] \tag{1-15c}$$

式中，C_{12} 称为 1、2 两表面间的相当辐射系数，它取决于辐射表面的材料性质及状态，其值在 0~5.67 之间。

1.3.2　传热过程

在工程中经常遇到两流体间的换热。热量从壁面一侧的流体通过平壁传递给另一侧的流体，称为传热过程。实际平壁的传热过程非常复杂，为研究方便，将这一过程理想化，看作是一维、稳定的传热过程。设有一无限大平壁，面积为 $F\mathrm{m}^2$，两侧分别为温度 t_{f1} 的热流体和 t_{f2} 的冷流体，两侧换热系数分别为 α_1 及 α_2，两侧壁面温度分别为 t_{w1} 和 t_{w2}，壁材料的导热系数为 λ，厚度为 δ，如图1-7所示。

若将该平壁在传热过程中的各处温度描绘在 t-x 坐标图上，

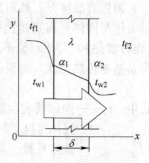

图1-7　平壁的传热过程

该传热过程的温度分布如图 1-7 中的曲线所示。按图 1-7 的分析方法，整个传热过程分 3 段，分别用下列 3 式表达：

（1）热量由热流体以对流换热传给壁左侧，单位时间和单位面积传热量为：

$$q = \alpha_1(t_{f1} - t_{w1})$$

（2）热量以导热方式通过壁：

$$q = \frac{\lambda}{\delta}(t_{w1} - t_{w2})$$

（3）热量由壁右侧以对流换热传给冷流体，即：

$$q = \alpha_2(t_{w2} - t_{f2})$$

在稳态情况下，以上三式的热流通量 q 相等，把它们改写为：

$$t_{f1} - t_{w1} = \frac{q}{\alpha_1}, \quad t_{w1} - t_{w2} = \frac{q}{\lambda/\delta}, \quad t_{w2} - t_{f2} = \frac{q}{\alpha_2}$$

三式相加，消去未知的 t_{w1} 及 t_{w2}，整理后得：

$$q = \frac{1}{\dfrac{1}{\alpha_1} + \dfrac{\delta}{\lambda} + \dfrac{1}{\alpha_2}}(t_{f1} - t_{f2}) = K(t_{f1} - t_{f2}) \tag{1-16a}$$

对 $F\text{m}^2$ 的平壁传热量为：

$$Q = KF(t_{f1} - t_{f2}) \tag{1-16b}$$

其中

$$K = \frac{1}{\dfrac{1}{\alpha_1} + \dfrac{\delta}{\lambda} + \dfrac{1}{\alpha_2}} = \frac{1}{R_K} \tag{1-17}$$

K 称为传热系数。它表明在单位时间、单位壁面积上，冷热流体间每单位温度差可传递的热量，K 的单位是 $\text{W}/(\text{m}^2 \cdot ℃)$，可反映传热过程的强弱。$R_K$ 表示平壁单位面积的传热热阻。R_K 可表示为：

$$R_K = \frac{1}{K} = \frac{1}{\alpha_1} + \frac{\delta}{\lambda} + \frac{1}{\alpha_2} \tag{1-18}$$

由式（1-18）可见传热过程的热阻等于热流体、冷流体的换热热阻及壁的导热热阻之和，类似于电阻的计算方法，掌握这一点对于分析和计算传热过程十分方便。由传热热阻的组成不难看出，传热阻力的大小与流体的性质、流动情况、壁的材料以及厚度等因素有关，所以数值变化范围很大。

【例 1-1】 混凝土板厚 $\delta = 120\text{mm}$，导热系数 $\lambda = 1.54\text{W}/(\text{m} \cdot ℃)$，两侧空气温度为：$t_{f1} = 3℃$，$t_{f2} = 28℃$，换热系数 $\alpha_1 = 27\text{W}/(\text{m}^2 \cdot ℃)$，$\alpha_2 = 6\text{W}/(\text{m}^2 \cdot ℃)$，求单位面积上传热的各项热阻、传热热阻、传热系数及热流通量。

解 单位面积各项热阻：

$$R_{\alpha 1} = \frac{1}{\alpha_1} = \frac{1}{27} = 0.037\text{m}^2 \cdot ℃/\text{W}$$

$$R_{\lambda} = \frac{\delta}{\lambda} = \frac{0.12}{1.54} = 0.065\text{m}^2 \cdot ℃/\text{W}$$

$$R_{\alpha 2} = \frac{1}{\alpha_2} = \frac{1}{6} = 0.17\text{m}^2 \cdot ℃/\text{W}$$

单位面积传热热阻：

$$R = R_{\alpha 1} + R_{\lambda} + R_{\alpha 2} = 0.037 + 0.065 + 0.17 = 0.272 \mathrm{m}^2 \cdot \text{℃}/\mathrm{W}$$

传热系数：

$$K = 1/R_K = 1/0.272 = 3.68 \mathrm{W}/(\mathrm{m}^2 \cdot \text{℃})$$

热流通量：

$$q = K\Delta t = 3.68(28 - 3) = 91.9 \mathrm{W}/\mathrm{m}^2$$

习　题

1-1　试举例说明导热、对流换热和热辐射3种传热现象的区别和特点。

1-2　已知房屋墙壁厚度为240mm，室外温度-8℃，室内温度18℃，墙体导热系数为0.45W/(m² · ℃)，内外表面对流换热系数分别为22.3W/(m² · ℃) 和6.8W/(m² · ℃)，试计算该房屋墙体的总传热热阻、传热系数和热流通量。

1-3　衡量空气湿度大小的数据有哪些，有何区别？

1-4　夏季水管上总是有水珠出现，这一现象说明什么问题？

1-5　从传热学角度出发，建筑应采用什么措施达到节能效果？

2 供暖工程

一个建筑物或房间存在着各种获得热量或散失热量的途径，存在着某一时刻由各种途径进入室内的得热量或散出室内的失热量（即耗热量）。当建筑物房间内的失热量大于（或小于）得热量时，室内温度会降低（或升高），为了保持室内在要求温度，就要保持建筑房间内的得热量和失热量相等，即维持房间在某一温度下的热平衡。

冬冷夏热是自然规律，在冬季，由于室外温度的下降，室内温度也会随之下降，要使室内在冬季都保持一个舒适的环境就需要安装供暖设备，采用人工的方法向室内供应热量。这些补充的热量就成为供暖系统应承担的任务，即系统的负荷。

热负荷的概念是建立在热平衡理论的基础上的。供暖系统设计热负荷，即是指在某一室外设计计算温度下，为达到一定室内的设计温度值，供暖系统在单位时间内应向建筑物供给的热量。热负荷通常以房间为对象逐个房间进行计算，以这种房间热负荷为基础，就可确定整个供暖系统或建筑物的供暖热负荷。它是供暖系统设计最基本的依据。供暖设备容量的大小、热源类型及容量等均与热负荷大小有关，因此，热负荷的计算是供热系统设计的基础。

2.1 供暖系统热负荷

2.1.1 供暖建筑及室内外设计计算温度

2.1.1.1 供暖建筑的热工要求

在稳态传热条件下，供暖系统设计热负荷可由房间在一定室内外设计计算条件下得热量与失热量之间的热平衡关系来确定。由第 1 章传热的基本理论可知，$F\text{m}^2$ 的平壁传热量可表示为：

$$Q = KF(t_{f1} - t_{f2})$$

由上式可知影响热负荷大小的因素有：墙体的传热系数、室外气象条件及室内散热情况等。只要减小外墙面积、墙体传热系数、室内外温差就可以达到减小供暖系统负荷的目的，从而节约能源。

我国根据能源、经济水平等因素针对供暖能耗制订了一系列的节能规范和技术措施，其中对设置全面供暖的建筑物，规定围护结构的传热热阻，应根据技术经济比较确定，而且应符合国家民用建筑热工设计规范和节能标准的要求，并要求不同地区供暖建筑各围护结构传热系数不应超过规范规定的限值，建筑耗热量、供暖耗煤量指标不应超过规定的限值。代表城市建筑热工设计分区见表 2-1，相关标准限值见表 2-2 和表 2-3。

表 2-1　代表城市建筑热工设计分区

气候分区及气候子区		代 表 城 市
严寒地区	严寒地区 A 区	博克图、伊春、呼玛、海拉尔、满洲里、阿尔山、玛多、黑河、嫩江、海伦、齐齐哈尔、富锦、哈尔滨、牡丹江、大庆、安达、佳木斯、二连浩特、多伦、大柴旦、阿勒泰、那曲
	严寒地区 B 区	
	严寒地区 C 区	长春、通化、延吉、通辽、四平、抚顺、阜新、沈阳、本溪、鞍山、呼和浩特、包头、鄂尔多斯、赤峰、额济纳旗、大同、乌鲁木齐、克拉玛依、酒泉、西宁、日喀则、甘孜、康定
寒冷地区	寒冷地区 A 区	丹东、大连、张家口、承德、唐山、青岛、洛阳、太原、阳泉、晋城、天水、榆林、延安、宝鸡、银川、平凉、兰州、喀什、伊宁、阿坝、拉萨、林芝、北京、天津、石家庄、保定、邢台、济南、德州、兖州、郑州、安阳、徐州、运城、西安、咸阳、吐鲁番、库尔勒、哈密
	寒冷地区 B 区	
夏热冬冷地区	夏热冬冷地区 A 区	南京、蚌埠、盐城、南通、合肥、安庆、九江、武汉、黄石、岳阳、汉中、安康、上海、杭州、宁波、温州、宜昌、长沙、南昌、株洲、永州、赣州、韶关、桂林、重庆、达县、万州、涪陵、南充、宜宾、成都、贵阳、遵义、凯里、锦阳、南平
	夏热冬冷地区 B 区	
夏热冬暖地区	夏热冬暖地区 A 区	福州、莆田、龙岩、梅州、兴宁、英德、河池、柳州、贺州、泉州、厦门、广州、深圳、湛江、汕头、南宁、北海、梧州、海口、三亚
	夏热冬暖地区 B 区	
温和地区	温和 A 区	昆明、贵阳、丽江、会泽、腾冲、保山、大理、楚雄、曲靖、泸西、屏边、广南、兴义、独山
	温和 B 区	瑞丽、耿马、临沧、澜沧、思茅、江城、蒙自

表 2-2　《公共建筑节能设计标准》（GB 50189—2015）中甲类公共建筑围护结构热工性能限值

气候分区 围护结构部位	严寒地区 A、B		严寒地区 C		寒冷地区			
	体型系数≤0.3	0.3<体型系数≤0.5	体型系数≤0.3	0.3<体型系数≤0.5	体型系数≤0.3		0.3<体型系数≤0.5	
	传热系数 $K/W \cdot (m^2 \cdot K)^{-1}$				传热系数 $K/W \cdot (m^2 \cdot K)^{-1}$	太阳得热系数 SHGC	传热系数 $K/W \cdot (m^2 \cdot K)^{-1}$	太阳得热系数 SHGC
屋面	≤0.28	≤0.25	≤0.35	≤0.28	≤0.45	—	≤0.40	—
外墙（包括非透光幕墙）	≤0.38	≤0.35	≤0.43	≤0.38	≤0.50	—	≤0.45	—
底面接触室外空气的架空或外挑楼板	≤0.38	≤0.35	≤0.43	≤0.38	≤0.50	—	≤0.45	—
非供暖楼梯间与供暖房间的隔墙	≤1.2	≤1.2	≤1.5	≤1.5	≤1.5	—	≤1.5	—
单一立面外窗（包括透光幕墙） 窗墙面积比≤0.2	≤2.7	≤2.5	≤2.9	≤2.7	≤3.0	—	≤2.8	—
0.2<窗墙面积比≤0.3	≤2.5	≤2.3	≤2.6	≤2.4	≤2.7	≤0.52/—	≤2.5	≤0.52/—
0.3<窗墙面积比≤0.4	≤2.2	≤2.0	≤2.3	≤2.1	≤2.4	≤0.48/—	≤2.2	≤0.48/—

续表2-2

气候分区 围护结构部位		严寒地区 A、B		严寒地区 C		寒冷地区			
		体型系数 ≤0.3	0.3<体型 系数≤0.5	体型系数 ≤0.3	0.3<体型 系数≤0.5	体型系数≤0.3		0.3<体型系数≤0.5	
						传热系数 K/W· (m²·K)⁻¹	太阳得热 系数 SHGC	传热系数 K/W· (m²·K)⁻¹	太阳得热 系数 SHGC
		传热系数 K/W·(m²·K)⁻¹							
单一立面外窗（包括透光幕墙）	0.4<窗墙面积比≤0.5	≤1.9	≤1.7	≤2.0	≤1.7	≤2.2	≤0.43/—	≤1.9	≤0.43/—
	0.5<窗墙面积比≤0.6	≤1.6	≤1.4	≤1.7	≤1.5	≤2.0	≤0.40/—	≤1.7	≤0.40/—
	0.6<窗墙面积比≤0.7	≤1.5	≤1.4	≤1.7	≤1.5	≤1.9	≤0.35/0.60	≤1.7	≤0.35/0.60
	0.7<窗墙面积比≤0.8	≤1.4	≤1.3	≤1.5	≤1.4	≤1.6	≤0.35/0.52	≤1.5	≤0.35/0.52
	窗墙面积比>0.8	≤1.3	≤1.2	≤1.4	≤1.3	≤1.5	≤0.30/0.52	≤1.4	≤0.30/0.52
屋顶透光部分 （屋顶透光部分面积≤20%）		≤2.2		≤2.3		≤2.4	≤0.44	≤2.4	≤0.35
围护结构部位		保温材料层热阻 R/W·(m²·K)⁻¹							
周边地面		≥1.1		≥1.1		≥0.60			
供暖地下室与土壤接触的外墙		≥1.1		≥1.1		≥0.60			
变形缝 （两侧墙内保温时）		≥1.2		≥1.2		≥0.90			

2.1.1.2 室内外设计计算温度

（1）室外空气设计计算温度。室外空气设计计算温度是指供暖系统设计计算时所取得的室外温度值。建筑物冬季供暖室外计算温度，是在科学统计下，经过经济技术比较得出的。根据相关国家规范的规定，冬季供暖室外计算温度采用历年平均不保证 5 天的日平均温度。冬季供暖室外计算温度用于建筑物用供暖系统供暖时计算围护结构的热负荷。

（2）室内空气设计计算温度。室内空气设计计算温度的选择主要取决于：

1）建筑房间使用功能对舒适的要求。影响人舒适感的主要因素是室内空气温度、湿度和空气流动速度等。

2）地区冷热源情况、经济情况和节能要求等因素。根据我国国家标准的规定，对舒适性供暖室内计算温度可供用 16~25℃ 。

对具体的民用和公用建筑，由于建筑房间的使用功能不同，其室内计算参数也会有差别。表2-4列出标准及规定中有关建筑的室内计算参数供参考。

表2-3　《严寒和寒冷地区居住建筑节能设计标准》（JGJ 26—2010）围护结构热工性能限值

传热系数 $K/W \cdot (m^2 \cdot K)^{-1}$

气候分区 围护结构部位	严寒地区A区 ≤3层建筑	严寒地区A区 4~8层建筑	严寒地区A区 ≥9层建筑	严寒地区B区 ≤3层建筑	严寒地区B区 4~8层建筑	严寒地区B区 ≥9层建筑	严寒地区C区 ≤3层建筑	严寒地区C区 4~8层建筑	严寒地区C区 ≥9层建筑	寒冷地区A区 ≤3层建筑	寒冷地区A区 4~8层建筑	寒冷地区A区 ≥9层建筑	寒冷地区B区 ≤3层建筑	寒冷地区B区 4~8层建筑	寒冷地区B区 ≥9层建筑
屋面	≤0.20	≤0.25	≤0.25	≤0.25	≤0.30	≤0.30	≤0.30	≤0.40	≤0.40	≤0.35	≤0.45	≤0.45	≤0.20	≤0.25	≤0.25
外墙	≤0.25	≤0.40	≤0.40	≤0.30	≤0.45	≤0.55	≤0.35	≤0.50	≤0.60	≤0.45	≤0.60	≤0.70	≤0.25	≤0.40	≤0.40
架空或外挑楼板	≤0.30	≤0.40	≤0.40	≤0.30	≤0.45	≤0.45	≤0.35	≤0.50	≤0.50	≤0.45	≤0.60	≤0.60	≤0.30	≤0.40	≤0.40
非供暖地下室顶板	≤0.35	≤0.45	≤0.45	≤0.35	≤0.45	≤0.50	≤0.35	≤0.50	≤0.60	≤0.50	≤0.65	≤0.65	≤0.35	≤0.45	≤0.45
分隔供暖与非供暖空间的隔墙	≤1.2	≤1.2	≤1.2	≤1.2	≤1.2	≤1.2	≤1.5	≤1.5	≤1.5	≤1.5	≤1.5	≤1.5	≤1.5	≤1.5	≤1.5
分隔供暖与非供暖空间的户门	≤1.5	≤1.5	≤1.5	≤1.5	≤1.5	≤1.5	≤1.5	≤1.5	≤1.5	≤2.0	≤2.0	≤2.0	≤2.0	≤2.0	≤2.0
阳台门下部门芯板	≤1.2	≤1.2	≤1.2	≤1.2	≤1.2	≤1.2	≤1.2	≤1.2	≤1.2	≤1.7	≤1.7	≤1.7	≤1.7	≤1.7	≤1.7
外窗 窗墙面积比≤0.2	≤2.0	≤2.5	≤2.5	≤2.0	≤2.5	≤2.5	≤2.0	≤2.5	≤2.5	≤2.8	≤3.1	≤3.1	≤2.8	≤3.1	≤3.1
外窗 0.2<窗墙面积比≤0.3	≤1.8	≤2.0	≤2.2	≤1.8	≤2.2	≤2.2	≤1.8	≤2.0	≤2.2	≤2.5	≤2.8	≤2.8	≤2.5	≤2.8	≤2.8
外窗 0.3<窗墙面积比≤0.4	≤1.6	≤1.8	≤2.0	≤1.6	≤1.9	≤2.0	≤1.6	≤2.0	≤2.0	≤2.0	≤2.5	≤2.5	≤2.0	≤2.5	≤2.5
外窗 0.4<窗墙面积比≤0.45	≤1.5	≤1.6	≤1.8	≤1.5	≤1.7	≤1.8	≤1.5	≤1.8	≤1.8	≤1.8	≤2.0	≤2.0	≤1.8	≤2.0	≤2.3

保温材料层热阻 $R/W \cdot (m^2 \cdot K)^{-1}$

围护结构部位	严寒地区A区 ≤3层建筑	严寒地区A区 4~8层建筑	严寒地区A区 ≥9层建筑	严寒地区B区 ≤3层建筑	严寒地区B区 4~8层建筑	严寒地区B区 ≥9层建筑	严寒地区C区 ≤3层建筑	严寒地区C区 4~8层建筑	严寒地区C区 ≥9层建筑	寒冷地区A区 ≤3层建筑	寒冷地区A区 4~8层建筑	寒冷地区A区 ≥9层建筑	寒冷地区B区 ≤3层建筑	寒冷地区B区 4~8层建筑	寒冷地区B区 ≥9层建筑
周边地面	≥1.70	≥1.40	≥1.10	≥1.40	≥1.10	≥1.10	≥0.83	≥0.83	≥0.83	≥0.83	≥0.56	—	≥0.83	≥0.56	—
地下室外墙（与土壤接触的外墙）	≥1.80	≥1.50	≥1.20	≥1.50	≥1.20	≥1.20	≥0.91	≥0.91	≥0.91	≥0.91	≥0.61	—	≥0.91	≥0.61	—

注：周边地面指距外墙内表面2m以内的地面；地面热阻系数指建筑基础持力层以上各层材料的热阻之和；地下室外墙热阻指土壤以内层材料热阻之和。

表 2-4　集中供暖系统室内设计计算温度

序号	房间名称		室内温度/℃	序号	房间名称	室内温度/℃
1	普通住宅	卧室、起居室、一般卫生间	18	9	门厅、挂号处、药房、洗衣房、走廊、病人厕所等	18
		厨房	15		消毒、污物、解剖、工作人员厕所、洗碗间、厨房	16
		设供暖的楼梯间及走廊	14			
2	高级住宅、公寓	卧室、起居室、书房、餐厅、无沐浴设备的卫生间	18~20		成人病房、化验室、治疗室、诊断室、活动室、餐厅等	20
		有沐浴设备的卫生间	25	医疗及疗养建筑	儿童病房、婴儿室、高级病房、放射诊断及治疗室、待产室	22
3	银行	厨房	15~16		太平间、药品库	12
		营业大厅	18	10	大厅、接待	16
		走道、洗手间	16		客房、办公室	20
		办公室	20		餐厅、会议室	18
4	托儿所、幼儿园	楼（电）梯	14	集体宿舍、旅馆招待所	走道、电（楼）梯间	16
		活动室、卧室、乳儿室、喂奶、隔离室、医务室办公室	20		公共浴室	25
		盥洗室、厕所	22		公共洗手间	16
		儿童浴室、更衣室	25	11	观众厅、放映室、洗手间	16~20
		洗衣房	18		门厅、走道	14~18
5	学校	厨房、门厅、走廊、楼梯间	16	影剧院	休息厅、吸烟室	16~20
		教室、阅览室、实验室、科技活动室、办公室、教研室	18		舞台、化妆室	20~22
		厕所、门厅走廊、楼梯间	16	12	餐厅、小吃、饮食、办公	18
		人体写生美术教室模特所在局部区域	26		制作间、洗手间、配餐	16
		带围护结构的风雨操场礼堂	14	餐饮建筑	厨房和饮食制作间（热加工间）	10
6	商业建筑	商店营业厅（百货、书籍）	18		干菜、饮料库	8
		副食商店营业厅（油、盐、杂货）、洗手间	16		洗碗间	16
		鱼、肉蔬菜营业厅	14	13	比赛厅、练习厅（体操除外）	16
		办公	20		休息厅	18
		米面贮藏	5		运动员、教练员休息、更衣室	20
		百货仓库	10	体育建筑	运动员	22
7	图书馆	大厅	16		游泳池大厅	26~28
		报告厅、会议室	18		观众厅	22~24
		书库、缩微拷贝片库、档案库	14		检录处、一般项目	20
		阅览室、研究室、办公室	20		体操练习厅	18
		洗手间	16		体操比赛大厅	24
8	交通建筑	候车厅、售票厅	16	14	电话总机房、控制中心等	18
		机场候机厅、办公室	20		电梯机房	5
		公共洗手间	16	其他建筑	汽车修理间	12~16
					空调机房、水泵房等	10

注：本表摘自《公共建筑节能设计标准》（GB 50189—2015）和《全国民用建筑工程设计技术措施：暖通空调·动力（2009年版）》。普通住宅的卫生间宜采用分段升温模式，洗浴时借助辅助加热设备。

2.1.2　热负荷

建筑物冬季供暖设计热负荷计算通常涉及的房间得热量、失热量（见图2-1）有：

（1）建筑围护结构的传热耗热量。

（2）通过建筑围护结构物进入室内的太阳辐射热。

（3）经由门、窗缝隙渗入室内的冷空气所形成的冷风渗透耗热量。

（4）经由开启的门、窗、孔洞等侵入室内的冷空气所形成的冷风侵入耗热量。

（5）通风系统在换气过程中从室内排向室外的通风耗热量。

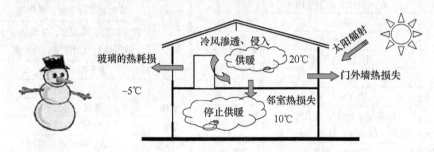

图2-1　建筑物与传热负荷

围护结构的耗热量是指当室内温度高于室外温度时，通过围护结构向外传递的热量。其他一些得、失热量，包括人体及工艺设备、照明灯具、电气用具、冷热物料、开敞水槽等散热量或吸热量，一般并不普遍存在，或者散发量小且不稳定，通常可不计入。这样，对不设通风系统的一般民用建筑（尤其是住宅）而言，往往只需考虑前4项也就够了。

2.1.2.1　围护结构的耗热量

在工程设计中，供暖系统的设计热负荷，一般由围护结构基本耗热量、围护结构附加（修正）耗热量、冷风渗透耗热量和冷风侵入耗热量4部分组成。

围护结构基本耗热量是指在设计条件下，通过房间各部分围护结构（门、窗、地板、屋顶等）从室内传到室外的稳定传热量的总和。附加（修正）耗热量是指围护结构的传热状况发生变化而对基本耗热量进行修正的耗热量。附加（修正）耗热量包括风力附加、高度附加和朝向修正等耗热量。

A　围护结构基本耗热量

在计算基本耗热量时，由于室内散热不稳定，室外气温、日照时间、日射强度以及风向、风速等都随季节、昼夜或时刻而不断变化，因此，通过围护结构的传热过程是一个不稳定过程。但对一般室内温度容许有一定波动幅度的建筑而言，在冬季将它近似按一维稳定传热过程来处理。这样，围护结构的传热就可以用较为简单的计算方法进行计算。因此，工程中除非对室内温度有特别要求，一般均按稳定传热公式（2-1）进行计算：

$$Q = \alpha F K (t_n - t_w) ,\ W \tag{2-1}$$

式中　α ——温差修正系数，见表2-5；

F ——计算传热面积，m^2；

K ——计算传热系数，应按设计手册的规定原则从建筑图上量取，$W/(m^2 \cdot {}^\circ\!C)$；

t_n ——冬季室内计算温度，见《全国民用建筑工程设计技术措施：暖通空调·动力》，℃；

t_w——供暖室外计算温度，见《民用建筑供暖通风与空气调节设计规范》（GB 50736—2012），℃。

表 2-5 温差修正系数

围护结构特征		α
外墙、屋顶、地面以及与室外相通的楼板等		1.00
闷顶和与室外空气相通的非供暖地下室上面的楼板等		0.90
非供暖地下室上面的楼板	外墙上有窗	0.75
	外墙上无窗且位于室外地坪以上	0.60
	外墙上无窗且位于室外地坪以下	0.40
与有外门窗的不供暖楼梯间相邻的隔墙	1~6 层	0.60
	7~30 层	0.50
与有外门窗的非供暖房间相邻的隔墙或楼板		0.70
与无外门窗的非供暖房间相邻的隔墙或楼板		0.40
伸缩缝墙、沉降缝墙		0.30
抗震缝墙		0.70

B 围护结构附加耗热量

围护结构的附加耗热量按其占基本耗热量的百分率确定，包括朝向修正率、风力附加率和外门开启附加率。

（1）朝向修正率。不同朝向的围护结构，受到的太阳辐射热量是不同的；同时，不同的朝向，风的速度、频率也不同。因此，《民用建筑供暖通风与空气调节设计规范》（GB 50736—2012）规定对不同的垂直外围护结构进行修正。其修正率为：

1）北、东北、西北朝向取 0~10%；

2）东、西朝向取-5%；

3）东南、西南朝向取-10%~-15%；

4）南向取-15%~-30%。

选用修正率时应考虑当地冬季日照率及辐射强度的大小。冬季日照率小于 35% 的地区，东南、西南和南向的朝向采用-10%~0%，东西朝向不修正。当建筑物受到遮挡时，南向按东西向，其他方向按北向进行修正。建筑物偏角小于 15° 时，按主朝向修正。

当窗墙面积比大于 1:1 时（墙面积不包含窗面积），为了与一般房间有同等的保证率，宜在窗的基本耗热量中附加 10%。

（2）风力附加率。建筑在不避风的高地、河边、海岸、旷野上的建筑物，其垂直的外围护结构应加 5%。

（3）外门开启附加。为加热开启外门时侵入的冷空气，对于短时间开启无热风幕的外门，可以用外门的基本耗热量乘以按表 2-6 中查出的相应的附加率。阳台门不应考虑外门附加。

表 2-6 外门开启附加率（建筑物的楼层数为 n 时）

一道门	65%n
两道门（有门斗）	80%n
三道门（有两个门斗）	60%n
公共建筑的主要出入口	500%

注：1. 外门开启附加率仅适用于短时间开启的、无热风幕的外门。2. 仅计算冬季经常开启的外门。3. 外门是指建筑物底层入口的门，而不是各层各住户的外门。4. 阳台门不应计算外门开启附加率。

（4）两面外墙附加率。当房间有两面外墙时，宜对外墙、外门及外窗附加 5%。

（5）高度附加率。由于室内温度梯度的影响，往往使房间上部的传热量加大。因此规定：当房间（楼梯间除外）净高超过 4m 时，每增加 1m 应附加 2%，但总附加率不应超过 15%。地面辐射供暖的房间高度大于 4m 时，每高出 1m 宜附加 1%，但总附加率不宜大于 8%。

（6）间歇附加率。对于间歇使用的建筑物，宜按下列规定计算间歇附加率（附加在耗热量的总和上）：仅白天使用的建筑物：20%；不经常使用的建筑物：30%。

C 门窗缝隙渗入冷空气的耗热量

由于建筑物的窗、门缝隙宽度不同，风向、风速和频率因地点和朝向而不同，应根据建筑物的内部隔断、门窗构造、门窗朝向、室内外温度和室外风速等因素确定。因此，《民用建筑供暖通风与空气调节设计规范》（GB 50736—2012）规定：冷空气渗透耗热量按式（2-2）计算：

$$Q = 0.28c_p\rho_w L(t_n - t_w)，\text{W} \tag{2-2}$$

式中 L——渗透冷空气量，m^2/h；

ρ_w——供暖室外计算温度下的空气密度，kg/m^3；

t_n——冬季室内设计温度，℃；

t_w——供暖室外计算温度，℃。

因为冷风渗透量 L 与建筑物及室外气象等因素有关，计算比较复杂，详细可参见《民用建筑供暖通风与空气调节设计规范》（GB 50736—2012）。

2.1.2.2 供暖设计热负荷的估算

根据《全国民用建筑工程设计技术措施——暖通空调·动力》的规定，只设供暖系统的民用建筑物，其供暖热负荷可按下列方法之一进行估算。

A 面积热指标法

当只知道建筑总面积时，其供暖热负荷可采用面积热指标法进行估算。

$$Q_0 = q_f F \times 10^{-3}，\text{kW} \tag{2-3}$$

式中 Q_0——建筑物的供暖设计热负荷，kW；

F——建筑物的建筑面积，m^2；

q_f——建筑物供暖面积热指标，W/m^2，它表示每 1m^2 建筑面积的供暖设计热负荷。可根据建筑物性质按表 2-7 选取。

表 2-7 供暖热指标推荐值（采取节能措施） （W/m²）

建筑物类型	供暖面积热指标	建筑物类型	供暖面积热指标
住宅	40~45	商店	55~70
居住区综合	45~55	食堂餐厅	100~130
学校办公	50~70	影剧院	80~105
医院托幼	55~70	展览馆	80~105
旅馆	50~60	大礼堂体育馆	100~150

注：总建筑面积大、外围护结构热工性能好、窗户面积小，采用较小的指标；反之采用较大的指标（摘自《全国民用建筑工程设计技术措施——暖通空调·动力》2009 年版）。

B 窗墙比公式法

当已知外墙面积和窗墙比时，供暖热负荷可采用式（2-4）估算：

$$Q = (7a + 1.7)W \cdot (t_n - t_w) \tag{2-4}$$

式中 Q——建筑物供暖热负荷，W；

　　a——外窗面积与外墙面积（包括窗）之比；

　　W——外墙总面积（包括窗），m²；

　　t_n——室内供暖设计温度，℃；

　　t_w——室外供暖设计温度，℃。

考虑到对建筑围护物的最小热阻和节能热阻以及对窗户密封程度随地区的限值，建议对严寒地区，将计算结果乘以 0.9 左右的系数；对寒冷地区，将所得结果乘以 1.05~1.10 的系数。

应指出的是：建筑物的供暖耗热量，最主要是通过垂直围护结构（墙、门、窗等）向外传递热量，而不是直接取决于建筑平面面积。供暖热指标的大小主要与建筑物的围护结构及外形有关。当建筑物围护结构的传热系数越大、采光率越大、外部体积越小或建筑物的长宽比越大时，单位体积的热损失，也即热指标值也越大。因此，从建筑物的围护结构及其外形方面考虑降低建筑耗热指标值的种种措施，是建筑节能的主要途径，也是降低集中供热系统的供暖设计热负荷的主要途径。

2.2 热水、蒸汽供暖系统分类

2.2.1 供暖系统的分类及特点

供暖系统基本可按以下几方面分类：

（1）供暖系统按使用热媒的不同，可分为热水供暖、蒸汽供暖、燃气红外辐射供暖及热风供暖等 4 类，见表 2-8。

表 2-8　供暖系统分类表

供暖热媒	热媒工况或方式	运行动力	特　点
热水	低温热水供暖 （水温<100℃）	重力循环	不需要外来动力，运行时无噪声、系统简单。由于作用压头小，所需管径大，作用半径不超过50m。只宜用于没有集中供热热源、对供热质量有特殊要求的小型建筑物中
		机械循环	水的循环动力来自于循环水泵系统作用半径大，是集中供暖系统的主要形式
	高温热水供暖 （水温100~130℃）	机械循环	散热器表面温度高，易烫伤皮肤，烤焦有机灰尘，卫生条件及舒适度较差，但可节省散热器用量，供回水温差较大，可减小管道系统管径，降低输送热媒所消耗的电能，节省运行费用。主要用于对卫生要求不高的工业建筑及其辅助建筑中
蒸汽	低压蒸汽供暖 （气压≤0.07MPa）	重力（开式）回水	民用建筑使用较少
	高压蒸汽供暖 （气压>0.07MPa）	余压（闭式）回水	多用于公共建筑和工业厂房
燃气红外辐射供暖	天然气、人工煤气、液化石油气等		可用于建筑物室内供暖或室外工作地点供暖，但采用燃气红外线辐射供暖必须采取相应的防火防爆和通风换气等安全措施
热风	（集中式）0.1~0.4MPa的高压蒸汽或≥90℃的热水	离心风机	热水和蒸汽两用。主要用于工业厂房值班供暖外的热量供应，适用于耗热量大的高大空间建筑；卫生要求高并需要大量新鲜空气或全新风的房间；能与机械送风系统合并时；利用循环风供暖经济合理时。热媒供水温度≥90℃
	（分散式）	轴流风机	冷热水两用

（2）供暖系统按系统的循环动力不同，可分为重力（自然）循环循环系统和机械循环系统。

重力循环供暖系统不需要外来动力，运行时无噪声、设备安装简单、调节方便，维护管理方便。由于作用压头小，所需管径大，只宜用于没有集中供热热源、对供热质量有特殊要求的小型建筑物中，特别适用于面积不大的一二层的小住宅、小商店等民用建筑采用。

比较高大的建筑，采用重力循环供暖系统时，由于受到作用压力、供暖半径的限制，往往难以实现系统的正常运行。而且，因水流速度小，管径偏大，也不经济。因此，对于比较高大的多层建筑、高层建筑及较大面积的小区集中供暖，都采用机械循环供暖系统。机械循环供暖系统，是靠水泵为动力来克服系统环路阻力的，比重力循环供暖系统的作用压力大得多，是集中供暖系统的主要形式。

（3）供暖系统按供暖的散热方式不同，可分为对流供暖（散热器供暖）和辐射供暖两种。

2.2.2 室内热水供暖系统

2.2.2.1 室内热水供暖系统的分类

室内热水供暖系统常按以下方式分类：

（1）按供水温度可以分为高温热水供暖系统和低温热水供暖系统。参见表2-8。

各国高温水与低温水的界限不一样。我国将供水温度高于100℃的系统称为高温水供暖系统；供水温度低于100℃的系统称为低温水供暖系统。

高温水供暖系统的热效率高，节省燃料，供回水温差大，管材与散热器的用量少，用于较大面积的集中供暖，降低输送热媒所消耗的电能，节省运行费用，具有投资少、效益高，能维持比较适宜的室内温度的优点。但高温水供暖系统由于散热器表面温度高，易烫伤皮肤，烤焦有机灰尘，卫生条件及舒适度较差，主要用于对卫生要求不高的工业建筑及其辅助建筑中。低温水供暖系统的优缺点正好与高温水供暖系统相反，是民用及公用建筑的主要供暖系统形式。

（2）按供暖系统的供回水的方式分类。供暖工程中通常"供"指供出热媒，"回"指回流热媒。在对供暖系统分类和命名时，整个供暖系统或它的一部分可用"供"与"回"来表明垂直方向流体的供给指向。"上供式"是热媒沿垂向从上向下供给各楼层散热器的系统；"下供式"是热煤沿垂向从下向上供给各楼层散热器的系统。"上回"是热煤从各楼层散热器沿垂向从下向上回流；"下回"是热媒从各楼层散热器沿垂向从上向下回流。因此，对热水供暖系统可分为图2-2所示的上供下回式、上供上回式、下供下回式、下供上回式。

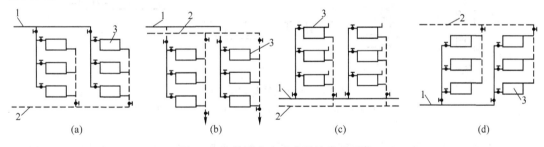

图 2-2 按供回水方式分类的供暖系统

（a）上供下回式；（b）上供上回式；（c）下供下回式；（d）下供上回式

1—供水干管；2—回水干管；3—散热器

（3）按散热器的连接方式分类。按散热器的连接方式将热水供暖系统分为垂直式与水平式系统，如图2-3所示。垂直式供暖系统是指不同楼层的各散热器用垂直立管连接的系统，如图2-3（a）所示；水平式供暖系统是指同一楼层的散热器用水平管线连接的系统，如图2-3（b）所示。垂直式供暖系统中一根立管可以在一侧或两侧连接散热器［见图2-3（a）中左边立管］，将垂直式系统中向多个立管供给或汇集热媒的管道称为供水干管或回水干管。水平式系统中的管道3与4与垂直式系统中的立管与干管不同，称为水平式系统供水立管和水平式系统回水立管，水平式系统中向多根垂直布置的供水立管分配热媒或从多根垂直布置的回水立管回收热媒的管道也称为供水干管或回水干管，如图2-3（b）所示。

　　水平式系统如图2-3（b）所示，可用于公用建筑楼堂馆所等建筑物。用于住宅时便于设计成分户计量热量的系统。

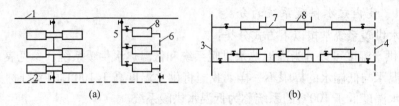

图2-3　垂直式与水平式供暖系统
（a）垂直式；（b）水平式
1—供水干管；2—回水干管；3—水平式系统供水立管；4—水平式系统回水立管；
5—供水立管；6—回水管；7—水平支路管道；8—散热器

　　该系统大直径的干管少，穿楼板的管道少，有利于加快施工进度。室内无立管比较美观。设有膨胀水箱时，水箱的标高可以降低。便于分层控制和调节。用于公用建筑，如水平管线过长时容易因胀缩引起漏水。为此要在散热器两侧设乙字弯，每隔几组散热器加乙字弯管补偿器或方形补偿器，水平顺流式系统中串联散热器组数不宜太多。可在散热器上设放气阀或多组散热器用串联空气管来排气。

　　（4）按连接散热器的管道数量分类。按连接相关散热器的管道数量将热水供暖系统分为单管系统与双管系统，如图2-4所示。

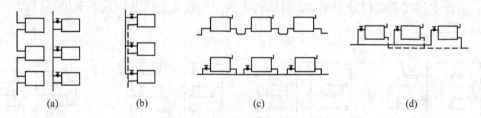

图2-4　单管系统与双管系统
（a）垂直单管；（b）垂直双管；（c）水平单管；（d）水平双管

　　1）单管系统是用一根管道将多组散热器依次串联起来的系统，如单管所关联的散热器位于不同的楼层，则形成垂直单管；如所关联的散热器位于同一楼层，则形成水平单管。图2-4（a）表示垂直单管，其左边为单管顺流式，右边为单管跨越管式；图2-4（c）为水平单管，其上图为水平顺流式，下图为水平跨越管式。

　　单管系统节省管材，造价低，施工进度快，顺流单管系统不能调节单个散热器的散热量，跨越管式单管系统采取多用管材（跨越管）、设置散热器支管阀门和增加散热器片的代价换取散热量在一定程度上的可调性；单管系统的水力稳定性比双管系统好。如采用上供下回式单管系统，往往底层散热器片数较多，有时造成散热器布置困难。

　　对5层及5层以上建筑宜采用垂直单管系统，立管所带层数不宜大于12层，严寒地区立管所带层数不宜超过6层。垂直单管式系统一般应采用上供下回式。在立管上下端均应设置检修阀门，立管下端应设泄水装置。每组散热器供回水支管间宜设置跨越管。

　　水平单管式系统可无条件设置诸多立管的多层或高层建筑，散热器宜采用异侧上进下出方式。散热器供回水支管间宜设置跨越管。

2）双管系统是用两根管道将多组散热器相互并联起来的系统。图2-4（b）为垂直双管；图2-4（d）为水平双管。双管系统可单个调节散热器的散热量，管材耗量大，施工麻烦，造价高，易产生竖向失调。

垂直双管系统一般适用于4层及4层以下的建筑，当散热器设自力式恒温阀，经过水力平衡计算负荷要求时，可应用于层数超过四层的建筑。垂直双管式一般宜采用下供下回式系统，当要求集中放风且顶层有条件布置干管时，可采用上供下回式系统。每组散热器进出口应设置阀门。立管上应设置检修阀门和泄水装置。

水平双管式系统适用于底层大空间供暖建筑（如汽车库、大餐厅等）。

3）单双管混合式。对于12层以上建筑可采用单双管系统，即单管式系统和双管式系统隔几层设置。该系统应采用上供下回式。组成单双管系统的每一个双管系统应不超过4层。

（5）按并联环路水的流程分类。按各并联环路水的流程，可将供暖系统划分为同程式系统与异程式系统，如图2-5所示。

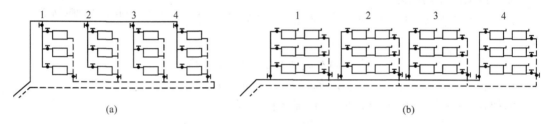

（a）　　　　　　　　　　　　　　　　　　　（b）

图2-5　同程式系统与异程式系统

（a）同程式系统；（b）异程式系统

1）热媒沿各循环环路流动时，其流程相同的系统（即各环路管路总长度基本相等的系统）称为同程式系统，如图2-5（a）所示。图2-5（a）中立管1离供水最近，离回水最远；立管4离供水最远，离回水最近；通过1~4各立管环路供回水干管路径长度基本相同。

水力计算时同程式系统各环路易于平衡，水力失调（沿水平方向各房间的室内温度偏离设计工况称为水平失调）较轻，布置管道妥当时耗费管材不多。有时可能要多耗费管材，这取决于系统的具体条件和布管的技巧。系统底层干管明设有困难时要置于管沟内。

2）热媒沿各循环环路流动时，流程不同的系统为异程式系统，如图2-5（b）所示。系统中第1循环环路供回水干管均短，第4循环环路供回水干管都长。通过1~4各部分环路供回水管路的长度都不同。只有1个循环环路的流程没有同程与异程之分。

异程式系统节省管材，降低投资。但由于流动阻力不易平衡，常导致水平失调现象。要从设计上采取措施解决远近环路的不平衡问题，如减小于管阻力、增大立支管路阻力、在立交管路上采用性能好的调节阀等。一般把从热力入口到最远的循环管路（图2-5中的循环管路4）水平干管的展开长度称为供暖系统的作用半径。机械循环系统作用压力大，因此允许阻力损失大，系统的作用半径大。作用半径较大的系统宜采用同程式系统。

2.2.2.2　重力循环热水供暖系统

A　工作原理

重力循环供暖系统，如图 2-6 所示，是利用供水与回水的密度差而进行循环的。它不需要任何外界动力，只要锅炉生火，系统便开始运行，所以又称自然循环供暖系统。系统中水靠供回水密度差循环，水在锅炉中受热，在散热器中热水将热量散发给房间。为了顺利排除空气，水平供水干管标高应沿水流方向下降，因为重力循环系统中水流速度较小，可以采用汽水逆向流动，使空气从管道高点所连膨胀水箱排除。

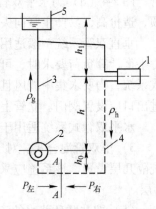

图 2-6　重力循环供暖系统
1—散热器；2—锅炉；3—供水管；
4—回水管；5—膨胀水箱

假设水温在锅炉（加热中心）和散热器（冷却中心）两处发生变化，同时假设在循环环路最低点的断面 A—A 处有一个阀门。如果将阀门关闭，则在断面 A—A 两侧受到不同的水柱压力。这两方面所受到的水柱压力差就是驱动水在系统内进行循环流动的作用压力。

设 P_1 和 P_2 分别表示断面 A—A 右侧和左侧的水柱压力，则：

$$P_1 = g(h_0\rho_h + h\rho_h + h_1\rho_g) , \ \text{Pa}$$
$$P_2 = g(h_0\rho_h + h\rho_g + h_1\rho_g) , \ \text{Pa}$$

断面 A—A 两侧的差值，就是系统的循环作用压力：

$$\Delta P = P_1 - P_2 = gh(\rho_h - \rho_g) , \ \text{Pa} \tag{2-5}$$

式中　ΔP——自然循环系统的作用压力，Pa；

　　　g——重力加速度，m/s^2，取 9.81 m/s^2；

　　　h——冷却中心至加热中心的垂直距离，m；

　　　ρ_h——回水密度，kg/m^3；

　　　ρ_g——供水密度，kg/m^3。

重力循环系统在计算作用压力时，一般取供水温度 95℃，回水温度 70℃。当高差为 1m 时，其作用压力 $\Delta P = 156\text{Pa}$。

B　重力循环供暖系统的设计

重力循环供暖系统的作用压力一般都不大，所以要求系统的管路部件要尽量少，管道要尽量短，管径要相对大一些。要求任何一个环路的阻力损失，都不能超过系统的作用压力。否则，正常的运行将难以实现。因此，重力循环热水供暖系统特点是作用半径小（不超过 50m）、升温慢、作用压力小、管径大、系统简单、不消耗电能。

常用的重力循环热水供暖系统的形式有：

（1）单管上供下回式。用于多层建筑，水力稳定性好；可以缩小散热中心与锅炉的距离。

（2）双管上供下回式。用于 3 层以下的建筑（不大于 10m），易产生垂直失调，室温可调。

（3）单户式。用于单层单户建筑，一般锅炉房与散热器在同一平面，散热器安装高度应提高至少 300~400mm。

与机械循环系统相比较，重力循环供暖系统有以下几点不同之处，在设计安装时应予注意：

（1）膨胀水箱（兼补水罐）应接在锅炉出水总管顶部的最高点（距供水干管顶标高 300~500mm 处），使整个系统的坡度趋向膨胀水箱。使膨胀水箱既解决水的受热膨胀问题，又担负着给系统充水、补水，并排除系统中空气的作用。从锅炉至膨胀水箱之间的管道上，不得装设阀门。保持锅炉内的热水始终与大气相通，以确保安全运行。

（2）膨胀水箱连接点以后的供水和回水管道均应低头走，并保持有不小于 3‰ 的坡度。使系统中的空气能沿着管道的坡度向高处聚集，并通过膨胀水箱排至大气。排除系统中的空气十分重要，供暖系统不热的原因，许多都是因为空气阻断了水流断面造成的。

回水管道应一直坡向锅炉，中途不宜设置翻身和抬头。系统的最低点应设一个泄水堵，作为系统冲洗及泄水之用。

（3）在进行系统设计时，环路不可太长，最大供暖半径一般不超过 50m。管件应尽量少，以减小局部阻力。管径应适当加大，在力求环路平衡的条件下，控制摩擦压力损失 $\Delta P_{\mathrm{m}} = 2~30\mathrm{Pa/m}$，水流速度 $v = 0.2~0.25\mathrm{m/s}$。环路末端的管径不宜小于 Dg20。

由管道散热所形成的作用压力，在进行管径计算时可忽略不计，这样做可使系统的作用压力留有一定的余地。

（4）重力循环系统的散热器，应采用上进下出式连接。两层以上的系统，宜采用单管垂直串联式，目的是充分利用系统的作用压力。

（5）锅炉的位置在可能的条件下应尽量降低，使散热器与锅炉之间尽量保持较大的高差，以增大系统的作用压力。

2.2.2.3　机械循环热水供暖系统

机械循环热水供暖系统（见图2-7）中水的循环动力来自于循环水泵4。膨胀水箱多接到循环水泵之前。在此系统中膨胀水箱不能排气，所以在系统供水干管末端设有集气罐5，干管向集气罐抬起。

机械循环热水供暖系统是现在应用最广泛的供暖形式。常用的形式有：

（1）双管上供下回式。供回水干管分别设置于系统最上面和最下面，布置管道方便，排气顺畅，是用得最多的系统形式。这种方式适用于室温有调节要求的建筑，但易产生垂直失调，如图2-2（a）所示。

（2）双管下供下回式。供回水干管均位于系统最下面，如图2-2（c）所示。与上供下回式相比，供水

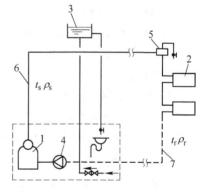

图 2-7　机械循环热水供暖系统
1—锅炉；2—散热器；3—膨胀水箱；
4—循环水泵；5—集气罐；
6—供水管；7—回水管

干管无效热损失小、可减轻上供下回式双管系统的竖向失调（沿竖向各房间的室内温度偏离设计工况称为竖向失调）。因为上层散热器环路重力作用压头大，但管路长，阻力损失大，有利于水力平衡。顶棚下无干管比较美观，可以分层施工，分期投入使用。底层需要设管沟或有地下室，以便于布置两根干管，要在顶层散热器设放气阀或设空气管排除空气。这种方式适用于室温有调节要求且顶层不能敷设干管时的建筑。

（3）双管中供式。如图2-8所示，它是供水干管位于中间某楼层的系统形式。供水干管将系统垂向分为两部分。上半部分系统可为下供下回式系统［见图2-2（c）］或上供下回式系统［见图2-2（a）］，而下半部分系统均为上供下回式系统。中供式系统可减轻竖向失调，但计算和调节都比较麻烦。这种方式适用于顶层供水干管无法敷设或边施工边使用的建筑，对楼层扩建有利。

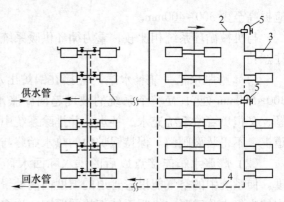

图 2-8　中供式热水供暖系统
1—中部供水管；2—上部供水管；3—散热器；
4—回水干管；5—集气罐

（4）双管下供上回式。如图2-2（d）所示，供水干管在系统最下面，回水干管在系统最上面。与上供下回式系统相对照，被称为倒流式系统。与上供下回式相比，底层散热器平均温度升高，从而减少底层散热器面积，有利于解决某些建筑物中一层散热器面积过大、难以布置的问题。立管中水流方向与空气浮升方向一致，在4种系统形式中最有利于排气。当热媒为高温水时，底层散热器供水温度高，由于水静压力也大，因此有利于防止水的汽化。这种方式适用于热媒为高温水、室温有调节要求的建筑。但会降低散热器传热系数，浪费散热器。

（5）垂直单管上供下回式。如图2-7所示，这种方式适用于一般多层建筑，是最常用的一般单管系统，具有水力稳定性好、排气方便和安装构造简单的特点。

（6）垂直单管下供上回式。这种方式适用于热媒为高温水的多层建筑。但会降低散热器传热系数，浪费散热器。

（7）水平单管跨越式。如图2-2所示，这种方式适用于单层建筑串联散热器组数过多时。系统每个环路串联散热器数量不受限制，每组散热器可以调节。但排气需单独设立排气管或排气阀。

（8）双管上供上回式。如图2-2（b）所示，供回水干管均位于系统最上面。供暖干管不与地面设备及其他管道发生占地矛盾。但立管消耗管材量增加，立管下面均要设放水阀。这种方式主要用于设备和工艺管道较多的、沿地面布置干管发生困难的工厂车间。

2.2.2.4　热水供暖系统形式的选择

散热器热水供暖应优先采用闭式机械循环系统；环路的划分应以便于水力平衡、有利于节省投资及能耗为主要依据，一般可采用异程布置；有条件时宜按朝向分别设置环路。具体形式的选择原则见表2-9。

表 2-9　热水供暖系统形式的选择原则

序号	系统形式	适用范围	备注
1	垂直双管式	4层及4层以下的建筑物；每组散热器设有恒温控制阀且满足水力平衡要求时，不受此限制	应优先采用下供下回式，散热器的连接方式宜采用同侧上进下出。每组供水立管的顶部，应设自动排气阀；有条件布置水平供水干管时，可采用上供下回方式，末端集中设置自动排气阀

序号	系统形式	适用范围	备 注
2	垂直单管跨越式	6 层及 6 层以下的建筑物	应优先采用上供下回跨越式系统，垂直层数不宜超过 6 层
3	水平双管式	低层大空间供暖建筑或可设共用立管及分户分（集）水器进行分室控温、分户计量的多层或高层住宅	在住宅建筑中，应优先采用下供下回式，每个环路只带 1 组散热器，管径不大于 DN25mm；散热器的接管宜采用异侧上进下出
4	水平单管跨越式	缺乏设置众多立管条件的多层或高层建筑；实行分户计量的住宅	散热器的接管宜异侧上进下出或采用 H 型分配阀
5	水平单管串联式		可串联的散热器数量，以环路每个环路的管径不大于 DN25mm 为原则；散热器的接管宜异侧上进下出或采用 H 型分配阀

2.2.3 高层建筑热水供暖系统

高层建筑楼层多，供暖系统底层散热器承受的压力加大，供暖系统的高度增加，更容易产生竖向失调。在确定高层建筑热水供暖系统与集中热网相连的系统形式时，不仅要满足本系统最高点不倒空、不汽化，底层散热器不超压的要求，还要考虑该高层建筑供暖系统连到集中热网后不会导致其他建筑物供暖散热器超压。高层建筑供暖系统的形式还应有利于减轻竖向失调。在遵照上述原则下，高层建筑热水供暖系统也可有多种形式。

2.2.3.1 分区式高层建筑热水供暖系统

分区式高层建筑热水供暖系统是将系统沿垂直方向分成两个或两个以上独立系统的形式，其分界线取决于集中热网的压力工况、建筑物总层数和所选散热器的承压能力等条件。

低区可与集中热网直连或间接连接。高区部分可根据外网的压力选择下述形式。分区式系统可同时解决系统下部散热器超压和系统易产生竖向失调的问题。

A 高区采用间接连接的系统

高区供暖系统与热网间接连接的分区式供暖系统如图 2-9 所示，向高区供热的换热站可设在该建筑物的底层、地下室及中间技术层内，还可设在室外的集中热力站内。室外热网在用户处提供的资用压力较大、供水温度较高时可采用高区间接连接的系统。该系统适用于高温热水，入口设换热设备造价高。

B 高区采用双水箱或单水箱的系统

高区采用双水箱或单水箱的系统，如图 2-9 所示。在高区设两个水箱，用泵 1 将供水注入供水箱 3，依靠供水箱 3 与回水箱 2 之间的水位高差［见图 2-9（a）中的 h］或利用系统最高点的压力［见图 2-9（b）］，作为高区供暖的循环动力。系统停止运行时，利用水泵出口逆止阀使高区与外网供水管不相通，高区高静水压力传递不到底层散热器及外网的其他用户。由于回水竖管 6 的水面高度取决于外网回水管的压力大小，回水箱高度超过了用户所在外网回水管的压力。竖管 6 上部为非满管流，起到了将系统高区与外网分离的作用。室外热网在用户处提供的资用压力较小、供水温度较低时可采用这种系统。该系统简单，省去了设置换热站的费用。但建筑物高区要有放置水箱的地方，建筑结构要承受其

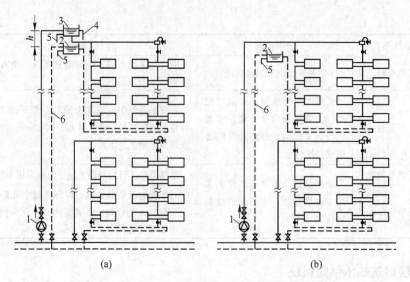

图 2-9　高区双水箱或单水箱高层建筑热水供暖系统

(a) 高区双水箱；(b) 高区单水箱

1—加压水泵；2—回水箱；3—供水箱；4—进水箱溢流管；5—信号管；6—回水箱溢流管

载荷。水箱为敞开式，系统容易掺气，增加氧腐蚀。

2.2.3.2　其他类型的高层建筑热水供暖系统

在高层建筑中除了上述系统形式之外，还可采用以下系统形式。

A　双线式供暖系统

双线式供暖系统只能减轻系统失调，不能解决系统下部散热器超压的问题。该系统分为垂直双线系统和水平双线系统，如图 2-10 所示。

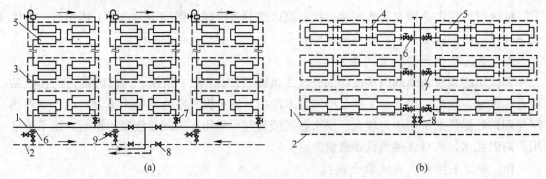

图 2-10　双线式热水供暖系统

(a) 垂直双线系统；(b) 水平双线系统

1—供水干管；2—回水干管；3—双线立管；4—双线水平管；5—散热设备；

6—节流孔板；7—调节阀；8—截止阀；9—排水阀

(1) 垂直双线热水供暖系统。图 2-10（a）为垂直双线热水供暖系统，图中虚线框表示出立管上设置于同一楼层一个房间中的散热装置（串片式散热器、蛇形管或埋入墙内的辐射板），按热媒流动方向每一个立管由上升和下降两部分构成。各层散热装置的平均温度近似相同，减轻了竖向失调。立管阻力增加，提高了系统的水力稳定性。该系统适用于公用建筑一个房间设置两组散热器或两块辐射板的情形。

（2）水平双线热水供暖系统。图2-10（b）为水平双线热水供暖系统，图中虚线框表示出水平文管上设置于同一房间的散热装置（串片式散热器或辐射板），与垂直双线系统类似。各房间散热装置平均温度近似相同，减轻水平失调，在每层水平支管上设调节阀7和节流孔板6，实现分层调节和减轻竖向失调。

B 单双管混合式系统

图2-11为单双管混合式系统。该系统中将散热器沿垂向分成组，组内为双管系统，组与组之间采用单管连接。利用了双管系统散热器可局部调节和单管系统提高系统水力稳定性的优点，减轻了双管系统层数多时，重力作用压头引起的竖向失调严重的倾向。可解决立管管径过大问题，但不能解决系统下部散热器超压的问题。该系统适用于8层以上建筑。

C 热水和蒸汽混合式系统

对特高层建筑（例如全高大于160m的建筑），最高层的水静压力已超过一般的管路附件和设备的承压能力（一般为1.6MPa）。可将建筑物沿竖向分成3个区，最高区利用蒸汽作为热媒向位于最高区的汽水换热器供给蒸汽。下面的分区采用热水作为热媒，根据集中热网的压力和温度决定采用直接连接或间接连接，该系统如图2-12所示，图中低区采用间接连接。这种系统既可解决系统下部散热器超压的问题，又可减轻竖向失调。

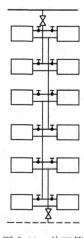

图2-11 单双管
混合式系统

D 高低层无水箱直接连接

直接用低温水供暖，便于运行管理；用于旧建筑高低层并网改造，投资少；采用微机变频增压泵，可以精确控制流量与压力，供暖系统平稳可靠，如图2-13所示。

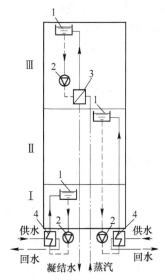

图2-12 特高建筑热水供暖系统
1—膨胀水箱；2—循环水泵；
3—汽水换热器；4—水水换热器

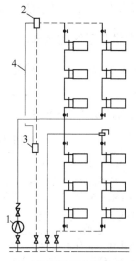

图2-13 高低层无水箱直接连接
1—加压泵；2—断流器；
3—阻旋器；4—连通管

2.2.4　室内蒸汽供暖系统

2.2.4.1　室内蒸汽供暖系统的分类

根据压力的不同，可分为低压蒸汽供暖系统和高压蒸汽供暖系统，压力大于70kPa的蒸汽称为高压蒸汽。根据回水方式的不同，低压蒸汽供暖系统可分为重力回水和机械回水两类。

2.2.4.2　室内蒸汽供暖系统管道布置

室内蒸汽供暖系统管道布置大多采用上供下回式。当地面不便布置凝水管时，也可采用上供上回式。实践证明，上供上回式布置方式不利于运行管理。

在蒸汽供暖管路中，要注意排除沿途凝水，以免发生"水击"。在蒸汽供暖系统中，沿管壁凝结的凝结水有可能被高速蒸汽流重新掀起，形成"水塞"，并随蒸汽一起高速流动，在遇到阀门、拐弯或向上的管段等部件时，使流动方向改变，水滴或水塞在高速下与管件或管子撞击，就产生"水击"，出现噪声、振动或局部高压，严重时能破坏管件接口的严密性和管路支架。为了减轻水击现象，水平敷设的供汽管路，必须具有足够的坡度，并尽可能保持汽水同向流动，蒸汽干管汽水同向流动时，坡度i宜采用0.003，不得小于0.002。进入散热器支管的坡度$i=0.01\sim0.02$。

供汽干管向上拐弯处，必须设置疏水装置。通常宜装置耐水击的双金属片型的疏水器，定期排出沿途流来的凝水。当供汽压力低时，也可用水封装置。同时，在下供式系统的蒸汽立管中，汽水呈逆向流动，蒸汽立管要采用比较低的流速，以减轻水击现象。

上供式系统中，供水干管中汽水同向流动，干管沿途产生的凝水，可通过于管末端凝水装置排除。为了保持蒸汽的干度，避免沿途凝水进入供汽立管。供汽立管宜从供汽干管的上方或上方侧接出。

散热设备到疏水器前的凝水管中必须保证沿凝水流动万向的坡度不得小于0.005。同时，为使空气能顺利排除，当凝水管路（无论低压或高压蒸汽系统）通过过门地沟时，必须设空气绕行管。当室内高压蒸汽供暖系统的某个散热器需要停止供汽时，为防止蒸汽通过凝水管窜入散热器，每个散热器的凝水支管上都应增设阀门，供关断用。

2.2.5　室内供暖系统的选择

供暖系统的选择，包括确定供暖热媒种类及系统形式两项内容。

2.2.5.1　供热系统热媒的选择

一般民用建筑的供暖热媒，可按表2-10选择。

表2-10　民用建筑供暖热媒参数的选择

建筑性质		适宜采用	允许采用	备注
居民及公共建筑	人员昼夜停留的居住类建筑，如住宅、宿舍、幼儿园、医院住院部	不超过95℃热水		托儿所、幼儿园的散热器应加防护罩
	人员长期停留的一般建筑和公共建筑，如办公楼、学校、医院门诊部、商业建筑、旅馆	不超过95℃热水	不超过115℃热水	
	人员短期停留的高大建筑，如车站、展览馆、影剧院、体育馆、食堂、浴室等	不超过110℃热水低压蒸汽	不超过130℃热水、低压蒸汽	仓库、工业附属建筑允许采用低于0.2MPa蒸汽

建筑性质		适宜采用	允许采用	备　注
工业建筑	不散发粉尘或散发非燃烧性和非爆炸性有机无毒升华粉尘的生产车间	低压蒸汽、热风不超过110℃热水	不超过130℃热水、低压蒸汽	
	散发非燃烧性和非爆炸性有机无毒升华粉尘的生产车间	低压蒸汽、热风不超过110℃热水	不超过130℃热水、低压蒸汽	
	散发非燃烧性和非爆炸性宜升华有毒粉尘、气体及蒸汽的生产车间	与卫生部门协商		
	散发燃烧性或爆炸性有毒粉尘、气体及蒸汽的生产车间	根据各部及主管部门的专门指示确定		
	任何体积的辅助建筑	低压蒸汽不超过110℃热水	高压蒸汽	
	设在单独建筑内的门诊所、药房、托儿所及保健站等	不超过95℃热水	不超过110℃热水低压蒸汽	
采暖系统采用塑料管材		不超过80℃热水		
低温地板辐射采暖系统		不超过60℃热水		

注：低压蒸汽指压力不大于70kPa的蒸汽；采用蒸汽热媒时，必须经技术论证认为合理，并在经济上经分析认为经济时才允许。

2.2.5.2　供暖系统的选择

供暖系统的选择应根据建筑的特点和使用性质、材料供应情况、区域热媒状况或城市热网工况等条件综合考虑（供暖系统具体布置形式的选择可参看 2.2.1～2.2.3 节的内容），本着适用、经济、节能、安全的原则进行确定。

（1）根据我国能源状况和能源政策，民用建筑供暖仍以煤作为主要燃料。供暖热源主要依靠集中供热锅炉房。供热锅炉房应尽量靠近热负荷密集的地区，以大型、集中、少建为宜。有条件利用城市热网作热源的建筑，应尽量利用城市热网。新建锅炉房时，也应考虑今后能与区域供热系统或城市热网相连接。

（2）在工厂附近有余热、废热可作为供暖热源时，应尽量予以利用。有条件的地区，还可开发利用地热、太阳能等天然资源。

（3）新建居住建筑的供暖系统，应按热水连续供暖进行设计与计算。住宅区内的商业、文化及其他公共建筑，也尽量采用热水系统，考虑使用的间断性，为节省能源，应单独设置手动或自动的调节装置。

（4）在工业建筑中，工厂生活区应尽量采用热水供暖，也可考虑低压蒸汽供暖。附属于工厂车间的办公室、广播室等房间，允许采用高压蒸汽供暖，但要考虑散热器及管件的承压力，供汽压力一般不应超过 0.2MPa。

（5）对于托儿所、幼儿园及医院的手术室、分娩室、小儿病房等，最好采用85～65℃的温水连续供暖，并应从系统上考虑这部分建筑能够提前和延长供暖期限，以满足使用要求。

（6）住宅底层的商店或住宅楼下的人防地下室需装置供暖设备时，其供暖系统应与住宅部分的供暖系统分别设置，以便于维护和管理。

（7）具有高大空间的体育馆、展览厅及厂房、车间等，宜采用热风供暖；也可将散热器作为值班供暖，而以热风供暖作为不足部分的补充。

（8）在集中供暖系统中，供暖时间不同的建筑（如学校的教学楼与宿舍楼；住宅区内的住宅楼与其他公共建筑），应在锅炉房内设分水器，以便按供暖时间的不同分别进行控制。

（9）民用及公共建筑不宜选用蒸汽供暖系统，蒸汽供暖虽具有节省投资的优点，但卫生条件差、容易锈蚀、维修量大、漏气量大、凝水回收率低而且有噪声。近年来，已很少采用。若选用蒸汽作热媒时，必须进行经济技术综合分析后认为确实合理方可采用。

2.3　辐射供暖（供冷）

热媒通过散热设备的壁面，主要以辐射方式向房间传热，此时散热设备可采用悬挂金属辐射板的方式，也常常采用与建筑结构合为一体的方式。这种供暖系统称为辐射供暖系统。将加热管埋设于地下的供暖系统称为地板辐射采暖。

2.3.1　辐射供暖系统的种类

辐射供暖系统的种类见表 2-11。

表 2-11　辐射供暖系统的种类

分类根据	名　称	特　点
温度	低温辐射	$t<80℃$
	中温辐射	$t=80\sim200℃$
	高温辐射	$t>5000℃$
辐射板形式	埋管式	管道埋设于建筑物表面内
	风道式	利用建筑构件的空腔使热空气循环流动期间形成辐射
	组合式	将金属板和管焊接组成辐射表面
辐射板设置位置	顶面式	将顶棚作为辐射表面，辐射热占 70%
	墙面式	将墙面作为辐射表面，辐射热占 65%
	地面式	将地面作为辐射表面，辐射热占 55%
	楼面式	将楼面作为辐射表面，辐射热占 55%
所用热媒种类	低温热水式	热媒水温 $t\leqslant100℃$
	高温热水式	热媒水温 $t>100℃$
	蒸汽式	以高压或低压蒸汽为热媒
	热风式	以加热后的空气为热媒
	电热式	以电能加热电热元件为热媒
	燃气式	通过可燃气体或液体经特制辐射器发射红外线

2.3.2 辐射供暖的特点

习惯上把辐射传热比例占总传热量50%~70%以上的供暖系统称为辐射供暖系统。辐射供暖是一种卫生条件和舒适标准都比较高的供暖方式。它是利用建筑物内部的顶面、墙面、地面或其他表面进行供暖的系统。另外，辐射供暖系统还有可能在夏季用作辐射供冷，其辐射表面兼作夏季降温的供冷表面。

埋管式采暖辐射板的缺点是：要与建筑结构同时安装，容易影响施工进程，如埋管预制化则会大大提高施工进度；与建筑结构合成或贴附一体的采暖辐射板，热惰性大，启动时间长；在间歇供暖时，热惰性大，使室内温度波动较小，这一缺点又变成优点。

辐射采暖（供冷）除用于住宅和公用建筑之外，还广泛用于空间高大的厂房、场馆和对洁净度有特殊要求的场合，如精密装配车间等。

2.3.3 地板辐射供暖系统

2.3.3.1 辐射供暖系统的热媒

辐射供暖系统的热媒可用热水、蒸汽、空气和电，热水为首选热媒。与建筑结构结合的辐射板用热水加热时温升慢，混凝土板不易出现裂缝，可以采用集中质调节。用蒸汽作热媒时，温升快，混凝土板易出现裂缝，不能采用集中质调节。混凝土板热惰性大，与蒸汽迅速加热房间的特点不相适应；用热空气作热媒，将墙板或楼板内的空腔作风道，使建筑结构厚度要增加；用电加热的辐射板有许多优越性，板面温度容易控制，调节方便，但要消耗高品位电能，用电作为能源供暖应进行技术经济论证；采用热水为热媒时其温度根据所用的热源和供暖辐射板的类型来决定，可分为较高温度和较低温度两类。辐射供暖也应尽量利用地热、太阳能等低温热源。目前，根据《全国民用建筑工程设计技术措施：暖通空调·动力》的规定，地板辐射供暖系统热水供水温度不应超过60℃，供回水温差不宜大于10℃。工作压力不宜大于0.8MPa。

2.3.3.2 地板辐射供暖系统的优缺点

地板辐射供暖系统具有以下主要优点：

（1）由于有辐射强度和温度的双重作用，造成了真正符合人体散热要求的热状态，具有最佳的舒适感。

（2）利用与建筑结构相结合的辐射供暖系统，不需要在室内布置散热器，也不必安装连接散热器的水平支管，所以不但不占建筑面积，也便于布置家具。

（3）室内沿高度方向上的温度分布比较均匀，温度梯度很小，无效热损失可大大减少。

（4）由于提高了室内表面的温度，减少了四周表面对人体的冷辐射，提高了舒适感。

（5）不会导致室内空气的急剧流动，从而减少了尘埃飞扬的可能，有利于改善卫生条件。

（6）由于辐射供暖将热量直接投射到人体，在建立同样舒适条件的前提下，室内设计温度可以比对流供暖时降低2~3℃（高温辐射时可以降低5~10℃），从而可降低供暖能耗约10%~20%。

　　辐射供暖的主要缺点是初投资较高，通常比对流供暖系统高出 15%~25%（以低温辐射供暖系统比较）。

2.3.3.3　低温辐射地板供暖的选用及布置

　　低温辐射地板供暖的加热管管材选择原则是：承压与耐温适中、便于安装、能热熔连接、环保性好（废料能回收利用）；宜优先选择耐热聚乙烯（PE-RT）管和聚丁烯（PB）管，也可采用交联聚乙烯（PE-X）管及铝塑复合管。

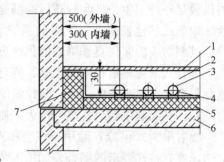

图 2-14　地面供暖辐射管的设置
1—饰面层；2—混凝土；3—加热管；
4—锚固卡钉；5—隔热层和防水层；
6—楼板；7—侧面隔热层

　　管道设置如图 2-14 所示。集分水器安装形式如图 2-15 所示。地面供暖辐射的加热管有几种布置方式，如图 2-16 所示：U 形排管式、S 形排管式、L 形排管式、回字形排管式。S 形排管易于布置，板面温度变化大，适合于各种结构的地面；S 形排管平均温度较均匀，但弯头曲率较小；回字形排管施工方便，大部分曲率半径较大，但温度也不均匀。

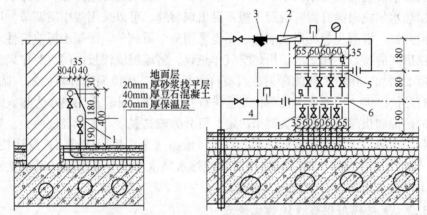

图 2-15　低温地板辐射供暖分配器安装示意图
1—分配器；2—磁卡表；3—过滤器；4—温度传感器；
5—分水器；6—集水器

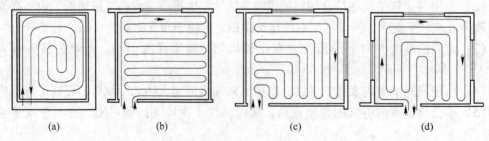

图 2-16　低温地板辐射供暖水管敷设方式
（a）回字形（逆向螺旋形）；（b）S 形（单螺旋形）；
（c）L 形（双螺旋形）；（d）U 形（三螺旋形）；

2.3.4 燃气红外线辐射供暖

燃气红外线辐射供暖可用于建筑物室内供暖或室外工作地点供暖。但采用燃气红外线辐射供暖必须采取相应的防火防爆和通风换气等安全措施。

高大建筑空间全面供暖宜采用连续式燃气红外线辐射供暖；面积较小、高度低的空间，宜采用单体的低强度辐射加热器；室外工作点的供暖宜采用单体高强度辐射加热器。

燃气红外线辐射供暖系统的布置应保障房间温度分布均匀为原则，并应符合下列要求：

（1）布置全面辐射供暖系统时，沿四周外墙、外门处的辐射散热器散热量不宜少于总热负荷的60%。

（2）宜按不同使用时间、使用功能的工作区域设置能单独控制的散热器。人员集中的工作区域宜适当加强辐射照度。在用于局部地点供暖时，其数量不应少于两个，且宜安装在人体两侧上方。

（3）其安装高度应根据人体舒适度确定，但不应低于3m。

（4）由室内供应空气的房间，应能保证燃烧所需的空气量，如所需空气量超过房间每小时0.5次换气次数时，应由室外供应空气。

（5）无特殊要求时，燃气红外线辐射供暖系统的尾气应排至室外。

（6）燃气红外线辐射供暖系统应与可燃物保持一定距离。

（7）燃气红外线辐射供暖系统，应在便于操作的位置设置，并与燃气泄漏报警系统联锁，可直接切断供暖系统及燃气系统的控制开关。利用通风机供应室内空气时，通风机与供暖系统应设置连锁开关。

2.3.5 辐射供暖的热负荷计算

2.3.5.1 地板辐射供暖热负荷

低温热水地板辐射由于主要依靠辐射方式，在相同的舒适条件下，室内计算温度一般可比对流供暖方式低2~3℃，总耗热量可减少5%~10%。同时，由于它要求的供水温度较低（一般为35~50℃），可以利用热网回水、余热水或地热水等，因此从卫生条件和经济效益上看，是一种较好的供暖方式。根据我国《辐射供暖供冷技术规程》（JGJ 142—2012）的规定，地板供暖热负荷按以下情况分别计算：

（1）房间全面供暖的地板辐射供暖设计热负荷可按常规散热器系统房间计算供暖负荷的90%~95%，或将房间温度降低2℃进行房间供暖负荷计算。

（2）房间局部设地板辐射供暖（其他区域无供暖）时，所需热负荷按房间全面地板辐射供暖负荷乘以该区域面积与所在房间面积的比值和表2-12的附加系数确定。

表 2-12　局部辐射采暖热负荷计算系数

供暖区面积与房间面积比值	≥0.75	0.55	0.40	0.25	≤0.20
计算系数	1	0.72	0.54	0.38	0.30

（3）进深大于6m的房间，宜距外墙6m为界分区，分别计算热负荷和进行管线布置。

（4）计算地面辐射供暖系统热负荷时，可不考虑高度附加。

（5）不计算敷设加热管地面的热损失。

（6）应考虑间歇供暖及户间传热等因素。

2.3.5.2　燃气红外线辐射系统供暖热负荷

燃气红外线辐射供暖系统用于全面供暖时，其负荷应取常规对流式计算热负荷的80%～90%；用于局部供暖时，其热负荷可按全面供暖的耗热量乘以局部面积与所在房间面积的比值，再按表 2-12 乘以附加系数进行计算。

燃气红外线辐射供暖系统安装高度超过 6m 时，每增加 0.3m，建筑围护结构的总耗热量应增加 1%。

2.3.6　辐射供暖的散热量计算

辐射供暖地板的散热量，包括地板向房间的有效散热量和向下层（包括地面层向土壤）传热的热损失量。设计计算应考虑下列因素：

（1）垂直相邻各层房间均采用地板辐射供暖时，除顶层以外的各层，均应按房间供暖热负荷扣除来自上层的热量，确定房间所需有效散热量，即 q_1。

（2）热媒的供热量，应包括地板向房间的有效散热量和向下层（包括地面层向土壤）传热的热损失量。

（3）垂直相邻各层房间均采用地板辐射供暖时，除顶层以外的各层，向下层的散热量，可视作与来自上层的得热量相互抵消。

（4）单位地板面积所需有效散热量 q_1，按式（2-6）计算：

$$q_1 = Q_1 / F_1, \quad W/m^2 \tag{2-6}$$

式中　Q_1——房间所需的地面散热量，W；

　　　F_1——敷设加热管的房间地板面积，m^2。

（5）地面上的固定设备和卫生器具下，不应布置加热管道。应考虑家具和其他地面覆盖物的遮挡因素，按房间地面的总面积 F，乘以适当的修正系数（见表 2-13），确定地板有效散热面积 F_1。

表 2-13　不同房间的计算遮挡率与单位面积应增加散热量的修正系数

房间名称	主卧	次卧	客厅	书房
房间面积/m^2	10～18	6～16	9～26	6～12
家具遮挡率/%	21～12	33～14	22～6.4	34～20
修正系数	1.27～1.14	1.47～1.16	1.28～1.07	1.52～1.25

注：地面遮挡率与房间面积成反比，面积小的房间遮挡率宜取大值；面积范围可近似按内插法确定系数。

（6）敷设加热管道地板的表面平均温度 t_{EP}，不应高于表 2-14 的规定值。当房间供暖热负荷较大，地板表面温度计算值超出规定时，应设置其他供暖设备，以满足房间所需散热量。

表 2-14　地板表面平均温度 t_{EP}　　　　　　　　　　（℃）

环境条件	适宜范围	最高限值
人员长期停留区域	24～26	28
人员短期停留区域	28～30	32
无人员停留区域	35～40	42

单位地板面积有效散热量 q_1 和向下传热的热损失量 q_2，均应通过计算确定。当地面构造符合时，可按《辐射供暖供冷技术规程》（JGJ 142—2012）直接查出。

2.4 热 风 供 暖

热风供暖是比较经济的供暖方式之一。对流散热几乎占 100%，有热惰性小、能迅速提高空温的特点，它不仅可以加热室内再循环空气，也可以用来加热室外新鲜空气，通风和供暖并用。热风供暖可分为集中式热风供暖、分散式暖风机供暖及热风幕 3 种。

2.4.1 集中式热风供暖

《全国民用建筑工程设计技术措施——暖通空调·动力》中规定符合下列条件之一的场合，宜采用集中送风的供暖方式：

（1）室内允许利用循环空气进行供暖。

（2）热风供暖系统能与机械送（补）风系统合并设置时。

（3）供暖负荷特别大、无法布置大量散热器的高大空间。

（4）设有散热器防冻值班供暖系统，又需要间歇正常供暖的房间，如学生食堂等。

（5）利用热风供暖经济合理的其他场合。

集中送风方式和暖风机供暖系统的热媒，宜采用 0.1~0.4MPa 的高压蒸汽或不低于 90℃的热水。送风口的安装高度应根据房间高度及回流区的高度等因素决定，一般不宜低于 3.5m，不得高于 7m，回风口底边距地面的距离宜保持 0.4~0.5m。

采用热风供暖的送风温度应符合下列规定：

（1）送风口距地面高度不大于 3.5m 时，送风温度 35~45℃。

（2）送风口距地面高度不小于 3.5m 时，送风温度不高于 70℃。

2.4.2 分散式暖风机供暖

暖风机供暖（分散式）的最大优点是升温快、设备简单、初投资低，它主要适用于空间较大、单纯要求冬季供暖的餐厅、体育馆、商场、戏院、车站等最为适宜。但由于暖风机运行噪声较大，因此对噪声要求严格的地方不适宜用暖风机供暖。暖风机的名义供热量，通常是指进风温度为 15℃时的供热量，当实际进风温度不符时，其供热量应按式（2-7）修正：

$$\frac{Q}{Q_{\mathrm{m}}} = \frac{t_{\mathrm{p}} - t_{\mathrm{n}}}{t_{\mathrm{p}} - 15} \tag{2-7}$$

热风供暖系统以空气作为热媒。其主要设备是暖风机。它由通风机、电动机、空气加热器组成。在风机的作用下，空气由吸入口进入机组，经空气加热器后，从送风口送到室内，以满足维持室内温度的需要。

空气可以用蒸汽、热水或烟气来加热。利用蒸汽或热水，通过金属盘管传热而将空气加热的设备叫做空气加热器；利用烟气来加热空气的设备叫做热风炉。热风供暖系统主要应用于工业厂房和有高大空间的建筑物。它具有布置灵活、方便的特点。常见的暖风机如图 2-17 所示。

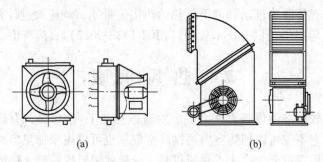

图 2-17　暖风机示意图
(a) 轴流式暖风机；(b) 离心式暖风机

对于严寒地区宜采用热风供暖系统结合散热器值班供暖系统方式。当不设散热器值班供暖系统时，同一供暖区域宜设置不少于两套热风供暖系统。在有大量新风或全新风时，宜设置两级加热器，且第一级加热器的热媒宜用蒸汽（有条件时也可采用电热、燃油燃气直接加热等方式）。

2.4.3　热风幕

符合下列条件之一时，宜设空气幕或热风幕：

(1) 位于严寒地区的公共建筑，其开启频繁的出入口不具备设置门斗的条件时。

(2) 位于非严寒地区的公共建筑，其开启频繁的出入口不具备设置门斗的条件，设置空气幕或热风幕经济合理时。

(3) 室外冷空气侵入会导致无法保持室内温度时。

(4) 内部散湿量很大的公共建筑（游泳池等）的外门。

(5) 两侧温度、湿度或洁净度相差较大，且人员出入频繁的通道。

热风幕的送风温度应通过计算确定，一般外门不宜高于 50℃，高大外门不应高于 70℃；公共建筑的外门的送风速度不宜大于 6m/s，高大外门不宜大于 25m/s。

热风供暖系统和热风幕的热媒系统一般应独立设置。为避免热媒温度过低时的"吹冷风"现象，宜配置恒压（温）气动自控装置。

2.5　供暖设备与附件

2.5.1　散热器

2.5.1.1　散热器基本要求

散热器是供暖系统重要的、基本的组成部件。水在散热器内降温向室内供热达到供暖的目的。散热器的金属耗量和造价对供暖系统造价的影响很大，因此，正确选用散热器对系统的经济指标和运行效果有很大的影响。

对散热器的要求是多方面的，可归纳为以下 4 个方面：

(1) 热工性能。同样材质散热器的传热系数越高，其热工性能越好。可采用增加散热面积、提高散热器周围空气流动速度、强化散热器外表面辐射强度和减少散热器各部件间的接触热阻等措施改善散热器的热工性能。

（2）经济指标。散热器单位散热器的成本（元/W）及金属耗量越低，其经济指标越好。安装费用越低、使用寿命越长，其经济性越好。

（3）安装使用和工艺要求。散热器应具有一定的机械强度和承受能力。散热器的工作压力应满足供暖系统的工作压力；安装组对简单；便于安装和组合成所需的散热面积；尺寸应较小，少占用房间面积和空间；安装和使用过程不易破损；制造工艺简单、适于批量生产。

（4）卫生和美观方面的要求。散热器表面应光滑，方便和易于消除灰尘。外形应美观协调。

2.5.1.2 散热器种类

散热器以传热方式分：当对流方式为主时（占总传热量的60%以上），为对流型散热器，如管型、柱型、翼型、钢串片型等；以辐射方式为主（占总传热量的60%以上），为辐射型散热器，如辐射板、红外辐射器等。散热器以形状分，有管型、翼型、柱型和平板型等。散热器以材料分，有金属（钢、铁、铝、铜等）和非金属（陶瓷、混凝土、塑料等）。我国目前常用的是金属材料散热器，按材质分主要有铸铁散热器、钢制散热器、铝合金散热器以及塑料散热器等。

散热器技术条件见表2-15。

表2-15 散热器技术条件汇总表

分 类		名 称	工作压力/MPa		材 质
辐射器	铸铁	柱型	0.5	0.8	HT150（不得低于HT100）
		翼型	0.5		
		柱翼型			
	钢制	柱型	0.6		A3 或 B2F
		板型	0.6		
		扁管型	0.8		
		闭式串片型	1.0		低碳钢管/薄钢板
		钢管型	1.2		St12
		卫浴型	1.2		无缝钢管
	铝制	柱翼型	0.8		LD31
		压铸铝合金单片组装型	1.2		
	铜制	卫浴型	1.2		TP2
	双金属复合	铜铝复合柱翼型	1.0		TP2/LD31
		钢铝复合柱翼型	1.0		无缝钢管/LD31
对流器	钢制	翅片管对流型	1.0		低碳钢管/钢带
	铜管铝片	连续敷设对流型	1.5		TP2/铝片
		单体对流型	1.2		

A 铸铁散热器

铸铁散热器的特点是结构简单、防腐性能好、使用寿命长、热稳定性好、价格便宜。

它的金属耗量大、笨重、金属热强度比钢制散热器低。目前国内应用较多的为柱型和翼型两大类。

（1）柱型散热器。柱型散热器是单片组合而成，每片呈柱状形，表面光滑，内部有几个中空的立柱相互连通。按照所需散热量，选择一定的片数，用对丝将单片组装在一起，形成一组散热器。柱型散热器根据内部中空立柱的数目分为2柱、4柱、5柱等，每个单片有带脚和不带脚两种，以便于落地或挂墙安装。其单片散热量小，容易组对成所需散热面积，积灰较易清除。

（2）翼型散热器。翼型散热器的壳体外有许多肋片，这些肋片与壳体形成连为一体的铸件。在圆管外带有圆形肋片的称为圆翼形散热器，扁盒状带有竖向肋片的称为长翼型散热器。翼型散热器制造工艺简单，造价较低；但翼型散热器的金属热强度和传热系数比较低，外形不美观，肋片间易积灰，且难以清扫，特别是它的单体散热量较大，设计时不易恰好组合成所需面积。

常用铸铁柱型散热器如图2-18所示。

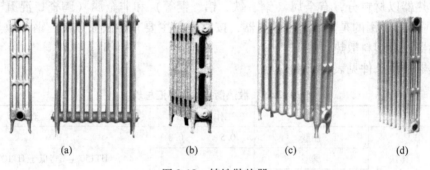

（a）　　　　　（b）　　　　　（c）　　　　　（d）

图2-18　铸铁散热器

（a）四柱型散热器；（b）柱翼型散热器；（c）桶形二柱型散热器；（d）圆管柱型散热器

B　钢制散热器

钢制散热器金属耗量少，耐压强度高，外形美观整洁，占地小，便于布置。钢制散热器的主要缺点是容易腐蚀，使用寿命比铸铁散热器短，有些类型的钢制散热器水容量较少，热稳定性差。

钢制散热器的主要类型有：

（1）闭式钢串片散热器，由钢管上串0.5mm的薄钢片构成，钢管与联箱相连，串片两端折边90°形成封闭形，在串片折成的封闭垂直通道内，空气对流能力增强，同时也加强了串片的结构强度。

钢串片式散热器规格以高（H）×宽（B）表示，长度（L）按设计制作。

另外还有在钢管上加上翅片的形式，即为钢质翅片管式散热器。

（2）钢制板式散热器。板式散热器由面板、背板、进出水口接头等组成。背板分带对流片和不带对流片两种板型。面板和背板多用1.2～1.5mm厚的冷轧钢板冲压成型，在面板上直接压出呈圆弧形或梯形的水道，热水在水道中流动放出热量。水平联箱压制在背板上，经复合滚焊形成整体。为增大散热面积，在背板后面焊上0.5mm的冷轧钢板对流片。

（3）柱式散热器与铸铁柱式散热器的构造相类似，也是由内部中空的散热片串联组成。与铸铁散热器不同的是钢制柱式散热器是由 1.25～1.5mm 厚的冷轧钢板冲压延伸形成片状半柱形，两个半柱形经压力滚焊复合成单片，单片之间经气体弧焊连接成散热器。也可用不小于 2.5mm 钢管径机械冷弯后焊接加工制成。散热器上部联箱与片管采用电弧焊连接。

（4）扁管式散热器采用（宽）521mm×（高）11mm×（厚）1.5mm 的水通路扁管叠加焊接在一起。两端加上断面 35mm×40mm 的联箱制成。扁管散热器的板型有单板、双板、单板带对流片和双板带对流片 4 种结构形式。

单、双板扁管散热器两面均为光板，板面温度较高，辐射热比例较高。带对流片的单、双板扁管散热器主要以对流方式传热。常用钢质散热器如图 2-19 所示。

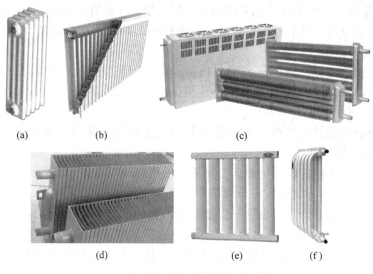

(a)   (b)   (c)

(d)   (e)   (f)

图 2-19 常用钢质散热器

（a）柱型散热器；（b）板式对流散热器；（c）翅片管对流散热器；
（d）闭式串片式换热器；（e）扁管式散热器；（f）弧形管式散热器

C 铜铝、钢铝复合型散热器

复合材料的散热器与钢质散热器类型相近。主要有柱翼型散热器、翅片管散热器、铜管铝串片式等形式。它们具有加工方便、重量轻、外形美观、传热系数高、金属热强度高等特点，但造价较钢质散热器高，不如铸铁散热器耐用。现以主翼型散热器为例，其制作方法是：以无缝钢管或铜管为通水部件，管外用胀管技术复合铝制散热翼。常见复合材料的散热器形式如图 2-20 所示。

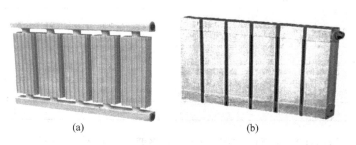

(a)   (b)

图 2-20 常用的复合型散热器类型

（a）GLZ 钢铝复合柱翼型散热器；（b）铜铝复合散热器 TL

2.5.1.3 散热器的选用及布置

散热器的布置应该力求做到使室内冷暖空气易形成对流，从而保持室温均匀；室外侵入房间的冷空气能迅速被加热，减小对室内的影响。散热器的布置应使管道便于敷设，缩短管道长度，以节约管材；同时减少热损失和阻力损失。散热器布置在室内要尽量少占空间，与室内装修协调一致、美观可靠。

（1）散热器的选用应遵循以下原则：

1）散热器应满足供暖系统工作压力要求，且应符合现行国家或行业标准。

2）采用钢制散热器时，应采用闭式系统，并满足产品对水质要求，在非供暖季节供暖系统应充水保养；蒸汽系统不应采用钢制柱型、板型和扁管等散热器。

3）在设置分户热计量装置和设置散热器温控阀的热水供暖系统中，不宜采用水流通道内含有粘砂的铸铁散热器。

4）采用铝制散热器、铜铝复合型散热器，应采取措施防止散热器接口电化学腐蚀。采用铝制散热器应选用内防腐型散热器，并满足产品对水质要求。且应严格控制采暖水的pH值，应保持pH值（25℃）≤9。

5）对于具有腐蚀性气体的工业建筑或相对湿度较大的房间（如浴室、游泳馆），应采用耐腐蚀的散热器。

6）在同类产品中应选择采用较高金属热强度指标的产品。

（2）散热器的具体布置应注意下列事项：

1）最好在房间每个外窗下设置一组散热器，这样从散热器上升的热气流能阻止和改善从玻璃窗下降的冷气流和冷辐射影响，同时对由窗缝隙渗入的冷空气也可起到迅速加热的作用，使流经室内工作区的空气比较暖和舒适。进深较大的房间宜在房间内外侧分别设置散热器。当安装布置有困难时可将散热器置于内墙，但这种方式冷空气常常流经人的工作区，使人感到不舒服，在房间进深超过4m时，尤其严重。

2）为防止冻裂散热器，两道外门之间的门斗内不能设置散热器。所以其散热器应由单独的立管、支管供热，且不得装设调节阀。

3）梯间由于热流上升，上部空气温度比下部高，布置散热器时，应尽量布置在底层或按一定比例分布在下部各层。底层无法布置时，可按表2-16进行分配。

表 2-16　楼梯间散热器分配比例

建筑物总层数	散热器所在楼层					
	1F	2F	3F	4F	5F	6F
2	65	35	—	—	—	—
3	50	30	20	—	—	—
4	50	30	20	—	—	—
5	50	25	15	10	—	—
6	50	20	15	15	—	—
7	45	20	15	10	10	—
≥8	40	20	15	10	10	5

4）散热器一般应明装，简单布置。内部装修要求高的建筑可采用暗装。暗装时应留足够的空气流通通道，并方便维修。暗装散热器设置温控阀时，应采用外置式温度传感

器，温度传感器应设置在能正确反应房间温度的位置。散热器明装、半暗装、暗装立、支管连接方式如图 2-21 所示。

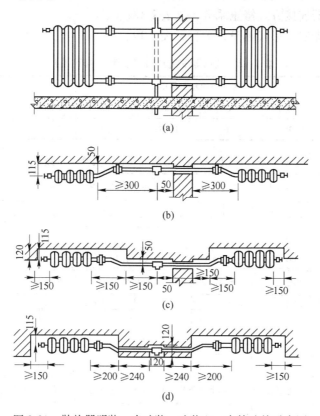

图 2-21　散热器明装、半暗装、暗装立、支管连接示意图

（a）散热器立、支管连接立面图；（b）明管、散热器明装平面图；

（c）明管、散热器半暗装平面图；（d）暗管、散热器暗装平面图

5）托儿所、幼儿园应暗装或加防护罩，以防烫伤儿童。

6）片式组对每组散热器片数不宜过多。当散热器片数过多时，可分组串接（串联组数不宜超过两组），串接支管管径应不小于 25mm；供回水支管宜异侧连接。

7）汽车库散热器宜高位安装，散热器落地安装时宜设置防撞设施。

8）有冻结危险的楼梯间或其他有冻结危险的场所，应由单独的立管、支管供暖。

2.5.1.4　散热器的热工计算

散热器热工计算的目的是要确定供暖房间所需散热器面积和片数。

散热器面积可按式（2-8）计算：

$$F = \frac{Q}{K(t_{pj} - t_n)} \beta_1 \beta_2 \beta_3 \tag{2-8}$$

式中　F——散热器的散热面积，m^2；

　　　Q——散热器的散热量，W；

　　　t_{pj}——散热器内热媒平均温度，℃；

　　　t_n——室内供暖计算温度，℃；

K——散热器在设计工况下的传热系数：$W/(m^2 \cdot ℃)$；

β_1——散热器片数（长度）修正系数，见表 2-17；

β_2——散热器连接方式修正系数，见表 2-18；

β_3——散热器安装形式修正系数，见表 2-19。

表 2-17　散热器安装片数（长度）修正系数

散热器形式	各种铸铁及钢柱型				钢制板型及扁管型		
散热器片数	6片以下	6~10片	11~20片	20~25片	≤600mm	800mm	≥1000mm
β_1	0.95	1.0	1.05	1.1	0.95	0.92	1.00

表 2-18　柱型、柱翼型散热器连接方式修正系数 β_2

连接方式	同侧上进下出	异侧上进下出	异侧下进下出	异侧下进上出	同侧下进上出
各类柱型	1.00	1.05	1.25	1.39	1.39
铜铝复合柱翼型	1.00	0.96	1.10	—	
连接方式	异侧底进上出	异侧底进底出	同侧底进底出	同侧底进底出	
各类柱型	—	—	—	—	
铜铝复合柱翼型	1.38	1.08	1.10	1.01	
连接方式	同侧上进下出	异侧上进下出	异侧下进下出	异侧下进上出	同侧下进上出
各类柱型	1.00	1.05	1.25	1.39	1.39
铜铝复合柱翼型	1.00	0.96	1.10		
连接方式	异侧底进上出	异侧底进底出	同侧底进底出	同侧底进底出	
各类柱型	—	—	—	—	
铜铝复合柱翼型	1.38	1.08	1.10	1.01	

注：高度不超过 900mm 的供暖水在存管程内流动的散热器（如钢串片散热器）可不考虑连接方式对散热量的影响。高度超过 900mm 的散热器应由散热器生产厂商提供不同连接方式时散热量的实测数据。

表 2-19　散热器安装形式修正系数 β_3

安装形式图示	安装说明	β_3	安装形式图示	安装说明	β_3
	散热器明装	1.00		暖气罩前面板上下开口 $A=130mm$ 洞口敞开 洞口设格栅	1.2 1.4

安装形式图示	安装说明	β_3	安装形式图示	安装说明	β_3
	散热器安装在墙龛内 $A=40mm$ $A=80mm$ $A=100mm$	1.11 1.07 1.06		暖气罩上面及前面板下部开口 $A=260mm$ $A=220mm$ $A=180m$ $A=150m$	1.12 1.13 1.19 1.25
	散热器上设置搁板 $A=40mm$ $A=80mm$ $A=100mm$	1.05 1.03 1.02		暖气罩上面开口宽度 C 不小于散热器厚度，暖气罩前面下端孔口高度不小于 100mm，其余为格栅	1.15

散热器片数由式（2-9）确定：

$$n = \frac{F}{f} \qquad\qquad (2-9)$$

式中 f——单片散热器的散热面积，$m^2/$片。

（1）散热器片数（长度）修正系数，按散热器样本数据取用。如散热器样本无此数据，柱型散热器片数修正系数可按表 2-17 选用。散热器数量（片数或长度）的取舍原则如下：

1）双管系统。热量尾数不超过所需散热量的 5%时可舍去，否则应进位。

2）单管系统。上游 1/3、中间 1/3、下游 1/3 散热器的计算尾数分别不超过所需散热量的 7.5%、5%及 2.5%时可舍去，否则应进位。

3）铸铁粗柱型（包括柱翼型）散热器，每组片数不宜超过 20 片；细柱型散热器，每组片数不宜超过 25 片；长翼型散热器，每组片数不宜超过 20 片。

（2）散热器连接方式修正系数，应按散热器样本提供的数据取用。如散热器样本无此数据，高度不超过 900mm 的柱型、柱翼型散热器连接方式修正系数可按表 2-18 选用。

（3）散热器安装形式修正系数 β_3 按表 2-19 选用。

（4）散热器散热量等于房间供暖热负荷减去房间内明装不保温供暖管道散热量，明装不保温供暖管道散热量计算公式和表格可查阅相关设计手册。

（5）散热器串联层数不小于 8 层的垂直单管系统，应考虑立管散热冷却对下游散热器热量的不利影响，宜按下列比率增加下游散热器数量：下游的 1~2 层，附加 15%；3~4 层，附加 10%；5~6 层，附加 5%。

2.5.1.5 散热器安装

散热器组对后以及整组出厂的散热器在安装之前，应做水压试验。试验压力如设计无要求时应为工作压力的 1.5 倍，但不小于 0.6MPa。检验方法：试验时间为 2~3min，压力不降，且不渗不漏。

2.5.2　膨胀水箱

2.5.2.1　膨胀水箱的作用

膨胀水箱是用来贮存热水供暖系统加热的膨胀水量。在自然循环上供下回式系统中，它还起着排气作用。膨胀水箱的另一作用是恒定供暖系统的压力。

2.5.2.2　膨胀水箱容积的确定

95~70℃供暖系统膨胀水箱容积按式（2-10）计算：

$$V = 0.034V_c \tag{2-10}$$

式中　V_c——系统内的水容量，L，可直接在设计手册中查取。

2.5.2.3　膨胀水箱的种类及结构

膨胀水箱一般用钢板制成，通常是圆形或矩形。按位置高低可分为高位水箱和低位水箱。以圆形膨胀水箱构造为例（见图2-22），箱上连有膨胀管、溢流管、信号管、排水管及循环管等管路。

膨胀水箱有以下几种：

（1）开式高位水箱。适用于中小型低温热水供暖系统，结构简单，有空气进入系统腐蚀管道及散热器。一般开式膨胀水箱内的水温不应超过95℃。

（2）闭式低位膨胀水箱。当建筑物顶部安装膨胀水箱有困难时，可采用气压罐形式。气压罐工作过程为：罐内空气的起始压力高于供暖管网所需的设计压力，水在压缩空气的作用下被送至管网。但随着水量的减少，水位下降，罐内空气压力逐渐减小，当压力降到设计最小工作压力时，水泵便在继电器作用下启动，将水压入罐内，同时供入管网。当罐内压力上升到设计最大工作压力时，水泵又在压力继电器作用下停止工作，如此往复。在水罐的进气管和出水管上，应分别设止水阀和止气阀，以防止水进入空气管道和压缩空气进入供暖管网。

（3）自动补水、排气的定压装置。由膨胀罐和控制单元（控制盘+补水泵）构成的装置。

2.5.2.4　膨胀水箱的布置及连接

膨胀管与供暖系统管路的连接点在自然循环系统中，连接在供水总立管的顶端；在机械循环系统中，一般接至循环水泵吸入端；连接点处的压力，由于水柱的压力，无论在系统不工作或运行时，都是恒定的，因而此点也称为定压点。当系统充水的水位超过溢流水管口时，通过溢流管将水自动溢流排出。溢流管一般可接到附近排水管。

信号管用来检查膨胀水箱是否存水，一般应引到管理人员容易观察到的地方（如锅炉房或建筑物底层的卫生间等）。排水管用来清洗水箱时放空存水和污垢，它可与溢流管一

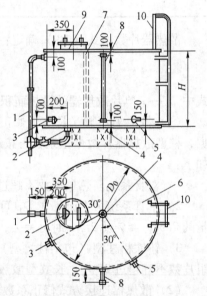

图2-22　圆形膨胀水箱

1—溢流管；2—排水管；3—循环管；
4—膨胀管；5—信号管；6—箱体；
7—内人梯；8—玻璃管水位计；
9—人孔；10—外人梯

起接至附近下水道。

在机械循环系统中，循环管应接到系统定压点前的水平回水干管上，如图 2-23 所示。该点与定压点（膨胀管与系统的连接点）之间应保持 1.5～3m 的距离。这样可让少量热水能缓慢地通过循环管和膨胀管流过水箱，以防水箱里的水冻结。

膨胀水箱应考虑保温。在自然循环系统中，循环管也接到供水干管上，应与膨胀管保持一定的距离。在膨胀管、循环管和溢流管上，严禁安装阀门，以防止系统超压，水箱水冻结或水从水箱溢出。

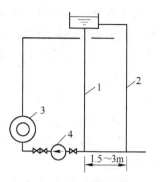

图 2-23　膨胀水箱与机械循环系统的连接方式
1—膨胀管；2—循环管；3—热水锅炉；4—循环水泵

2.5.3　集气罐

集气罐有效容积应为膨胀水箱容积的 1%。它的直径应不小于干管直径的 1.5～2 倍，使水在其中的流速小于 0.05m/s。集气罐用直径 $\phi100～250mm$ 的短管制成，它有立式和卧式两种形式，如图 2-24 所示，图中尺寸为国标图中最大型号的规格。顶部连接直径 DN15 的排气管。

在机械循环上供下回式系统中，集气罐应设在系统各分支环路供水干管末端的最高处，如图 2-24 所示。在系统运行时，定期手动打开阀门将热水中分离出来并聚集在集气罐内的空气排除。

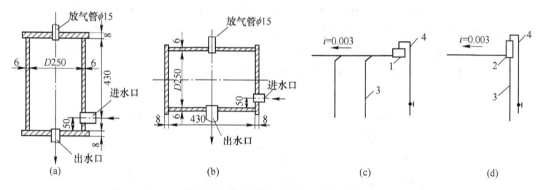

图 2-24　集气罐及安装位置示意图
（a）立式集气罐；（b）卧式集气罐；（c）卧式集气罐安装位置；（d）立式集气罐安装位置
1—卧式集气罐；2—立式集气罐；3—末端立管；4—DN15 放气管

2.5.4　阀门

2.5.4.1　温控阀

温控阀（见图 2-25）是一种自动控制散热量的设备，由两部分组成。一部分为阀体部分，另一部分为感温元件控制部分。当室内温度高于给定温度值时，感温元件受热，其顶杆就压缩阀杆，将阀口关小；进入散热器的水流量减小，散热器散热量减小，室温下降。

当室内温度下降到低于设定值时，感温元件开始收缩，其阀杆靠弹簧的作用，将阀杆抬起，阀孔开大，水流量增大，散热器散热量增加，室内温度开始升高，从而保证室温处在设定的温度值上。温控阀控温范围在 13~28℃ 之间，控制精度为 1℃。

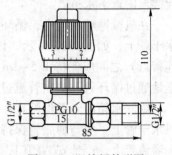

图 2-25　温控阀外形图

2.5.4.2　平衡阀

平衡阀用于规模较大的供暖或空调水系统的水力平衡。平衡阀安装位置在建筑供暖和空调系统入口，干管分支环路或立管上。

平衡阀有静态平衡阀（数字锁定平衡阀）和动态平衡阀（自力式压差控制阀、自力式流量控制阀两种），如图 2-26 所示，其特点如下：

（1）数字锁定平衡阀。通过改变阀芯与阀座的间隙（开度），来改变流经阀门的流动阻力以达到调节流量的目的。具有优秀调节功能、截止功能，还具有开度显示和开度锁定功能，具有节热节电效果。但不能随系统压差变化而改变阻力系数，需手动重新调节。

（2）自力式流量控制阀。根据系统工况（压差）变动而自动变化阻力系数，在一定的压差范围内，可以有效地控制通过的流量保持一个常值，但是，当压差小于或大于阀门的正常工作范围时，此时阀门打到全开或全关位置流量仍然比设定流量低或高不能控制。该阀门可以按需要设定流量并保持恒定，应用于集中供热、中央空调等水系统中，一次解决流量分配问题，可有效解决管网的水力平衡。

（3）自力式压差控制阀。用压差作用来调节阀门的开度，利用阀芯的压降变化来弥补管路阻力的变化，从而使在工况变化时能保持压差基本不变，它的原理是在一定的流量范围内，可以有效地控制被控系统的压差恒定。用于被控系统各用户和各末端设备自主调节，尤其适用于分户计量供暖系统和变流量空调系统。

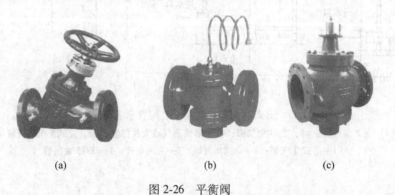

图 2-26　平衡阀
（a）数字锁定平衡阀（SP45F 型）；（b）自力式压差控制阀（ZYC 型）；
（c）自力式流量控制阀（ZL47F 型）

2.5.4.3　自动排气阀

目前国内生产的自动排气阀形式较多。它的工作原理，很多都是依靠水对浮体的浮力，通过杠杆机构传动力，使排气孔自动启闭，实现自动阻水排气的功能。

图 2-27 所示为 B11-X-4 型立式自动排气阀。当阀体 7 内无空气时，水将浮子 6 浮起，

通过杠杆机构 1 将排气孔 9 关闭，而当空气从管道进入，积聚在阀体内时，空气将水面压下，浮子的浮力减小，依靠自重下落，排气孔打开，使空气自动排出，空气排除后，水再将浮子浮起，排气孔重新关闭。

2.5.4.4 冷风阀

冷风阀（见图 2-28）多用在水平式和下供下回式系统中，它旋紧在散热器上部专设的丝孔上，以手动方式排除空气。

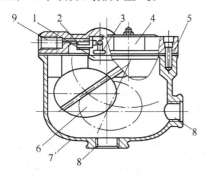

图 2-27 立式自动排气阀
1—杠杆机构；2—垫片；3—阀堵；4—阀盖；5—垫片；
6—浮子；7—阀体；8—接管；9—排气孔

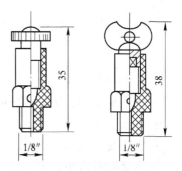

图 2-28 冷风阀

2.5.5 补偿器

供热管网中常用的补偿器种类很多，其中最常用的有利用管道的弯曲而形成的自然补偿器、方形补偿器、套筒补偿器。此外，还有许多其他形式的补偿器，如波纹管补偿器、球形补偿器等。

2.5.5.1 自然补偿

利用管道敷设线路上的自然弯曲（如 L 形和 Z 形）来吸收管道的热伸长变形，这种补偿方法称之为自然补偿。自然补偿不必特设补偿器。因此，布置热力管道时，应尽量利用所有的管道原有弯曲的自然补偿。当自然补偿不能满足要求时，才考虑装置其他类型的补偿器。但当管道转弯角度大于 150°时不能自然补偿。对于室内供热管道，由于直管段长度较短，在管路布置得当时，可以只靠自然补偿而不需设其他形式的补偿器。自然补偿的优点是装置简单、可靠、不另占地和空间。其缺点是管道变形时产生横向位移，补偿的管段不能很长。由于管道采用自然补偿时，管道除装固定支架外，还设置活动支架，这就妨碍了管道的横向位移，使管道产生的应力增加。因此，自然补偿的自由臂长不宜大于 20~25m。

2.5.5.2 方形补偿器

由 4 个 90°弯头构成 U 形的补偿器，有如图 2-29 所示的 4 种构造形式，在供热管道中，方形补偿器应用得最普遍。它可使用于任何工作压力及任何热媒温度的供热管道，但管径以小于 150mm 为宜。方形补偿器的优点是制造和安装方便，轴向推力较小，补偿能力大，运行可靠，不需经常维修，因而不需为它设置检查室或检查平台等优点。其缺点是外形尺寸较大，单向外伸臂较长，占地面积和占空间较大，需增设管道支架和热媒流动阻力较大。

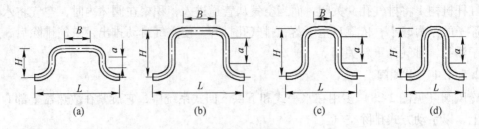

图 2-29　方形补偿器

(a) Ⅰ型 $B=2a$；(b) Ⅱ型 $B=a$；(c) Ⅲ型 $B=0.5a$；(d) Ⅳ型 $B=0$

L—开口距离

2.5.5.3　套筒补偿器

图 2-30 为单向套筒补偿器。套筒补偿器一般用于管径 $D_g>150$mm、工作压力较小而安装位置受到限制的供热管道上。但套筒补偿器不宜使用于不通行管沟敷设的管道上。套筒补偿器的优点是安装简单、尺寸紧凑、占地较小、补偿能力较大（一般可达 250～400mm）、流体流动阻力小、承压能力大（可达 16×10^5Pa）等优点。其缺点是轴向推力大、造价高、需经常检查和更换填料，否则容易漏水、漏气。如管道变形产生横向位移时，容易造成填料圈卡住。

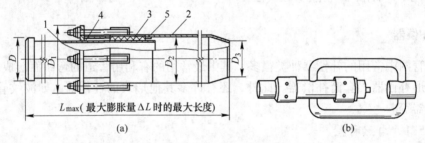

图 2-30　套筒补偿器

(a) 套筒补偿器；(b) 无推力套筒补偿器

1—芯管；2—壳体；3—填料圈；4—前压盖；5—后压盖

2.5.5.4　波纹管补偿器

这种补偿器是用单层或多层金属管制成的具有轴向波纹的管状补偿装置，利用波纹变形进行管道热补偿。波纹管补偿器按波纹形状主要分为 U 形和 Ω 形两种，按补偿方式分为轴向、横向和铰接等形式。轴向补偿器可吸收轴向位移，按其承压方式又分为内压式和外压式，图 2-31 为内压轴向式波纹管补偿器的结构示意图。横向式补偿器可沿补偿器径向变形，常装于管道中的横向管段上吸收管道热伸长。铰接式补偿器

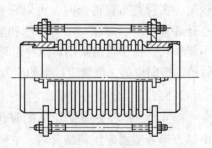

图 2-31　压轴向式波纹管补偿器

可以其铰接轴为中心折曲变形，类似球形补偿器，它需要成对安装在转角段上进行管道热补偿。

波纹管补偿器的主要优点是占地小、不用专门维修、介质流动阻力小。其缺点是补偿

能力小、轴向推力大、安装质量要求较严格。

2.5.5.5 球形补偿器

球形补偿器利用球形管接头的随机弯转来吸收管道的热伸长，其工作原理如图 2-32 所示，对于三向位移的蒸汽和热水管道宜采用。球形补偿器的优点是补偿能力大（比方形补偿器大 5～10 倍）、变形应力小、所需空间小、节省材料、不存在推力、能作空间变形，适用于架空敷设，从而减少补偿器和固定支架数量。其缺点是存在侧向位移，制造要求严格，否则容易漏水漏气，要求加强维修等。

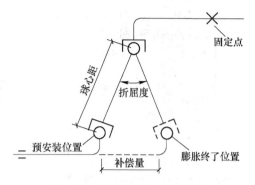

图 2-32 球形补偿器动作原理图

2.5.6 其他设备及附件

2.5.6.1 疏水器

疏水器的作用是自动阻止蒸汽逸漏而且迅速地排出用热设备及管道中的凝水，同时能排除系统中积留的空气和其他不凝性气体。疏水器是蒸汽供热系统中重要的设备，根据疏水器的作用原理不同，可分为以下 3 种类型。

（1）机械型疏水器。利用蒸汽和凝水的密度不同，形成凝水液位，以控制凝水排水孔自动启闭工作的疏水器。主要产品有浮筒式、钟形浮子式、自由浮球式、倒吊筒式疏水器等，如图 2-33 和图 2-34 所示。

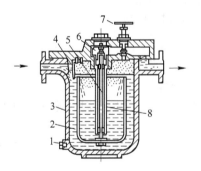

图 2-33 筒式疏水器构造图

1—排污栓塞；2—浮筒；3—阀体；4—挡板；
5—阀针；6—阀座；7—排气阀；8—中央套管

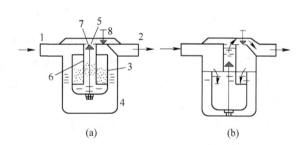

图 2-34 筒式疏水器工作原理

（a）阻汽状态；（b）排水状态

1—蒸汽凝水入口；2—凝水出口；3—开口浮筒；4—外壳；
5—阀门；6，7—导向装置、排气阀；8—顶针

（2）热动力型疏水器。利用蒸汽和凝水热动力学（流动）特性的不同来工作的疏水器。主要产品有圆盘式、脉冲式、孔板或迷宫式疏水器等，如图 2-35 所示。

（3）热静力型（恒温型）疏水器。利用蒸汽和凝水的温度不同引起恒温元件膨胀或工作的流水器。主要产品有波纹管式、双金属片式、膜盒式、恒温式和液体膨胀式疏水器等，如图 2-36 所示。

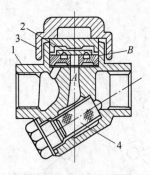

图 2-35　圆盘式疏水器

1—阀体；2—阀片；3—阀盖；4—过滤器

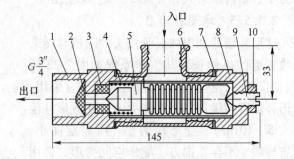

图 2-36　温调试疏水器

1—大管接头；2—过滤网；3—网座；4—弹簧；5—温度敏感元件；
6—三通；7—垫片；8—后盖；9—调节螺钉；10—锁紧螺母

2.5.6.2　分汽缸、分水器、集水器

当需要从总管接出 2 个以上分支环路时，考虑各环路之间的压力平衡和使用功能要求，宜采用分汽缸、分水器和集水器。分汽缸用于供汽管路，分水器用于热水或空调冷水管路，集水器用于回水管路。

分汽缸属于压力容器，应按国家标准《压力容器》（GB 150—2011）的有关规定进行设计。

A　分汽缸、分水器、集水器选择计算

（1）筒体直径。筒体直径一般比汽、水连接总管大两档以上，按筒体内流速确定时，蒸汽流速按 10m/s 计；水流速按 0.1m/s 确定。

（2）分汽缸、分水器、集水器筒体长度 L 按接管数计算确定：

$$L = 130 + L_1 + L_2 + L_3 + \cdots + L_i + 130 + 2h$$

B　设计要点

（1）分汽缸、分水器、集水器应按国家标准图集《分（集）水器分汽缸》（05K232）制作，各配管之间距，应考虑两阀门手轮或扳手之间便于操作。

（2）分汽缸、分水器、集水器一般应安装压力表和温度计，并应保温，尤其是用于空调冷水的分、集水器要加强保温。

（3）分汽缸、分水器、集水器按工程具体情况选用墙上或者落地安装，一般直径较大时，宜采用落地安装。

2.5.6.3　换热器

A　换热器选型计算

$$F = \frac{Q}{K \cdot B \cdot \Delta t_{\mathrm{pj}}} \tag{2-11}$$

式中　F——换热器传热面积，m^2；

　　　Q——换热量，W；

　　　B——水垢系数，当汽—水换热时，$B = 0.85 \sim 0.9$；水—水换热时，$B = 0.7 \sim 0.8$；

　　　K——换热器的传热系数，$W/(m^2 \cdot K)$；

　　Δt_{pj}——对数平均温度差，℃。

$$\Delta t_{pj} = \frac{\Delta t_a - \Delta t_b}{\ln \dfrac{\Delta t_a}{\Delta t_b}} \tag{2-12}$$

式中 Δt_a，Δt_b——热媒入口及出口处最大、最小温度差值，℃。

$$K = \frac{1}{\dfrac{1}{\alpha_1} + \dfrac{\delta}{\lambda} + \dfrac{1}{\alpha_2}} \tag{2-13}$$

式中 α_1——热媒至管壁的换热系数，W/($m^2 \cdot$ K)；

   α_2——管壁至被加热水的换热系数，W/($m^2 \cdot$ K)；

   δ——管壁厚度，m；

   λ——管壁的导热系数，W/(m·K)，钢管 λ = 45~58W/(m·K)；黄铜管 λ = 81~116W/(m·K)；紫铜管 λ = 348~465W/(m·K)。

B 设计选型要点

（1）换热器的选用应根据工程使用情况，一二次热媒参数以及水质、腐蚀、结垢、阻塞等因素。

（2）根据已知流量，一二次测温度及流体的比热容确定所需的换热面积。

（3）选用换热面积时，应尽量使换热系数小的一侧得到大的流速，并且尽量使两流体换热面两侧的换热系数相等或接近，以提高传热系数。高温流体宜在内部，低温流体宜在外部，以减少换热器外表面的热损失。

（4）含有泥沙、污物的流体宜通入容易清洗或不易结垢的空间。

（5）换热器的选用原则：

1）换热器的压力降不宜过大，一般控制在 0.01~0.05MPa。

2）换热器的总台数不应多于 4 台。全年使用的换热系统中，换热器的台数不应少于 2 台。

3）供暖系统的换热器，1 台停止工作时，剩余换热器的设计换热量应保障供热量的要求，寒冷地区不应低于涉及供热量的 65%，严寒地区不应低于设计供热量的 70%。

4）换热器选取总热量附加系数按表 2-20 确定。

表 2-20 换热器附加系数取值表

系统类型	供暖及空调供热	空调供冷	水源热泵
附加系数	1.1~1.15	1.05~1.1	1.15~1.25

C 换热器种类

目前常用于供暖和空调系统的换热器类型见表 2-21。

表 2-21 供暖和空调系统常用的换热器类型

换热器类型	传热系数 /W·m^{-2}·K^{-1}	工作压力 /MPa	冷热介质允许压差 /MPa	水阻 /kPa	特 点
波节管式	水—水 2000~3500 汽—水 2500~4000	≤8	≤8	≤30	适用于汽—水换热，承压高，换热效率高，不结垢不堵塞，运行维修简单

续表 2-21

换热器类型	传热系数 /W·m⁻²·K⁻¹	工作压力 /MPa	冷热介质允许压差 /MPa	水阻 /kPa	特　点
板式	水—水 2000~3500	≤2.5	≤0.5	≤50	适用于水—水小温差，换热效率高，占地面积小，设备投资少，易结垢，易堵塞，调节性能好
螺纹扰动盘管式	水—水 1500~2500 汽—水 3000~4000	≤1.6	≤1.6	≤40	适用于水—水换热，可不加水箱具有容积性，连续运行稳定，不易结垢
螺旋螺纹管式	汽—水 7000~8000	≤1.6	≤1.6	≤50	适用于大温差汽—水换热，换热系数高，不渗漏，耐腐蚀，外形体积小，节省占地面积

2.5.6.4　管道支座

管道支座是供热管道的重要构件。支座的作用是支撑管道并限制管道的变形和位移；管道支座承受从管道传来的压力，外载负荷作用力（重力、摩擦力、风力等）和温度变形的弹性力，并将这些力传递到支撑结构物（支架）或地上去。导向支座如图 2-37 所示。

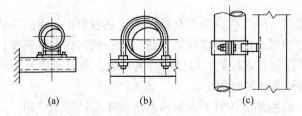

图 2-37　导向支座

（a）挡条导向；（b）卡箍导向；（c）立管卡箍导向

供热管道通常用的支座有活动支座和固定支座两种。

A　活动支座

在供热管道上设置的活动支座，其作用在于承受供热管道的重量，该重量包括管道的自重、管内流体重、保温结构重等。室外架空敷设的管道的活动支座，还承受风载荷。同时管道的活动支座还应保证管道在发生温度变形时能够自由地移动。

活动支座可分为滑动支座、滚动支座、滚柱支座及悬吊支座等 4 种类型。

热力管道上最常用的滑动支座有曲面槽滑动支座（见图 2-38）、丁字托滑动支座（见图 2-39）。这两种支座的滑动面低于保温层，管道由支座托住，保温层不会受到破坏。另外还有弧形板滑动支座（见图 2-40），这种支座的滑动面直接与管壁接触。在安装支座处管道的保温层应去掉。

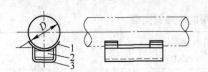

图 2-38　曲面槽滑动支座

1—弧形板；2—肋板；3—曲面槽

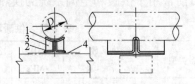

图 2-39　丁字托滑动支座

1—顶板；2—底板；3—侧板；4—支撑板

滚动支座（见图2-41）和滚柱支座（见图2-42）利用了滚子的转动。从而大大减少了管道受热伸长移动时的摩擦力，使支撑板结构尺寸减小，节省材料。但这两种支座的结构较复杂，一般只用于热媒温度较高和管径较大的室内或架空敷设管道，对于地下不通行管沟敷设的管道，禁止使用滚动和滚柱支座，以免这种支座在沟内锈蚀而使滚子和滚柱损坏不能转动，反而成为不好滑动的支座。

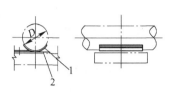

图2-40 弧形板滑动支座
1—弧形板；2—支撑板

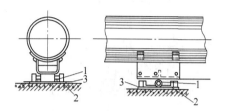

图2-41 滚轴式滚动支座
1—滚轴；2—导向板；3—支撑板

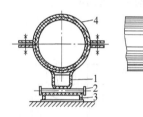

图2-42 滚柱支座
1—槽板；2—滚柱；3—槽钢支撑座；4—管箍

在供热管道有垂直位移的地方，常设弹簧悬吊支架。悬吊支架的优点是结构简单、摩擦力小。缺点是由于沿管道安装的各悬吊支架的偏移幅度小因而可能引起管道扭斜或弯曲。因此，采用套筒补偿器的管道，不能用悬吊支架。

在只允许管道轴向水平位移的地方，应设置导向支架（见图2-37），支架上的导向板用以防止管道的横向位移。

各种结构形式的活动支座可见热力管道设计的相关手册或动力设施的国家相关标准图集。

B 固定支座

在供热管道上，为了分段地控制管道的热伸长，保障补偿器均匀工作，以防止管道因受热伸长而引起变形和事故，需要设置固定支座。通常，在供热管道的下列位置，应设置固定支座：在补偿器的两端；在管道节点分岔处；在管道拐弯处及管道进入热力入口前的地方。

固定支座最常用的是金属结构型（见图2-43），采用焊接或螺栓连接方法将管道固定在支座上。金属结构的固定支座形式很多，有夹环固定支座、焊接角钢固定支座，这两种固定支座常用于管径较小，轴向推力较小的供热管道，并与弧形板活动支座配合使用。曲面槽固定支座所承受的轴向推力通常不超过 50kN。

挡板式固定支座（见图2-44），承受的轴向推力可超过 50kN。各种结构形式的管道固定支座，可见动力设施国家相关标准图集。

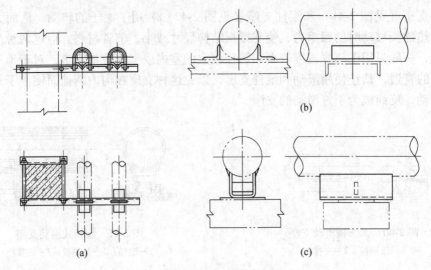

图 2-43 几种金属结构固定支座
（a）夹环固定支座；（b）焊接角钢固定支座；（c）曲面槽固定支座

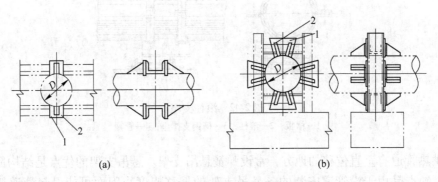

图 2-44 挡板式固定支座
（a）双面挡板式固定支座；（b）四面挡板式固定支座
1—挡板；2—肋板

2.6 供暖系统热计量

2.6.1 热负荷计算

分户计量时房间供暖设计热负荷应按热源为连续供暖的条件进行计算。它分为两部分：一部分为基本热负荷；另一部分为户间传热负荷。分户计量供暖建筑，应按各地方分户热计量设计技术规程的规定进行供暖负荷计算。计算建筑总供暖负荷时，不应考虑户间隔墙传热量；在室内散热器（或其他散热设施）的选型计算中，应考虑户间传热量。

2.6.1.1 基本热负荷

基本热负荷就是传统集中供暖系统中的供暖设计热负荷，它仍应按现行的设计规范和常用的供暖设计手册所提供的计算规则和方法进行计算，也可按上述的面积热指标法进行估算。但在计算时，与传统的集中供暖系统相比，为满足居住者热舒适度的要求，卧室、起居室（厅）和卫生间等主要居住空间的室内计算温度，应按相应的设计标准（表2-4）提高2℃。

2.6.1.2 户间传热负荷

户间因室温差异通过楼板和隔墙传热所形成的热量损耗称为户间传热负荷。计算时，可在基本负荷基础上附加不大于50%的系数。

通过户间传热引起的耗热量也可以按式（2-14）确定：

$$q = A \cdot q_h \tag{2-14}$$

式中　A——房间使用面积，m^2；

q_h——通过户间楼板和隔墙的单位面积平均传热量，W/m^2，一般取$10W/m^2$。

必须特别指出的是：户间传热负荷仅作为确定户内供暖设备容量和计算户内管道的依据，不应计入户外供暖干管热负荷和建筑总热负荷内。户外供暖干管热负荷和建筑总热负荷应按基本热负荷确定。

2.6.2 带热计量的室内供暖系统

采用户用热量表计量直观、投资较高、对水质要求高，可用于共用立管的分户独立室内供暖系统和地面辐射供暖系统。供暖系统常见的共用立管如图2-45所示，室内供暖系统形式有分户水平单管系统、分户水平双管系统和分户水平放射性系统。

2.6.2.1 分户水平单管系统

分户水平单管系统如图2-46所示，与以往采用的水平式系统的主要区别在于：（1）水平支路长度限于一个住户之内；（2）能够分户计量和调节供热量；（3）可分室改变供热量，满足不同的室温要求。

分户水平单管系统可采用水平顺流式〔见图2-46（a）〕、散热器同侧接管跨越式〔见图2-46（b）〕和异侧接管跨越式〔见图2-46（c）〕。其中图2-46（a）在水平支路上设关闭阀、调节阀和热表，可实现分户调节和计量热量，不能分室改变供热量，只能在对分户水平

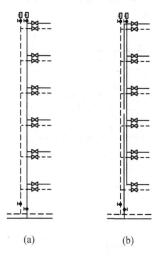

图2-45　分户计量双立管
采暖系统

（a）异程式；（b）同程式

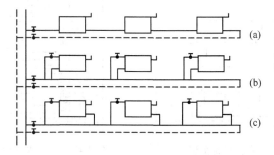

图2-46　分户热计量水平单管系统

（a）水平顺流式；（b）同侧接管跨越式；（c）异侧报管跨越式

式系统的供热性能和质量要求不高的情况下应用。图 2-46（b）和（c）除了可在水平支路上安装关闭阀、调节阀和热表之外，还可在各散热器支管上装调节阀（温控阀）实现分房间控制和调节供热量。因此上述 3 种系统中，图 2-46（b）和（c）的性能优于图 2-46（a）。

水平单管系统比水平双管系统布置管道方便，节省管材，水力稳定性好。在调节流量措施不完善时容易产生竖向失调。如果户型较小，又不拟采用 DN15 的管子时，水平管中的流速有可能小于气泡的浮升速度，可调整管道坡度，采用汽水逆向流动，利用散热器聚气、排气，防止形成气塞。可在散热器上方安排气阀或利用串联空气管排气。

2.6.2.2　分户水平双管系统

分户水平双管系统如图 2-47 所示。该系统一个住户内的各散热器并联，在每组散热器上装调节阀或恒温阀，以便分室进行控制和调节。水平供水管和回水管可采用图 2-47 所示的多种方案布置。两管分别位于每层散热器的上方、下方［见图 2-47（a）］；两管全部位于每层散热器的上方［见图 2-47（b）］；两管全部位于每层散热器的下方［见图 2-47（c）］。该系统的水力稳定性不如单管系统，耗费管材。图 2-48 所示的分户水平单管、双管系统兼有上述分户水平单管和双管系统的优缺点，可用于面积较大的户型以及跃层式建筑。

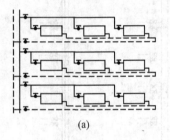 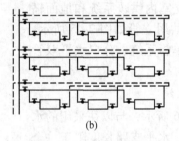 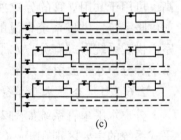

　　　(a)　　　　　　　　　　　　(b)　　　　　　　　　　　　(c)

图 2-47　分户水平双管系统

2.6.2.3　分户水平放射式系统

水平放射式系统在每户的供热管道入口设小型分水器和集水器，各散热器并联（见图 2-49），从分水器 4 引出的散热器支管呈辐射状埋地敷设至各个散热器。散热量可单体调节。

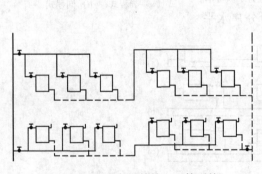

图 2-48　分户水平单管、双管系统

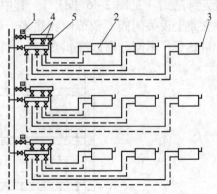

图 2-49　分户水平放射式供暖系统示意图

1—热表；2—散热器；3—放气阀；
4—分水器、集水器；5—调节阀

支管采用铝塑复合管等管材，要增加楼板的厚度和造价。为了计量各用户供热量，入户管有热表1。为了调节各室用热量，通往各散热器2的支管上应有调节阀5。

2.6.3 室内供暖系统干管管路布置

2.6.3.1 建筑物热力入口的敷设

建筑物内共用供暖系统由建筑物热力入口装置、建筑内共用的供回水水平干管和各户共用的供回水立管组成。典型的建筑物热力入口装置如图2-50所示。

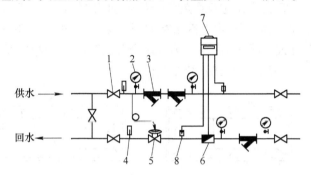

图 2-50 典型建筑物热力入口装置图

1—阀门；2—压力表；3—过滤器；4—温度计；5—自力式压差控制阀或流量控制阀；

6—流量传感器；7—积分仪；8—温度传感器

A 建筑物热力入口设置位置的确定

（1）新建无地下室的住宅，宜于室外管沟入口或底层楼梯间息板下设置小室，小室净高不低于1.4m，操作面净宽不小于0.7m，室外管沟小室宜有防水和排水措施。

（2）新建有地下室的住宅，宜设在可锁闭的专用空间内，空间净高不低于2.0m，操作面净宽不小于0.7m。

（3）对补建或改造工程，可设于门洞雨棚上或建筑物外地面上，并采取防雨、防冻及防盗等措施。

B 建筑物热力入口装置做法

（1）管网与用户连接处均装设关断阀门；在供、回水阀门前设旁通管，其管径应为供水管的0.3倍；在供水管上设除污器或过滤器；在供、回水管上设温度计、压力表。在与热网连接的回水管上应装设热量计。

（2）应根据热网系统大小及水力稳定性等因素分析是否设调节装置，调节装置应以自力式为主，可按下列原则在用户入口处设置：

1）当户内采暖为单管跨越式定流量系统，应在入口设自力式流量平衡阀；室内采暖为双管变流量系统时，应设置自力式压差控制阀。压差控制范围宜为8～100Pa。

2）当管网为定流量系统，只有个别用户侧为变水量系统时，应在变水量用户入口处设电动三通调节阀或与用户并联的压差旁通阀。

（3）设置平衡阀需注意以下几点：

1）平衡阀的安装位置。管网所有需要保证设计流量的环路都应安装平衡阀，一般装在回水管路；当系统工作压力较高，且供水管的资用压头余量大时宜装在供水管。为使阀门前后的水流稳定，保证测量精度，尽可能安装在直管段处。

　　2）平衡阀阻力系数比一般阀门高，当应用平衡阀的新管路连接于旧衬供暖管网时，需注意新管路与旧系统的平衡问题。

　　2.6.3.2　室内热水供暖系统的管路布置

　　室内热水供暖系统管路布置直接影响到系统造价和使用效果。因此，系统管道走向布置应合理，以节省管材，便于调节和排除空气，系统不宜过大，一般可采用异程式布置；有条件时宜按朝向分别设置环路。

　　供暖系统的引入口宜设置在建筑物热负荷对称分配的位置，一般宜在建筑物中部。系统应合理地设若干支路，而且尽量使各支路的阻力易于平衡。图 2-51 是两种常见的供、回水干管的走向布置方式。图 2-51（a）为有 4 个分支环路的异程式系统布置方式。图 2-51（b）为有 2 个分支环路的同程式系统布置形式。

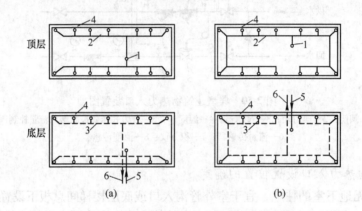

图 2-51　常见的供、回水干管走向布置方式
(a) 4 个分支环路的异程式系统；(b) 2 个分支环路的同程式系统
1—供水总立管；2—供水干管；3—回水干管；4—立管；
5—供水进口管；6—回水出口管

　　室内热水供暖系统的管路一般应明装，有特殊要求时，可采用暗装。应将立管布置在房间的角落。对于上供下回式系统，供水干管多设在顶层顶棚下。回水干管可敷设在地面上，地面上不容许敷设（如过门时）或净空高度不够时，回水干管设置在半通行地沟或不通行地沟内。地沟上每隔一定距离应设活动盖板，过门地沟也应设活动盖板，以便于检修。当敷设在地面上的回水干管过门时，回水干管可从门下小管沟内通过，此时要注意坡度以便于排气。

　　为了有效地排除系统内的空气，所有水平供水干管应具有 0.003 的坡度（坡向根据自然循环或机械循环而定）。如因条件限制，机械循环系统的热水管道可无坡度敷设，但管中的水流速度不得小于 0.25m/s。与供暖立管连接的散热器供回水支管应由不小于 0.01 的坡度（分别坡向散热器和立管）。

　　供暖管道布置时应考虑固定和补偿；供暖管道应避免穿越防火墙，无法避免时应和管道穿楼板一样处理，应预留钢套管，并在穿墙处设置固定支架；管道与套管间的缝隙应以耐火材料填充；供暖管道穿越建筑基础墙、变形缝时，应设管沟。

2.7 小区供暖系统

集中供热系统应可靠而经济地将热能从热源输送到各种不同的热用户去。因此，必须细致了解热用户的类型、性质和对热媒参数的要求，热负荷的变化规律以及该地区的热负荷分布等原始设计资料，从而制定合理的供热系统方案。

2.7.1 小区供暖的负荷

小区集中供热系统是指以热水或蒸汽作为热媒，集中向一个具有多种热用户（供暖、通风、热水供应、生产工艺等热用户）的较大区域供应热能的系统。这些热用户热负荷的大小及其性质是供热规划和设计的重要依据。上述热用户的热负荷，按其性质可以分为两大类：

（1）季节性热负荷。供暖、通风、空气调节系统的热负荷是季节性热负荷。季节性热负荷的特点是：它与室外温度、湿度、风向、风速和太阳辐射等气候条件密切相关，其中对它的大小起决定性作用的是室外温度，因而在全年中有很大的变化。

（2）常年热负荷。生活用热（主要是热水供应）和生产工艺系统用热属于常年热负荷。常年热负荷的特点是：与气候条件关系不大，它的用热状况在全日中变化较大。

生产工艺系统的用热量直接取决于生产状况，热水供应系统的用热量与生活水平、生活习惯以及居民成分等有关。

对集中供热系统进行规划或扩初设计时，通常要采用概算指标法来确定各类热用户的热负荷。计算过程详见相关设计手册。

2.7.2 小区供暖系统形式

室外热网系统，按照管道内输送介质分，有热水供热系统和蒸汽供热系统。根据热源不同又可以分为：锅炉房供热系统，热电厂集中供热系统和多热源集中供热系统。根据热媒流动的形式，供热系统可分为闭式系统、开式系统和半闭式系统。

确定集中供热系统方案时，首先需要解决的问题是供热系统的热源形式（热电厂还是区域锅炉房）以及热煤（水或蒸汽）的选择问题。

集中供热系统热源形式的确定，涉及热电合供或热电分供的能源利用问题。这个问题通常是由国家主管部门，根据该城市或该地区工业发展规划情况以及当地的燃料资源等因素确定，而热电厂的规模、热电厂内部的供热装置也是由电力部门设计和确定的。

对于区域锅炉房来说，没有热电厂供热那样的热媒参数的经济技术比较问题，可按造价的经济尽量选用较高的热媒参数。可使热网采用较小的管径，降低能耗、减小散热器面积。但应注意耐压要求。小区供暖的热源通常是区域锅炉房或热力站。

2.7.3 热水供热的室外管网系统种类

（1）根据管路的条数划分，可分为单管、双管、三管和四管。其中双管是应用最广泛的，如图2-52所示。

1）单管式（开放式）系统［见图2-52（a）］初投资少，但只有在供暖和通风所需的网路水平均小时流量与热水供应所需网路水平均小时流量相等时采用才是合理的。一般，供暖和通风所需的网路水计算流量总是大于热水供应计算流量，热水供应所不用的那部分水就得排入下水道，很不经济。

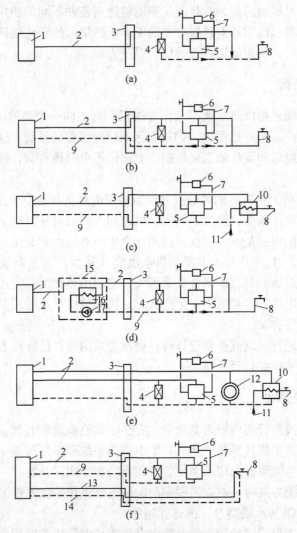

图 2-52　水的供热系统原理图

(a) 单管式（开放式）；(b) 双管开式（半封闭式）；

(c) 双管闭式（封闭式）；(d) 复合式；(e) 三管式；(f) 四管式

1—热源；2—热网供水管；3—用户引入口；4—通风用热风机；5—用户端供暖换热器；

6—供暖散热器；7—局部供暖系统管路；8—局部热水供应系统；9—热网回水管；

10—热水供应换热器；11—冷自来水管；12—工艺用热装置；13—热水供应系统供水管路；

14—热水供应循环管路；15—锅炉房；16—热水锅炉；17—水泵

2）三管式系统［见图 2-52（e）］可用于水流量不变的工业供热系统。它有两种供水管路，其中一条供水管以不变的水温向工艺设备和热水供应换热器送水，而另一条供水管以可变的水温满足供暖和通风之需。局部系统的回水通过一条总回水管返回热源。

3）四管式系统［见图 2-52（f）］的金属消耗量大，因而仅用于小型系统以简化用户引入口。其中两根管用于热水供应系统，而另两根管用于供暖、通风系统。

4）最常用的是双管热水供热系统［见图 2-52（b）和（c）］，即一根供水管供出温度较高的水，另一根是回水管。用户系统只从网路热水中取走热能，而不消耗热媒。

（2）根据热水供热系统的定压方式分，热水供热系统可分为：

1）采用高架水箱定压的热水供热系统。采用高架水箱定压的热水供热系统，因受高位水箱高度的限制，仅适用于供水温度较低且供热区域内建筑物高度不高的小型供热系统。方法简单、可靠、初投资少，应优先考虑采用这种定压方式。

2）采用补给水泵定压的热水供热系统。这是目前工程应用最普遍的一种定压方式，适用于各种规模、各种水温、各种地形的热网定压方式。补水泵定压方式有多种系统：用电接点压力表控制补水泵的系统、用压力调节阀控制的系统、自动稳压补水装置的系统、变频调速水泵系统和可调压补水泵系统等。图 2-53 所示为采用补给水泵连续补水定压的热水供热系统。

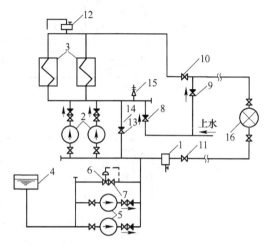

图 2-53　采用补给水泵定压的热水供热系统
1—除污器；2—网路循环水泵；3—热水锅炉；
4—补给水箱；5—补给水泵；6—压力调节器；
7—截断阀门；8, 9—止回阀；10—供水管总阀门；
11—回水管总阀门；12—集气罐；13—止回阀；
14—旁通管；15—安全阀；16—热用户

该热水供热系统的定压装置是由补给水箱 4、补给水泵 5 及压力调节器 6 等组成。当系统正常远行时，通过压力调节器的作用，使补给水泵连续补给的水量与系统的泄漏水量相适应。考虑到由于突然停电而会使补给水泵定压装置失去作用，可采用上水压力定压的辅助性措施。如图 2-53 所示，当网路循环水泵正常工作时，由于网路供水干管出口处的压力高于上水压力，而又装设了止回阀 8、9，网路循环水不会倒灌进入上水管道内，上水压力对整个系统不起作用。如突然停电时，补给水泵、循环水泵不能工作时，可立即关闭供、回水管总阀门 10、11，将热源与网路切断，并同时缓慢开启锅炉顶部集气罐 12 上的放气阀门。由于上水压力的作用，止回阀 8 开启，上水流经热水锅炉，并由集气罐排出，从而避免了炉膛余热引起的炉水汽化。同时，如上水压力大于系统内静水压曲线所要求的压力，还可保持网路和用户系统都不会发生汽化情形。

如图 2-53 所示，在循环水泵的压水管路和吸水管路之间连接一根带有止回阀 13 的旁通管 14 作为泄压管，可防止因突然停泵而造成的水击破坏事故。

3）采用气体定压的热水供热系统。目前供暖工程中所采用的气体定压主要分为氮气、空气和蒸汽定压。

图 2-54 所示为氮气定压（变压式）的热水供热系统的示意图。系统的压力工况靠连接在循环水泵进口的氮气罐 4 内的氮气压力来控制。氮气从氮气瓶 5 流出，后进入氮气罐；并在氮气罐最低水位 I—I 时，保持一定的压力。当热水供热系统水容积因膨胀、收缩而发生变化时，氮气罐内气体空间的容积及压力也相应发生变化。当系统水受热引起的膨胀水量大于系统的漏泄水量时，氮气罐内水位上升，罐内气体空间减小而压力增高。当到

达最高水位Ⅱ—Ⅱ时，罐内的压力到达最大压力。如水仍继续受热膨胀引起罐内水位上升，则通过水位信号器 6 自动控制使排水阀 7 开启，使水位下降以降低罐内压力。当排水阀开启后仍不足使罐内水位下降，以致罐内压力继续上升时，排气阀 8 自动排气泄压。

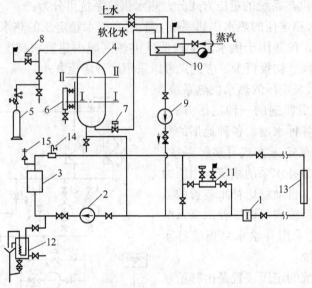

图 2-54　氮气定压的热水供热示意图

Ⅰ—Ⅰ—罐内最低水位；Ⅱ—Ⅱ—罐内最高水位；

1—除污器；2—循环水泵；3—热水锅炉；4—氮气罐；

5—氮气瓶；6—水位信号器；7—排水阀；8—排气阀；

9—补给水泵；10—补给水箱；11—网路阻力加药器；

12—取样冷却器；13—热用户；14—集气罐；15—安全阀

当系统中水冷缩或漏水时，氮气罐内水位下降，罐内压力降低。如水位降低到最低水位后仍继续下降，则自动开动补给水泵 9，向系统内补水，以维持系统要求的最低压力工况。

4）利用软化水或锅炉房连续排污水定压系统。这种方式适用于热电厂为热源的中小型集中供热系统，简单可靠。

（3）根据热媒流动的形式划分，供热系统可以分为封闭式、半封闭式和开放式 3 种。在封闭式系统中，用户只利用热媒所携带的部分热能，剩余的热能随热媒返回热源，又再一次受热增补热能。在半封闭式系统中，用户既消耗部分热能又消耗部分热媒，剩余的热媒和它所含的余热返回热源。在开放式系统中，不论热媒本身或它所携带的热能都完全被用户利用。

（4）根据室内热水供暖系统与室外热水热力管网连接方式划分，室内热水供暖系统与室外热水热力管网可采用两种连接方式：直接连接和间接连接。其连接原理如图 2-55 所示。当热水供热系统规模较大时，宜采用间接连接系统。间接连接系统一次水设计供水温度宜取 115~130℃，设计回水温度应取 50~80℃；二次水设计供水温度不宜高于 85℃。

1）直接连接方式。图 2-55（a）、（b）、（c）是室内热水供暖系统与室外热水热力管网直接连接的图式。

在图 2-55（a）中，热水从供水干管直接进入供暖系统，放热后返回回水干管。

当室外热力管网供水温度高于室内供暖供水温度，且室外热力管网的压力不太高时，可以采用图 2-55（b）及（c）的连接方式。供暖系统的部分回水通过喷射泵或混水泵与供水干管送来的热水相混合，达到室内系统所需要的水温后，进入各散热器。放热后，一部分回水返回到回水干管；另一部分回水受喷射泵或混水泵的吸送与外网供水干管送入的热水相混合。图 2-55（e）是室内热水供应系统与室外热水热力管网的直接连接图式。

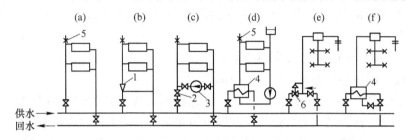

图 2-55　热用户与热水热力管网连接
1—混水器；2—止回阀；3—水泵；4—加热器；5—排气阀；6—温度调节器

2）如果室外热力管网中压力过高，超过了室内供暖系统散热器的承压，或者当供暖系统所在楼房位于地形较高处，采用直接连接会造成管网中其他楼房的供暖系统压力升高至超过散热器承压，这时就必须采用图 2-55（d）所给出的间接连接方式，借助表面式水—水加热器进行热量的传递，而无压力工况的联系。

（5）用户系统与热水管网的连接形式按下列原则确定：

1）当用户供暖系统设计供水温度等于热网设计供水温度，且热网水力工况能保证用户内部系统不汽化和不超过用户散热器的允许压力时，可采用直接连接。

2）当在下列情况之一时，用户供暖系统与热网应采用间接连接：

①建筑物供暖高度高于热水管网供水压力线或静水压力线时。

②供暖系统承压能力低于热水管网回水压力。

③热水管网供、回水压差低于用小供暖系统的阻力量又不宜采用加压泵时。

④位于热水管网末端，采用直接连接会影响外部热水管网运行工况的高层建筑。

⑤对供暖参数有特殊要求的用户。

2.7.4　小区供暖系统的平面布置原则与形式

2.7.4.1　小区供暖系统的平面布置原则及要求

供热管网布置时应在建筑总体规划的指导下，根据各功能分区的特点及对管网的要求布置；应能与规划发展速度和规模相协调，并在布置上考虑分期实施；应满足生产、生活、供暖、空调等不同热用户对热负荷的要求。管网布置要考虑热源的位置、热负荷分布、热负荷密度，认真分析当地地形、水文、地质等条件，充分注意与地上、地下管道及构筑物、园林绿地的关系。

供热管网布置原则：

（1）管网主干线尽可能通过热负荷中心，管网力求线路短直。

（2）在满足安全运行、维修简便的条件下，应节约用地。力求施工方便，工程量少。

（3）在管网改建、扩建过程中，应尽可能做到新设计的管线不影响原有管道正常运行。

（4）管线尽可能不通过铁路、公路及其他管线、管沟等。管线一般应沿道路敷设，不应穿过仓库、堆场以及发展扩建的预留地段，并应适当注意整齐美观。

（5）城市街区或小区干线一般应敷设在道路路面以外，在城市规划部门同意下，可以将热网管线敷设在道路和人行道下面。

（6）地沟敷设的热力管线，一般不应同地下敷设的热网管线（通行、不通行沟、无沟敷设）重合。

2.7.4.2　小区供暖系统的平面布置

小区供暖系统的平面布置一般有 3 种形式：

（1）枝状布置。如图 2-56（a）所示，枝状管网的优点是管网构造简单、造价较低、运行管理较方便，其管径随距离热源距离的增加而减小；缺点是没有供热的后备能力，即当管路上某处发生故障，在损坏地点以后的所有热用户的供热就会中断，甚至造成整个系统停止供热，进行检修。对于某些要求严格的工厂，如化工生产供汽，在任何情况下都不允许中断供汽时，可采用复线枝状管网。即采用两根主干线，每根主干线管道的供热能力为总负荷的 50%～75%，这种复线枝状管网的优点是在任何情况下都能保证不中断供热，但复线枝状管网的投资及金属耗量将增大。

对热用户比较集中且分布区域较小的蒸汽供热系统，可采用单线枝状管网。对于热用户虽然分布区域广，供热用户均属供暖、通风及生活热用户的热水供热系统，也可采用单线枝状管网供热。而复线枝状管网大多用于供汽量大而热负荷性质重要的工业区。

（2）环状布置。如图 2-56（b）所示，环状管网的主干线呈环形，其优点是具有供热的后备性能。但环状管网的主要缺点是投资大、金属耗量高、设计计算时水力平差较复杂。环状管网可用于大城市的大中型热水网路系统，这种热水管网通常还设计成两级形式。第一级为热水主干线，按环状布置；第二级为热用户的分布管网，按枝状布置。

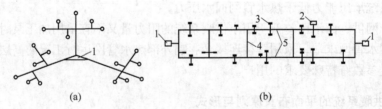

（a）　　　　　　　　　　（b）

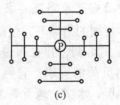

（c）

图 2-56　供热管网布置基本形式

（a）枝状；（b）环状；（c）辐射状

1—热源；2—后备热源；3—集中热力点；4—热网后备旁通管；5—热源后备旁通管

（3）辐射状布置。如图 2-56（c）所示，对于热用户较多，分布区域较广的供热系统，可将热源设于供热区域的中心，供热管道按辐射状布置，即从热源分别引出供热管道向四周供热。这种辐射状布置的供热网的优点是控制方便，并可分片供热。

2.7.5　小区供暖系统的敷设

室外供热管网是集中供热系统中投资最多、施工最繁重的部分。合理地选择供热管道的敷设方式和确定供热管道的平面布置，对于节省集中供热系统工程投资、保证热网运行安全可靠和施工维修操作方便等，具有重要的意义。热力管道敷设方式的确定，应考虑管网所在地区的气象、水文地质、地形地貌、建筑物及交通线的密集程度，以及技术经济合理、施工维修管理方便等因素。

供热管道的敷设形式可分为地上架空敷设与地下敷设两类。地上架空敷设的支架有低支架、中支架、高支架、墙支架、悬吊支架、拱形支架等。地下敷设可分为管沟敷设和无管沟直埋敷设两种。管沟形式有通行管沟、半通行管沟和不通行管沟三种。

2.7.5.1　地上架空敷设

架空敷设广泛应用于工厂区和城市郊区。它是将供热管道敷设在地面上的独立支架或带纵梁的桁架、悬吊支架上，也可以敷设在墙体的墙架上。

供热管道采用架空敷设时，由于管道不受地下水的侵蚀和土壤腐蚀，因而管道的使用寿命长。供热管道采用架空敷设时，由于空间开阔，有条件采用工作可靠构造简单的方形补偿器。架空敷设的供热管道，施工土方量少，施工维修方便，造价低，并易于发现管道事故及时检修。但热力管道架空敷设时，占地面积和所占空间较多，管道热损失大，而且不够美观。

架空敷设的热力管道所用支架按其结构材料分为砖砌、毛石砌、钢筋混凝土预制或现场浇灌，以及钢结构、木结构等形式。其中砖砌、毛石砌支架造价低，但承受纵向推力小，只适用于低支架。木结构支架不耐用，只适用于临时性工程。钢结构支架虽耗钢量大，但强度大，可用于供热管道跨越铁路、公路及其他建筑物时的敷设。钢筋混凝土支架坚固耐用，可承受较大纵向推力，且节约钢材，是目前应用最广泛的支架。架空敷设按其支架高度可分为低支架敷设、中支架敷设和高支架敷设三种。

A　低支架敷设

如图 2-57 所示，低支架敷设常用于工厂沿围墙或平行于公路、铁路的管道敷设。为了避免地面雪水对管道的侵蚀，低支架敷设的管道保温层外表面至地面的净距离，一般应保持 0.5~1.0m，不小于 0.3m。

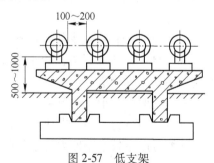

图 2-57　低支架

热力管道采用低支架敷设具有如下优点：

（1）管道支架除固定支架需用钢或钢筋混凝土结构外，活动支架可大量就地取材，采用砖或毛石砌体，因而大大降低工程造价。

（2）施工维修方便可降低施工维修费用，并能缩短工期。

（3）采用低支架敷设的热水管道，可采用套筒补偿器，比方形补偿器节约钢材，同时减少管内流体阻力从而降低循环水泵电耗。

B　中支架敷设和高支架敷设

在行人交通频繁地段，需要通行火车的地方宜采用中支架敷设，如图 2-58 所示。中支架的净空高度为 2.0~4.0m。高支架敷设管道保温结构底距地面净高为 4m 以上，一般为 4.0~6.0m。在跨越公路、铁路或其他障碍物时经常采用。

与低支架敷设比较，采用中支架敷设和高支架敷设，耗费材料较多，施工维修不方便，在管道上有附件（如阀门等）处必须设置操作平台。

管道支架按其结构形式可分为独立式支架和组合式支架。在地震活动区或地沟敷设中，采用独立式支架比较可靠。在一般架空敷设中，敷设的管子根数又比较多时，为了加大支架间距，常采用组合式支架。

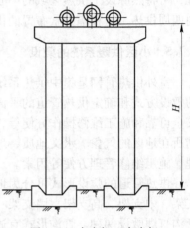

图 2-58　中支架、高支架

几种常用的支架结构形式：

（1）独立式支架。这种支架设计和施工都比较简单，它适用于在管径较大、管道数量不多的情况下采用。

（2）悬臂式支架。这种支架的优点是造型轻巧、美观。其缺点是管道排列不多。支架宽度一般小于 1m。

（3）梁式支架适用于管道推力不太大的情况。可根据不同跨距要求，在纵梁上架设不同间距的横梁，作为管道的支点或固定点。

（4）桁架式支架。用于管数较多、管道推力较大的情况。其跨距一般为 16~24m。这种支架外观宏伟，刚度大。但耗钢量及投资较大。

（5）悬杆式支架。这种支架适用管径较小、多根排列的情况。跨距一般为 15~20m。这种支架造型轻巧、柱距大、结构受力合理。但耗钢量大，横向刚性差，对风力和震动力的抵抗力弱，施工和维修要求高。

（6）悬索式支架。这种支架用于管道直径较小，遇到宽阔公路、河流、需要跨越大跨度的情况。

（7）钢绞线铰接式支架。这种支架整体结构稳定，适用于管道推力大的情况。

（8）墙架。当管道直径较小、管道数量较少、管道沿建筑物或构筑物的围墙壁敷设时用这种墙架支撑管道。

管道支架按其承受的荷载可分固定支架和中间支架。固定支架主要承受水平推力及不大的管道等的重力。中间支架承受管道、管中热媒及保温材料重量以及由于管道发生温度变形伸缩时产生较小摩擦力的水平荷载。

2.7.5.2　地下敷设

一般地下敷设分为有管沟敷设及无管沟直埋敷设。有管沟敷设又分为通行管沟、半通行管沟和不通行管沟三种。热力网管道地下敷设时，宜采用不通行管沟敷设或无管沟直埋敷设；热力管道穿越不允许开挖检修的地段时，应采用通行管沟敷设。当采用通行管沟敷设有困难时，可采用半通行管沟敷设。

A 通行管沟敷设

在下列情况下，可考虑采用通行管沟敷设：（1）当热力管道通过的路面不允许开挖时。（2）管道类型较多，管道数量较多（超过6根以上），或管径较大、管子垂直排列高度大于或等于1.5m时。采用通行管沟敷设形式通常应用于热电厂出口、厂区主要干线或城市主要街区。采用通行管沟敷设热力管道的优点是维护和管理方便，操作维修人员可经常进入管沟内进行检修。缺点是施工土方量大，基建投资费用高，占地面积也大。其结构如图2-59（a）所示。

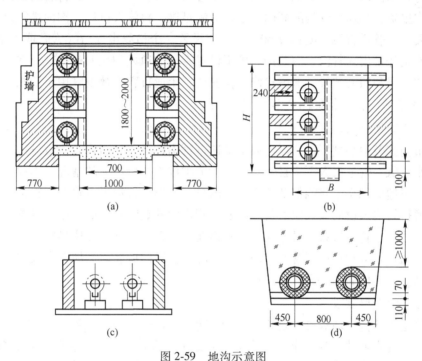

图 2-59　地沟示意图
（a）通行地沟；（b）半通行地沟；（c）不通行地沟；（d）无管沟直埋

通行管沟内的管道有单侧布置和双侧布置两种形式，装有蒸汽管道的通行管沟每隔100m应设1个事故人孔，没有蒸汽管道的通行管沟每隔200m宜设1个事故人孔。对于整体混凝土结构的通行管沟，每隔200m宜设1个安装孔。

通行管沟内应根据热力网管道运行维护检修的频繁程度和经济条件设置照明设施。通常供生产用的供热管道的管沟内，应设永久性照明。供以供暖用热为主的供热管道的管沟内，可设临时性照明。一般每隔8~12m和有配件或仪表处要安装照明灯，照明灯的电压不应超过36V。

为使操作人员在通行管沟内能正常工作，对于操作人员经常进入的通行管沟，应有良好的通风设施，当操作人员在管沟内工作时，管沟内的空气温度不得超过40℃。当采用自然通风不能满足管沟内通风要求时，应设置机械通风系统进行通风。

为了排除管沟盖板面上融化的雪水和雨水，管沟盖板应有0.03~0.05的横向坡度。在地下水位较高的地区，管沟壁、盖板和底板都应设置可靠的防水层，以防止地下水渗入管沟内部。管沟的底板应有 0.002～0.003 的纵向坡度，以利于将管道及其附件（法兰、阀门等）因损坏或失修而泄漏的水顺沟底坡向排至安装孔的集水坑内，然后再用排水管或水泵抽送至排水井中。通行管沟的盖板上面一般应有覆土层，其覆土深度不宜小于 0.2m。

B 半通行管沟敷设

当供热管道通过的地面不允许开挖且采用架空敷设不合理时，或当管子数量较多，采用不通行管沟敷设由于管道单排水平布置，管沟宽度受到限制时，可采用半通行管沟敷设。半通行管沟内的管道有单侧布置和双侧布置两种布置形式。半通行管沟敷设比通行管沟敷设节省投资，半通行管沟的断面尺寸，应满足维护检修人员进入沟内进行维修和弯腰行走的需要。当管道直线长度超过 60m 时，应设置一个检修出入口（人孔或小室）。由于工作人员不是经常出入管沟，因此沟内可不设置专门的通风和照明设备，只在进行检修时设置临时的通风和照明装置。考虑检修工作安全，半通行管沟敷设宜用于低压蒸汽和低于130℃的热水管道。其结构如图 2-59 (b) 所示。

C 不通行管沟敷设

在城市街区及中小型厂区，广泛采用不通行管沟敷设。不通行管沟敷设适用于土壤干燥、地下水位低、管道根数不多且管径小、管道维修工作量不大的情况。不通行管沟断面尺寸较小，占地面积小，并能保证管道在沟内自由变形。管沟土方量及材料消耗少，投资省。但不通行管沟敷设的最大缺点是难以发现管道中的缺陷和事故，维护检修不方便。管沟的断面尺寸根据管道根数、管径大小及管道在沟内布置情况、支座形式而定。与通行管沟一样，半通行管沟和不通行管沟的沟底，都应该设纵向坡度，其坡度和坡向应与所敷设的管道一致。其结构如图 2-59 (c) 所示。

D 无管沟直埋敷设

供热管道无管沟直埋敷设，是将管道直接埋于地下，而不需建造任何形式的专用建筑。采用无管沟直埋敷设时，能大大减少管道施工土方量，节省大量的建筑材料。同时，根据研究与工程实践表明，对于无管沟直埋敷设的供热管道，嵌固段的直管可以不设补偿器和固定点，只在需要保护的三通、阀门等部位设置补偿器和小室，在必要的长度上设固定墩。采用无管沟直埋敷设供热管道，与有管沟敷设相比，通常可以减少补偿器 40%～70%，减少固定支架 30%～60%、地下小室 30%～50%，减少工程总投资 20%～50%，施工周期缩短 50% 以上。因此，采用无管沟直埋敷设热力管道，是基建投资最小的一种敷设方法。但采用无管沟直埋敷设时，难以发现管道运行及管道损坏等事故，一旦发生管道损坏进行检修时，需开挖的土方量也大，同时无管沟直埋敷设也存在着管道容易被腐蚀的可能性。必须从设计上选择防腐性能更好的保温材料和保温结构，从施工上强调保证保温防水结构的施工质量。其结构如图 2-59 (d) 所示。

热力管道无管沟直埋敷设，适用于下列情况：

（1）土质密实而又不会沉陷的地区，例如砂质黏土。如果在黏土中敷设热力管道时，应在沟底铺一层厚度为 100～150mm 的砂子。

（2）地震的基本烈度不大于 8 度；土壤电阻率不小于 20Ω·m，地下水位较低，土壤具有良好渗水性以及不受工厂腐蚀性溶液浸入的地区。

（3）公称直径不大于 500mm 的热力网管道。

2.7.5.3 检查室和检查平台

供热管道采用地下敷设时，为了对管道附件进行维护和检修，在安装套筒补偿器、阀门、放水和除污装置等设备附件处，都应设检查室，检查室为矩形或圆形地下小室。检查室的面积大小，应根据管道数量、管道直径、阀门等附件的尺寸和数量来决定。它应满足对小室内的管道附件设备维修和操作所需要的面积和空间要求。当检查室内的设备、附件不能从人孔进出时，应在检查室顶板上设安装孔。安装孔的尺寸和位置应保证检查室内最大设备的出入和便于安装。地下敷设的热力管道支管，应坡向检查室，其坡度不小于0.002。

采用中高支架敷设供热管道时，在装有阀门、放水、放气、除污装置的地方，应设检查平台。检查平台的尺寸应保证维修人员操作方便。检查平台周围应设防护栏杆和供操作人员上下用的专门扶梯。

检查室或检查平台的位置及数量，应与管道定线一起考虑，在保证供热管网运行可靠，检修方便的情况下，应尽量减少检查室或检查平台的数目。检查室的位置应避开交通要道和行人过往频繁的地方。

采用管沟敷设的热力管道，在安装管道方形补偿器的地方，必须砌筑供安装方形补偿器的伸缩穴。伸缩穴的高度与其所连接的地沟高度相等。其平面尺寸应根据管道直径、方形补偿器的数量及形式尺寸等以及伸缩器在管道受热变形时自由移动所需的间隔尺寸而定，伸缩穴有单面和双面两种形式。在伸缩穴内布置管道补偿器时，热媒温度高的管道应布置在外侧。这是由于热媒温度高的管道热位移也大。当热力管道根数较多时，可采用砌筑双面伸缩穴，以避免伸缩穴单面伸出的部分过长。

2.8 室内供暖系统设计

2.8.1 室内供暖系统设计计算

请针对某市一幢三层别墅进行供暖系统设计。卫生间采用散热器供暖，其余房间为低温热水地面辐射供暖。参考平面图如图 2-60 所示。

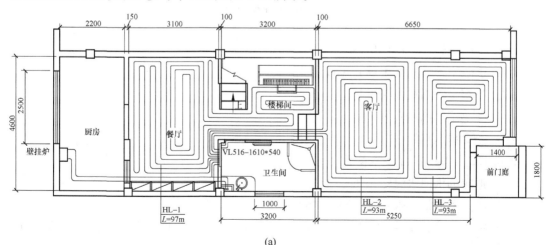

(a)

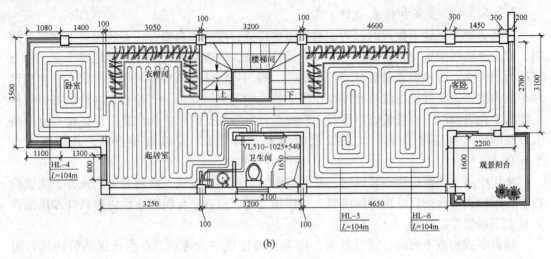

(b)

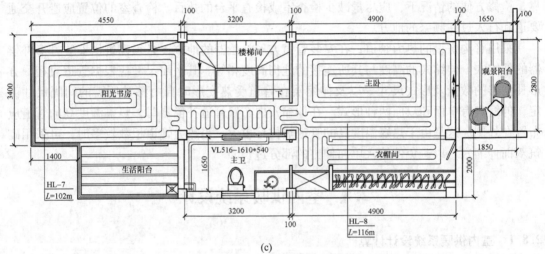

(c)

图 2-60　地暖布置平面图

（a）一层地暖布置平面图；（b）二层地暖布置平面图；

（c）三层地暖布置平面图

2.8.1.1　供暖室外计算参数

（1）供暖室外计算（干球）温度 2℃。

（2）冬季室外相对湿度 80%。

（3）冬季室外风速 0.9m/s。

（4）冬季最低日平均温度-1.1℃。

2.8.1.2　供暖室内计算参数

（1）地暖的供回水温度：56℃/48℃。

（2）散热器的供回水温度：56℃/48℃。

（3）室内温度：卫生间 22℃；餐厅、卧室、阳光书房、起居室、衣帽间、楼梯间、客卧 20℃。

2.8.1.3 建筑土建资料

（1）墙体：砖墙 $K = 2.08 \text{W}/(\text{m}^2 \cdot ℃)$。

（2）门：外门 $K = 2.33 \text{W}/(\text{m}^2 \cdot ℃)$；双层推拉玻璃门 $K = 2.91$（$\text{W}/\text{m}^2 \cdot ℃$）。

（3）单层推拉玻璃门 $K = 6.4 \text{W}/(\text{m}^2 \cdot ℃)$；单层木门 $K = 3.5 \text{W}/(\text{m}^2 \cdot ℃)$。

（4）屋面，$K = 0.93 \text{W}/(\text{m}^2 \cdot ℃)$。

（5）窗：$K = 6.4 \text{W}/(\text{m}^2 \cdot ℃)$；玻璃幕，$K = 1.57 \text{W}/(\text{m}^2 \cdot ℃)$。

2.8.2 供暖设计热负荷

地暖系统的功能就在于弥补建筑物热量损失，维持房间温度，提供舒适、温暖的环境。要使地暖系统实现这一功能，就必须准确了解建筑物的热量损失。建筑物热量损失即建筑耗热量是指建筑物围护结构的传热量和空气渗透热损失。建筑物耗热量按式（2-15）计算：

$$Q = Q_1 + Q_2 - Q_3 \tag{2-15}$$

式中 Q——建筑物单位面积耗热量，W/m^2；

Q_1——单位建筑面积通过围护结构的耗热量，W/m^2；

Q_2——单位建筑面积的空气渗透热量，W/m^2；

Q_3——单位建筑面积的建筑物内部得热量（包括炊事，照明，家电和人体散热等）。但人体散热量、炊事和照明热量（统称为自由热），一般散发量不大，且不稳定，通常可不计。

2.8.2.1 围护结构传热耗热量的计算

通过围护结构的温差传热量用式（2-16）计算：

$$Q'_1 = KF(t_n - t'_w)a \text{，W} \tag{2-16}$$

式中 Q'_1——通过供暖房间某一面维护物的温差传热量（基本传热量），W；

K——该面围护物的传热系数，$\text{W}/(\text{m}^2 \cdot ℃)$；

F——该面围护物的散热面积，m^2；

t_n——室内空气计算温度，℃；

t'_w——室外供暖计算温度，℃；

a——温差修正系数。

当围护物是黏土的非保温地面［组成地面的各层材料导热系数都大于 $1.16 \text{W}/(\text{m} \cdot ℃)$］时，需要对地面划分地带，划分时要与建筑的维护结构平行相距 2m，划分 3 个地带后余下的部分均按第四地带计算，其中第一地带靠近墙角的地面积需要计算两次。

下面以餐厅区域为例进行地带的划分，具体的划分情况如图 2-61 所示。

地面各个地带的传热系数和换热阻见表 2-22。

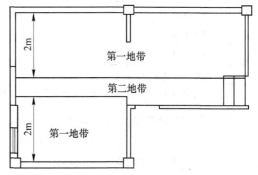

图 2-61 餐厅区域传热地带的划分

表 2-22　非保温地面的传热系数和换热阻

地　带	$R_o/m^2 \cdot ℃ \cdot W^{-1}$	$K_o/m^2 \cdot ℃ \cdot W^{-1}$
第一地带	2.15	0.47
第二地带	4.30	0.23
第三地带	8.60	0.12
第四地带	14.2	0.07

2.8.2.2　冷风渗透耗热量的计算

对多层建筑，可通过计算不同朝向的门、窗缝隙长度以及从每米长缝隙渗入的冷空气量，确定其冷风渗透耗热量，这种方法称为缝隙法。

对不同类型的门、窗，在不同风速下每米长缝隙渗入的空气量 L，可采用表 2-23 的实验数据。

用缝隙法计算冷风渗透耗热量时，以前只是计算朝冬季主导风向的门窗缝隙长度，朝冬导风向背风面的门窗缝隙不必计入。实际上，冬季中的风向是变化的，不位于主导风向的门窗，在某一时间也会处于迎风面，必然会渗入冷空气。因此，《民用建筑供暖通风与空气调节设计规范》（GB 50736—2012）明确规定：建筑物门窗的长度分别按各朝向可开启的外门、窗缝丈量，在计算不同朝向的冷风渗透空气量时，引进一个渗透空气量的朝向修正系数 n，即式（2-17）：

$$V = Lln \tag{2-17}$$

式中　L——每米门、窗缝隙渗入室内的空气量，按当地冬季室外平均风速，采用表 2-23 中的数据，$m^3/(m \cdot h)$；

　　　l——门、窗缝隙的计算长度，m；

　　　n——渗透空气量的朝向修正系数。

表 2-23　每米门、窗缝隙渗入的空气量 L　　　　$[m^3/(m \cdot h)]$

门窗类型	冬季室外平均风速/$m \cdot s^{-1}$					
	1	2	3	4	5	6
单层木窗	1.0	2.0	3.1	4.3	5.5	6.7
双层木窗	0.7	1.4	2.2	3.0	3.9	4.7
单层钢窗	0.6	1.5	2.6	3.9	5.2	6.7
双层钢窗	0.4	1.1	1.8	2.7	3.6	4.7
推拉铝窗	0.2	0.5	1.0	1.6	2.3	2.9
平开铝窗	0.0	0.1	0.3	0.4	0.6	0.8

注：1. 每米外门缝隙渗入的空气量，为表中同类型外窗的 2 倍。

　　2. 当有密封条时，表中的数据可乘以 0.5~0.6 的系数。

确定门、窗缝隙渗入空气量 V 后，冷风渗透耗热量，可按式（2-18）计算：

$$Q'_2 = 0.278V\rho_w c_p(t_n - t'_w)，W \tag{2-18}$$

式中　V——经门、窗缝隙渗入室内的总空气量，m^3/h；

　　　ρ_w——供暖室外计算温度下的空气密度，kg/m^3；

c_p——冷空气的质量定压热容，$c=1kJ/(kg\cdot℃)$；

0.278——单位换算系数，$1kJ/h=0.278W$。

以二楼的卧室为例，用缝隙法计算冷风渗透耗量为：西外窗，某冬季室外平均风速$V_{pj}=0.9m/s$，推拉铝窗每米缝隙的冷风渗透量，由表2-23可知$L=0.18\ m^3/(m\cdot h)$，窗缝总长度为$l=11m$，渗透空气量的朝向修正系数为$n=0.1$，因此，总的冷空气渗透量为：

$$V=Lln=0.18×11×0.1=0.198$$

冷风渗透耗热量为：

$$\begin{aligned}Q'_2 &= 0.278V\rho_w c_p(t_n-t'_w)\\&=0.278×0.198×1.284×1×（20-2）\\&=1.313W\end{aligned}$$

起居室冷风渗透耗量为0.982W，卫生间冷风渗透耗量为1.142W，客卧冷风渗透耗量为5.91W，三楼的阳光书房冷风渗透耗量为1.313W，主卫冷风渗透耗量为1.142W，一楼的客厅用缝隙法计算冷风渗透耗量为5.91W，卫生间冷风渗透耗量为1.142W。其他房间的冷风渗透耗热量均为0。

2.8.2.3　冷风侵入耗热量的计算

冷风侵入耗热量，同样可以用式（2-19）计算：

$$Q'_3=0.278V\rho_w c_p(t_n-t'_w)，\quad W \tag{2-19}$$

式中　V——流入的冷空气量，m^3/h；

ρ_w——供暖室外计算温度下的空气密度，kg/m^3；

c_p——冷空气的定压比热，$c=1kJ/(kg\cdot℃)$；

0.278——单位换算系数，$1kJ/h=0.278W$。

由于流入的冷空气量V不易确定，根据经验总结，冷风侵入耗热量可采用外门基本耗热量乘以表2-6中的百分数的简便方法来确定，即式（2-20）：

$$Q'_3=NQ'_{1\cdot j\cdot m}，\quad W \tag{2-20}$$

式中　$Q'_{1\cdot j\cdot m}$——外门的基本耗热量，W；

N——考虑冷风侵入的外门附加率，按表2-6采用。

一楼客厅的外门冷风侵入耗热量的计算：可按开启时间不长的一道门考虑。外门冷风侵入耗热量为外门基本耗热量乘以65%n。

$$Q'_3=NQ'_{1\cdot j\cdot m}=0.65×1×1.2×1.9×2.33×（20-2）×1=69.06W$$

表2-6的外门附加率，只适用于短时间开启的、无热风幕的外门。对于开启时间长的外门，冷风侵入量可根据自然通风原理进行计算，或根据经验公式或图表确定，并按公式（2-20）进行计算冷空气的侵入耗热量。此外，对建筑物的阳台门不必考虑冷风侵入耗热量。

此建筑的一层房间的耗热量是在标准层围护结构耗热量的基础上加一层地面的耗热量；顶层房间的耗热量是在标准层围护结构耗热量的基础上加顶棚的耗热量。顶层、标准层、一层房间的基本耗热量计算值分别列于附表中。

计算全面地板辐射供暖系统的热负荷时，应取对流供暖系统计算总热负荷的90%~95%。

各层房间的供暖热负荷列于表2-24中。

表 2-24　各层房间的供暖热负荷表

房间编号	房间名称	房间面积	围护结构耗热量	冷风渗透耗热量	冷风侵入耗热量	房间总耗热量	
		F/m^2	Q'_1/W	Q'_2/W	Q'_3/W	Q'/W	$0.9Q'/W$
101	餐厅区域	19.8	849	0	0	849	764
102	卫生间	5.3	448.858	1.142	0	450	
103	客厅	27.7	2735	5.91	62.16	2803	2253
201	卧室	7.5	740	1.313	0	741	667
202	衣帽间	5.5	383.3	0	0	383	345
203	起居室	14.2	647	0.982	0	648	583
204	卫生间	3.5	295	1.142	0	296	
205	客卧	26	2282	5.91	0	2288	2059
301	阳光书房	16.6	1183	1.313	0	1184	1066
302	主卫	5.3	486.4	1.142	0	487	
303	主卧	14	1303	0	0	1303	1173
304	衣帽间	5.8	637.5	0	0	637	573

2.8.2.4　地面散热量的计算

由于餐厅区域、二楼衣帽间、客卧、阳光书房以及三楼衣帽间是局部辐射供暖，所以它们的热负荷是由整个房间全面辐射供暖所算得的热负荷乘以该区域面积与所在房间面积的比值和表 2-25 中所规定的附加系数确定。

表 2-25　局部辐射供暖系统热负荷的附加系数

供暖区面积与房间总面积比值	0.55	0.40	0.25
附加系数	1.30	1.35	1.50

经测量，餐厅区域的实际供暖面积为 $14.6m^2$，即：$14.6m^2/19.8m^2=0.74$，所以餐厅区域的实际热负荷为：$764×0.74×1.30=735W$，即：单位地面面积所需的散热量为 $50W/m^2$。

二楼衣帽间的实际供暖面积为 $2.1m^2$，即：$2.1m^2/5.5m^2=0.38$，所以二楼衣帽间的实际热负荷为：$345×0.38×1.35=177W$，即：单位地面面积所需的散热量为 $84W/m^2$。

客卧的实际供暖面积为 $23m^2$，即：$23m^2/26m^2=0.88>0.75$，则按全面耗热量计算。即：单位地面面积所需的散热量为 $79W/m^2$。

阳光书房的实际供暖面积为 $15.3m^2$，即：$15.3m^2/16.6m^2=0.92>0.75$，则按全面耗热量计算。即：单位地面面积所需的散热量为 $64W/m^2$。

三楼衣帽间的实际供暖面积为 $3.5m^2$，即：$3.5m^2/5.8m^2=0.6$，所以三楼衣帽间的实际热负荷为：$573×0.6×1.30=447W$，即：单位地面面积所需的散热量为 $127W/m^2$。

各个房间单位地面面积所需的散热量见表 2-26。

表 2-26　各个房间单位地面面积所需的散热量　　　　　　　　　　　（W/m^2）

餐厅区域	客厅	卧室	二楼衣帽间	起居室	客卧	阳光书房	主卧	三楼衣帽间
50	81	89	84	41	79	64	84	127

确定地面散热量时，应校核地表面平均温度，确保其不高于表 2-26 的最高限值；否则应改善建筑热工性能或设置其他辅助供暖设备，减少地板辐射供暖系统负担的热负荷。地表面平均温度宜按公式（2-21）计算：

$$t_{pj} = t_n + 9.82\left(\frac{q_x}{100}\right)^{0.969} \tag{2-21}$$

式中　　t_{pj}——地表面平均温度，℃；

　　　　t_n——室内计算温度，℃；

　　　　q_x——单位地面面积所需散热量，W/m^2。

地表面平均温度见表 2-27。

表 2-27　地表面平均温度　　　　　　　　　　　（℃）

区域特征	适宜范围	最高限值
人员经常停留区	24~26	28
人员短期停留区	28~30	32
无人停留区	35~40	42

根据公式（2-21）可得出各个房间的地表面平均温度为：

$$t_{pj} = t_n + 9.82\left(\frac{q_x}{100}\right)^{0.969}$$

餐厅区域　　　　$t_{pj} = 20+9.82×0.5^{0.969} = 25℃ < 28℃$ 满足要求

客厅　　　　　　$t_{pj} = 20+9.82×0.81^{0.969} = 28℃$ 满足要求

卧室　　　　　　$t_{pj} = 20+9.82×0.89^{0.969} ≈ 28℃$ 满足要求

二楼衣帽间　　　$t_{pj} = 20+9.82×0.84^{0.969} < 32℃$ 满足要求

起居室　　　　　$t_{pj} = 20+9.82×0.41^{0.969} = 24℃$ 满足要求

客卧　　　　　　$t_{pj} = 20+9.82×0.79^{0.969} = 28℃$ 满足要求

阳光书房　　　　$t_{pj} = 20+9.82×0.64^{0.969} = 26.3℃$ 满足要求

主卧　　　　　　$t_{pj} = 20+9.82×0.84^{0.969} ≈ 28℃$ 满足要求

三楼衣帽间　　　$t_{pj} = 20+9.82×1.27^{0.969} ≈ 32℃$ 满足要求

2.8.3　供暖设计方案

本设计采用的是双管异程式下供下回式系统，此系统中供、回水干管沿地面暗装，各组散热器的进出水管下供下回，双管异程，都连在分/集水器支路上。在房间地面敷设热水管路。

2.8.3.1　低温热水系统的加热管设计

加热管的敷设间距和房间所需供热量、室内计算温度、平均水温、地面传热热阻等综合因素均有一定关系，为简化，本计算取每个房间的加热管间距为 150mm。再根据公式（2-22）算出每个环路加热管的长度，并标于地暖布置平面图中。

$$L = M/S \tag{2-22}$$

式中　M——加热管铺设面积，m^2；

　　　S——布管间距，m；

　　　L——加热管长度，m。

每个环路加热管长度见表 2-28。

表 2-28　每个环路加热管的长度　　　　　　（m）

HL-1	HL-2	HL-3	HL-4	HL-5	HL-6	HL-7	HL-8
97	93	93	104	104	104	102	116

2.8.3.2　分水器、集水器设计

每个环路加热管的进水口、出水口，应分别与分水器、集水器相连接。分水器、集水器内径不应小于总供、回水管内径，且分水器、集水器最大断面流速不宜大于 0.8m/s。每个分水器、集水器分支环路不宜多于 8 路，它的最高工作温度是 85℃，最高工作压力为 10MPa，每个分支环路供回水管上均应设置可关断阀门。

在分水器之前的供水连接管道上，顺水流方向应安装阀门、过滤器、阀门及泄水管。在集水器之后的回水连接管上，应安装泄水管并加装平衡阀或其他可关断调节阀。分水器、集水器上设置手动排气阀。

3 个分水器、集水器的尺寸均为长 800mm，高 550mm，宽 170mm。分水器、集水器长度用公式（2-23）计算：

$$L = 2n \cdot 50 \tag{2-23}$$

式中　n——加热管环路的个数，m^2；

　　　L——分水器、集水器的长度，m。

由于一楼的加热管环路有 4 路，所以代入式（2-23）计算，可得：

$$L = 8 \times 50 = 400mm$$

同理二楼的分水器、集水器各自的长度为 400mm；三楼的分水器、集水器各自的长度为 300mm。

2.8.3.3　散热器的选型计算

散热器计算是根据供暖房间的热负荷，确定卫生间所需的卫浴散热器型号。此处不展开叙述。

2.8.4　供暖系统的水力计算

2.8.4.1　供暖管路的水力计算步骤

等温降计算法的特点是预先规定了每根立管的水温降，系统中供水、回水温度的值不改变。本系统的计算步骤如下。

（1）首先根据公式（2-24）计算出各管段的流量：

$$G = 0.86Q / (t'_g - t'_h)，kg/h \tag{2-24}$$

式中　Q——管段的热负荷，W；

　　　t'_g——系统的设计供水温度，℃；

t'_h——系统的设计回水温度，℃。

（2）再根据要求：加热管内水的流速不应小于 0.25m/s；每个环路的阻力不宜超过 30kPa；地暖加热管只允许 ϕ16 和 ϕ20 两种管径，接分水器、集水器的主管只允许 ϕ25 和 ϕ32 两种管径，查《辐射供暖供冷技术规程》上的附表 D，选出合理的管径、比摩阻、流速，但附表 D 为热媒平均温度为 60℃ 的水力计算表，本设计的热媒平均温度为 52℃，可由表 2-29 查出比摩阻修正系数，并通过公式（2-25）进行修正。

$$R_t = Ra \tag{2-25}$$

式中　R_t——热媒在设计温度和设计流量下的比摩阻，Pa/m；

　　　R——查表 2-29 得到的比摩阻，Pa/m；

　　　a——比摩阻修正系数。

表 2-29　比摩阻修正系数

热媒平均温度/℃	60	50	40
修正系数 a	1	1.03	1.06

通过内差法，算出 $a = 1.024$。

（3）根据系统图中的实际情况，按各管段的局部阻力管件名称，根据表 2-30 中的值统计出各个管段的总局部阻力系数，并列于表 2-31 中。

表 2-30　热水供暖局部阻力系数

局部阻力名称	局部阻力系数	局部阻力名称	不同管径下的局部阻力系数值					
			15	20	25	32	40	≥50
卫浴散热器	2.0	截止阀	16	10.0	9.0	9.0	8.0	7.0
自动恒温阀	16	旋塞	4.0	2.0	2.0	2.0		
壁挂炉	2.0	斜杆截止阀	3.0	3.0	3.0	2.5	2.5	2.0
突然扩大	1.0	闸阀	1.5	0.5	0.5	0.5	0.5	0.5
突然缩小	0.5	弯头	2.0	2.0	1.5	1.0	1.0	1.0
直流三通	1.0	90°煨弯及乙字弯	1.5	1.5	1.0	1.0	0.5	0.5
旁流三通	1.5							
合流三通	3.0	括弯	2.0	2.0	2.0	2.0	2.0	2.0
分流三通	3.0	急弯双弯头	2.0	2.0	2.0	2.0	2.0	2.0
直流四通	2.0	缓弯双弯头	1.0	1.0	1.0	1.0	1.0	1.0
分流四通	3.0							
方形补偿器	2.0							
套管补偿器	0.5							
回字路 90°弯头	0.8							
直列型 180°弯头	1.5							

表 2-31　局部阻力系数计算表

管段号	局部阻力	个数	ξ	$\Sigma\zeta$
1	直流三通	1	1.0	4.5
	$\phi 40$ 弯头	1	1.5	
	壁挂炉	1	2.0	
2	$\phi 40$ 弯头	2	3.0	4.0
	直流三通	1	1.0	
3	$\phi 32$ 弯头	4	6.0	6.0
4	$\phi 32$ 弯头	4	6.0	8.0
	$\phi 32$ 括弯	1	2.0	
5	$\phi 40$ 弯头	2	3.0	6.0
	直流三通	1	1.0	
	$\phi 40$ 括弯	1	2.0	
6	直流三通	1	1.0	4.5
	$\phi 40$ 弯头	1	1.5	
	壁挂炉	1	2.0	
7	$\phi 32$ 弯头	3	4.5	4.5
8	$\phi 32$ 弯头	1	1.5	1.5

（4）根据公式（2-26）算出各个管段的沿程损失：

$$\Delta P_y = RL \tag{2-26}$$

式中　ΔP_y——计算管段的沿程损失，Pa；

　　　R——每米管长的沿程损失，Pa/m；

　　　L——管段长度，m。

（5）根据公式（2-27）算出各个管段的局部损失：

$$\Delta P_i = \sum\zeta\rho v^2/2 \tag{2-27}$$

式中　ΔP_i——计算管段的局部损失，Pa；

　　　$\sum\zeta$——管段中总的局部阻力系数；

　　　ρ——热媒的密度，kg/m^3，水在 52℃时的密度是 987.15 kg/m^3；

　　　v——热媒在管内的流速，kg/m^3。

其中，分水器、集水器及其进出口阀门局部阻力的计算较为复杂，而且不能精确计算，虽然阀及分水器、集水器的局部阻力系数均有实验数据，但是因为相距太近，相互影响程度较大，只能将其作为一个局部整体处理，就目前来讲尚无实验数据。它的计算只能定性分析，取经验数据：$P' = 1200\text{Pa} = 0.12\text{m}$ 水柱。

（6）根据公式（2-28）算出各个管段的压力损失：

$$\Delta P = \Delta P_y + \Delta P_i \tag{2-28}$$

（7）根据公式（2-29）校核各并联环路间的水力平衡：

$$不平衡率 = \left[\left(\sum\Delta P_1 - \sum\Delta P_2 \right) / \sum\Delta P_1 \right] \times 100\% < 规定值 \tag{2-29}$$

式中 $\sum \Delta P_1$——第一环路总压力损失，Pa；

$\sum \Delta P_2$——第二环路总压力损失，Pa。

规定值——根据《民用建筑供暖通风与空气调节设计规范》（GB 50736—2012），热水供暖系统的各并联环路之间的计算压力损失相对差额，不应大于15%。

2.8.4.2 供暖管路的水力计算内容

首先计算各楼层的分水器、集水器分出去的环路的压力损失，其次校核同层楼的并联环路之间的水力平衡并统计出3个分水器、集水器各自的总的压力损失，再计算出1~10各个管段的压力损失，然后计算出锅炉分别到3个末端的压力损失，最后校核这3个末端的总的水力平衡。地暖水管系统如图2-62所示。

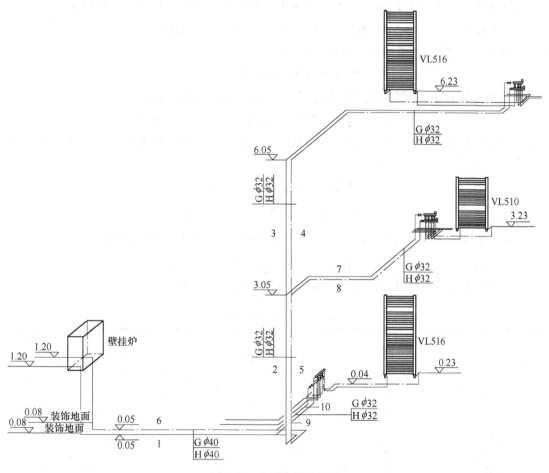

图 2-62 地暖水管系统图

地暖加热管的水力计算以三楼的阳光书房为例：

$$G = 0.86qm/(t_g - t_h)，\text{kg/h}$$

式中 q——地面面层为木地板时 PB 管单位地面面积散热量，W/m^2；

m——铺设面积，m^2；

t_g——系统的设计供水温度，$℃$；

t_h——系统的设计回水温度，$℃$。

于是有：
$$G = 0.86 \times 112.9 \times 15.3/(56 - 48) = 185.7 \text{kg/h}$$

查《地板采暖与分户热计量技术》附表 5-3-1，选出最佳管径 $\phi20$ 可得：
$$R = 87.4a = 87.4 \times 1.024 = 89.5 \text{Pa/m}; \quad V = 0.28 \text{m/s}$$

由 3 层地暖布置平面图 2-60 可知回字路 90°弯头有 37 个，直列型 180°弯头有 23 个，可得：

$$\sum \zeta = 37 \times 0.8 + 23 \times 1.5 = 64.1$$

沿程损失　　　　$\Delta P_y = RL = 89.5 \times 102 = 9.1 \text{kPa}$

局部损失　　$\Delta P_i = \sum \zeta \rho v_2/2 = 64.1 \times 987.15 \times 0.282/2 + 1200 = 3.68 \text{kPa}$

压力损失　　　　$\Delta P = \Delta P_y + \Delta P_i = 9.1 + 3.68 = 12.78 \text{kPa}$

卫浴散热器的水力计算以三楼的主卫为例：
$$G = 0.86 \times 531/(56 - 48) = 57 \text{kg/h}$$

查《辐射供暖供冷技术规程》附表 D，选出最佳管径 $\phi20$ 可得：
$$R = 12a = 12 \times 1.024 = 12.3 \text{Pa/m}; \quad V = 0.08 \text{m/s}$$

由地暖水管系统图 2-61 可知 $\phi20$、90°弯头有 4 个，自动恒温阀 1 个，散热器 1 个可得：

$$\sum \zeta = 4 \times 2 + 16 + 2 = 26$$

沿程损失　　　　$\Delta P_y = RL = 12.3 \times 5.6 = 69 \text{Pa}$

局部损失　$\Delta P_i = \sum \zeta \rho v_2/2 = 26 \times 987.15 \times 0.082/2 + 1200 = 1282 \text{Pa}$

压力损失　　　　$\Delta P = \Delta P_y + \Delta P_i = 69 + 1282 = 1.35 \text{kPa}$

同理可得出该别墅其余 9 个环路的压力损失，详见表 2-32。

表 2-32　供暖支管水力计算

名称	流量 /kg·h⁻¹	管径	管长/m	V /m·s⁻¹	R /Pa·m⁻¹	P_y /kPa	ξ	ΔP_j /kPa	$\Delta P_y + \Delta P_j$ /kPa
1	2	3	4	5	6	7	8	9	10
餐厅区域	177.2	$\phi20$	97	0.27	82.7	8	51.2	3.04	11.04
客厅环路1	168.1	$\phi20$	93	0.26	75.6	7	35	2.37	9.37
客厅环路2	168.1	$\phi20$	93	0.26	75.6	7	45.2	2.7	9.7
一楼卫生间	57	$\phi20$	4.2	0.08	12	51.7	34	1.3	1.36
卧室区域	189.3	$\phi20$	104	0.28	92.4	9.6	56.1	3.37	12.97
起居室区域	189.3	$\phi20$	104	0.28	92.4	9.6	53.7	3.28	12.88
客卧	189.3	$\phi20$	104	0.28	92.4	9.6	56.5	3.39	12.99
二楼卫生间	33.86	$\phi20$	2.8	0.05	5.4	15.1	26	1.23	1.25
阳光书房	185.7	$\phi20$	104	0.28	89.5	9.1	64.1	3.68	12.78
主卧	211	$\phi20$	116	0.31	111	12.9	57.2	3.9	16.8
主卫	57	$\phi20$	5.6	0.08	12.3	0.07	26	1.28	1.35

校核一楼餐厅区域和客厅环路 1 两个并联环路间的水力平衡：

不平衡率 $=[(\sum \Delta P_1 - \sum \Delta P_2)/\sum \Delta P_1]\times100\% = (11.04-9.37)/11.04 = 14.8\% < 15\%$
在允许范围内。

校核一楼餐厅区域和客厅环路2两个并联环路间的水力平衡：

不平衡率 $=[(\sum \Delta P_1 - \sum \Delta P_2)/\sum \Delta P_1]\times100\% = (11.04-9.7)/11.04 = 12\% < 15\%$
在允许范围内。

校核一楼客厅环路1和客厅环路2两个并联环路间的水力平衡：

不平衡率 $=[(\sum \Delta P_1 - \sum \Delta P_2)/\sum \Delta P_1]\times100\% = (9.7-9.37)/9.7 = 3.4\% < 15\%$
在允许范围内。

校核一楼客厅环路1和卫生间两个并联环路间的水力平衡：

不平衡率 $=[(\sum \Delta P_1 - \sum \Delta P_2)/\sum \Delta P_1]\times100\% = (9.37-1.36)/9.37 = 85\% > 15\%$

超出允许的不平衡百分率。同理也和一楼其余两个环路水力不平衡，调节散热器对应环路的分水器的流量平衡阀，大部分的压力损失靠它消耗掉，少部分靠散热器上的流量平衡阀节流掉，由于集水器各支路上有流量计，当把阀门调到流量计显示需要的流量值时就停止调阀。

校核二楼卧室区域和起居室区域两个并联环路间的水力平衡：

不平衡率 $=[(\sum \Delta P_1 - \sum \Delta P_2)/\sum \Delta P_1]\times100\% = (12.97-12.88)/12.97 = 0.6\% < 15\%$
在允许范围内。

校核二楼卧室区域和客卧两个并联环路间的水力平衡：

不平衡率 $=[(\sum \Delta P_1 - \sum \Delta P_2)/\sum \Delta P_1]\times100\% = (12.99-12.97)/12.99 = 0.2\% < 15\%$
在允许范围内。

校核二楼起居室区域和客卧两个并联环路间的水力平衡：

不平衡率 $=[(\sum \Delta P_1 - \sum \Delta P_2)/\sum \Delta P_1]\times100\% = (12.99-12.88)/12.99 = 0.8\% < 15\%$
在允许范围内。

校核二楼起居室区域和卫生间两个并联环路间的水力平衡：

不平衡率 $=[(\sum \Delta P_1 - \sum \Delta P_2)/\sum \Delta P_1]\times100\% = (12.88-1.25)/12.88 = 90\% > 15\%$

超出允许的不平衡百分率。同理也和二楼其余两个环路水力不平衡，调节散热器对应环路的分水器的流量平衡阀，大部分的压力损失靠它消耗掉，少部分靠散热器上的流量平衡阀节流掉，由于集水器各支路上有流量计，当把阀门调到流量计显示需要的流量值时就停止调阀。

校核三楼阳光书房和主卧两个并联环路间的水力平衡：

不平衡率 $=[(\sum \Delta P_1 - \sum \Delta P_2)/\sum \Delta P_1]\times100\% = (16.8-12.78)/16.8 = 24\% > 15\%$

超出允许的不平衡百分率。调节相应回路上分水器的流量平衡阀，直到流量计显示需要的流量值时就停止调阀。

校核三楼阳光书房和主卫两个并联环路间的水力平衡：

不平衡率 $=[(\sum \Delta P_1 - \sum \Delta P_2)/\sum \Delta P_1]\times100\% = (12.78-1.35)/12.78 = 89\% > 15\%$

超出允许的不平衡百分率。同理也和三楼另一个环路水力不平衡，调节散热器对应环路的分水器的流量平衡阀，大部分的压力损失靠它消耗掉，少部分靠散热器上的流量平衡阀节流掉，由于集水器各支路上有流量计，当把阀门调到流量计显示需要的流量值时就停止调阀。

该别墅供暖主管的压力损失，见表2-33。

表 2-33 供暖主管水力计算

序号	负荷 /kW	流量 /kg·h⁻¹	管径	管长/m	V /m·s⁻¹	R /Pa·m⁻¹	P_y /kPa	ξ	ΔP_j /kPa	$\Delta P_y + \Delta P_j$ /kPa
1	2	3	4	5	6	7	8	9	10	11
1	15128	1626	φ40	10	0.46	98.3	987.9	4.5	470	1458
2	9821.3	1056	φ40	3.8	0.3	43	163.4	4	177.7	341.1
3	4222.8	454	φ32	7.4	0.22	37.2	273.4	6	143.3	416.7
4	4222.8	454	φ32	7.4	0.22	37.2	273.4	8	191	464.4
5	9821.3	1056	φ40	3.8	0.3	43	163.4	6	266.5	429.9
6	15128	1626	φ40	10	0.46	98.3	987.9	4.5	470	1458
7	5598.7	602	φ32	2.8	0.3	62.35	171	4.5	200	371
8	5598.7	602	φ32	2.8	0.3	62.35	171	4.5	200	371
9	5306.7	570	φ32	0.9	0.28	54.76	46.5	1.5	58	104.5
10	5306.7	570	φ32	0.9	0.28	54.76	46.5	1.5	58	104.5

校核一楼和二楼两个并联环路间的水力平衡：

不平衡率 $= [(\sum \Delta P_1 - \sum \Delta P_2)/\sum \Delta P_1] \times 100\% = (44.5-34.6)/44.5 = 22\% > 15\%$

超出允许的不平衡百分率。则在通往一楼分水器的主管上加阀门，在系统初调节和运行时，压力损失靠管上的阀门消耗掉一部分。

校核一楼和三楼两个并联环路间的水力平衡：

不平衡率 $= [(\sum \Delta P_1 - \sum \Delta P_2)/\sum \Delta P_1] \times 100\% = (35.5-34.6)/35.5 = 2.5\% < 15\%$

在允许范围内。

校核二楼和三楼两个并联环路间的水力平衡：

不平衡率 $= [(\sum \Delta P_1 - \sum \Delta P_2)/\sum \Delta P_1] \times 100\% = (44.5-35.5)/44.5 = 20\% > 15\%$

超出允许的不平衡百分率。则在通往三楼分水器的主管上加阀门，在系统初调节和运行时，压力损失靠管上的阀门消耗掉一部分。

可见，最不利环路是通过二楼分水器、集水器所在的环路，这个环路从锅炉供水管经过管段 1、2、7 进入分/集水器，再经过管段 8、5、6 进入锅炉回水管。

最不利环路总压力损失就是环路中各个管段的局部损失和沿程损失之和，即：

$$总压力损失 = \sum (\Delta P_y + \Delta P_j)_{1-2,5-8} = 44.5 \text{kPa}$$

由以上的计算可知，在此系统中分水器、集水器的各支环路之间的压力损失不平衡百分率除散热器环路外，几乎都在允许的不平衡百分率范围内。3个分水器、集水器之间连接方式是垂直异程式，在这样的系统中要使3个分水器、集水器之间的不平衡达到允许值几何是不可能的，因此要使环路间不出现失调现象，只能靠主管上、分水器上、散热器上的阀门进行调节，才能使整个系统达到预期的运行效果。

习　题

2-1　供暖系统如何分类，热水供暖系统与蒸汽供暖系统有哪些区别？

2-2　自然循环热水供暖系统的基本组成及循环作用压力是什么？

2-3　供暖系统中散热器、膨胀水箱、集气罐、疏水器、管道补偿器等的作用是什么？

2-4　供暖系统的热源有哪几种？

2-5　分户计量系统的热负荷有何特点？

2-6　简述地板辐射供暖的特点。

2-7　室内热水供暖系统有哪些布置形式，分别适用于哪些场合，有何特点？

3 供热系统的热源及主要设备

热源是供热系统热量的来源，是供热系统的正常运行的重要环节。在热源中，可利用燃料燃烧、电能、太阳能、核能、地热能、工业余热、上一级热源等提供的热量产生高温水或蒸汽，为热用户提供热量。以热电厂为一次热源的供热系统称为热电厂集中供热系统；由热电厂同时供电和供热的称为热电联产；以区域大锅炉房内的热水或蒸气锅炉配合热力站供热的称为区域锅炉房集中供热系统；以小型锅炉房或其他热源进行小范围供热的称为局部供热系统；以用户自备热源的供热方式称为分户供暖系统。我国目前应用广泛的供热方式有热电厂供热、区域大锅炉房供热、热电联产供热等。

3.1 热电厂供热

热电厂作为热源的供热系统在大中城市较为常见。在热电厂，大型锅炉将水变成高温高压的蒸汽驱动汽轮机发电，之后的乏汽（高温蒸汽）就可以被利用其变为凝结水过程中放出的热量供热，凝结水再进入锅炉加热进入下一轮循环。这样可以使热电厂能源转换效率提高，以达到节能、充分利用热能的目的。热电厂的高温蒸汽通常通过热交换方式，将蒸汽凝结放出的热量用来加热供热循环热水，以供给热用户，凝结水则重新被送入锅炉，这也被称为热电联产。废热除被用于供热外，还可以利用吸收式制冷设备制取冷量用于空调和其他系统供冷，这种方式也被称为冷、热、电联产的"三联供"方式，这种方式全年运行，可以有效调节天然气、电力、热力的季节性和时段性峰谷差，以获得更加经济的能源利用率。同时，能有效节约能源，改善大气质量。

热电厂供热系统按照机组类型可以分为3类：

（1）背压汽轮机。汽轮机排气压力高于大气压力的供热汽轮机称为背压汽轮机，在一定范围内排气量越大，发电量越多。机组的工作原理及图示如图3-1所示。

（2）抽汽式汽轮机。从汽轮机中间抽汽供热的机组，称为抽汽式汽轮机，一般装有凝汽器。机组的工作原理及图示如图3-2所示。

（3）凝汽机组改造成供热系统。热电厂的冷凝系统改造后用于供热。机组的工作原理及图示如图3-3所示。

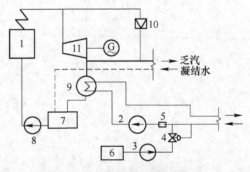

图 3-1　背压式汽轮机发电机组

1—锅炉；2—热水循环水泵；3—补给水泵；
4—压力调节阀；5—除污器；6—软水处理装置；
7—凝结水回收装置；8—锅炉给水泵；
9—热网水热交换器；10—减压装置；
11—背压式汽轮发电机

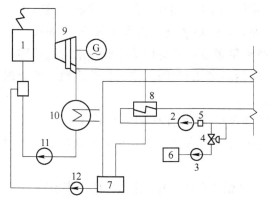
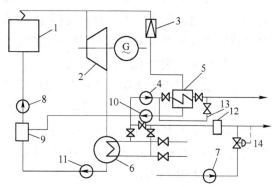

图 3-2 抽汽式汽轮机发电机组

1—锅炉；2—热水循环水泵；3—补给水泵；
4—压力调节阀；5—除污器；6—软水处理装置；
7—凝结水箱；8—热网水热交换器；
9—汽轮发电机；10—冷凝器；
11，12—凝结水泵

图 3-3 背压式汽轮机发电机组

1—锅炉；2—凝汽式汽轮发电机；3—减压装置；
4—外网循环水泵；5—加热器；6—凝汽器；
7—补给水泵；8—锅炉给水泵；9—除氧器水箱；
10，11—凝结水泵；12—除污器；
13—旁通管；14—定压装置

热电厂提供的高温供水温度一般为 110~150℃，回水温度 60~70℃，系统一般需经过换热站换热，将二次水换成 95~70℃ 的热水，提供给民用建筑使用，一次水放热后返回电厂。

3.2 锅炉及锅炉房设备

3.2.1 供热锅炉的种类

3.2.1.1 常用供热锅炉的组成和类型

就一个供暖系统而言，通常利用锅炉及锅炉房设备生产出蒸汽或热水，然后通过热力管道将蒸汽或热水输送至用户，以满足生产工艺或生活供暖等方面的需要。因此，锅炉就是供热之源。锅炉及锅炉房设备的任务就是安全可靠经济有效地把燃料的化学能转化为热能，进而将热能传递给水以生产蒸汽或热水。

A 锅炉的基本组成

锅炉通常是由燃烧部分（炉子）和换热部分（汽锅）两大部分组成。

以燃煤锅炉为例，炉子一般是由煤斗、炉排、炉膛、除渣板、送风装置等组成的燃烧设备；汽锅是由锅筒、对流管速、集箱、水冷壁和下降管组成的一个分集水系统。炉子和汽锅构造不同，也就形成了适应不同燃料的不同种类的锅炉。

B 锅炉的分类

常用的锅炉的分类方法有以下几种：

（1）锅炉按其用途不同，通常可以分为动力锅炉和工业锅炉两类。动力锅炉是用于发电和动力方面的锅炉，如电站锅炉。动力锅炉所生产的蒸汽用作将热能转变成机械能的工质以产生动力，其蒸汽压力和温度都比较高，如电站锅炉蒸汽压力大于等于 3.9MPa，过热蒸汽温度大于等于 450℃。用于为工农业生产和供暖及生活提供蒸汽或热水的锅炉称为工业锅炉，又称供热锅炉，其工质出口压力一般不超过 2.5MPa。作为供热之源，工业锅炉日益广泛地应用于现代生产和生活的各个领域。

（2）工业锅炉按输出工质不同，可分为蒸汽锅炉、热水锅炉和导热油锅炉。

（3）锅炉按燃料和能源不同，可分为燃煤锅炉、燃气锅炉、燃油锅炉和余热锅炉等利用燃料燃烧产生热能的燃料锅炉和电热锅炉。

（4）锅炉按热水在过路钟的压力高低，可分为低压锅炉、中压锅炉和高压锅炉。

（5）锅炉按热媒的温度高低，可分为低温锅炉和高温锅炉。

（6）锅炉按热媒产生的流动方式，可分为强制流动（直流式）锅炉和自然循环锅炉。

（7）锅炉按燃烧设备的不同，可分为层燃炉（包括手烧炉、链条炉、往复炉等）、室燃炉（包括煤粉炉、燃油炉、燃气炉等）和沸腾炉等。

（8）锅炉按锅筒结构不同，可分为烟管锅炉、水管锅炉以及烟水管组合式锅炉等。其中按照锅筒数目的不同，还有单锅筒和双锅筒锅炉之分；按照锅筒放置形式不同，还有纵置式、横置式及立式锅炉之分。

（9）按锅炉安装方式不同，可分为快装锅炉、组装锅炉和散装锅炉。

3.2.1.2　锅炉型号

锅炉型号是区分不同类型锅炉的重要标志之一，工业锅炉的型号由 3 部分组成，各部分之间用短横线相连，如图 3-4 所示。

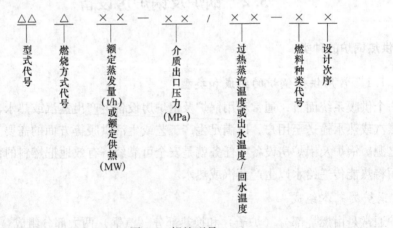

图 3-4　锅炉型号

型号第一部分共分三段，第一段用两个汉语拼音字母表示锅炉本体的形式，见表 3-1；第二段用一个汉语拼音字母表示燃烧方式，见表 3-2；第三段用阿拉伯数字表示蒸发量（t/h），或热水锅炉的额定供热量（MW），或余热锅炉的余热面大小（m²）。对快装锅炉，第一段的两个字母用 KZ（快纵）、KH（快横）、KQ（快强）和 KL（快立）分别表示快装纵置式、快装横置式、快装强制循环式和快装立式。

表 3-1　锅炉本体形式代号

锅壳锅炉		水管锅炉	
锅炉本体形式	代号	锅炉本体形式	代号
立式水管	LS（立、水）	单锅筒立式	DL（单、立）
		单锅筒纵置式	DZ（单、纵）
立式火管	LH（立、火）	单锅筒横置式	DH（单、横）
		双锅筒纵置式	SZ（双、纵）
卧式内燃	WN（卧、内）	双锅筒横置式	SH（双、横）
卧式外燃	WW（卧、外）	纵横锅筒式	ZH（纵、横）
		强制循环式	QX（强、循）

表 3-2　燃烧方式代号

燃烧方式	代号	燃烧方式	代号
固定炉排	G（固）	下饲式炉排	A（下）
固定双层炉排	C（层）	往复推饲炉排	W（往）
活动手摇炉排	H（活）	沸腾炉	F（沸）
链条炉排	L（链）	半沸腾炉	B（半）
抛煤机	P（抛）	室燃炉	S（室）
倒转炉排加抛煤机	D（倒）	旋风炉	K（旋）
振动炉排	Z（振）		

　　型号第二部分共分两段，中间用短斜线分开，第一段用阿拉伯数字表示锅炉额定压力（MPa），第二段表示过热蒸汽温度（℃），或热水出口温度和进口处水温（℃），又在两水温间用一小斜线分开。对于饱和蒸汽，因饱和压力与饱和温度一一对应，所以不必标蒸汽温度，无第二段和斜线。

　　型号的第三部分也分为两段，用短斜线分开，第一段用汉语拼音字母表示锅炉用燃料种类，见表 3-3；若同时燃用几种燃料，则将主要燃料代号放在最前，对余热锅炉不标此项。第二段用阿拉伯数字表示设计次序，对原设计不标此数字。

表 3-3　锅炉燃料种类代号

燃料种类	代号	燃料种类	代号	燃料种类	代号
Ⅰ类石煤煤矸石	S_I	Ⅰ类烟煤	A_I	稻壳	D
Ⅱ类石煤煤矸石	S_{II}	Ⅱ类烟煤	A_{II}	甘蔗渣	G
Ⅲ类石煤煤矸石	S_{III}	Ⅲ类烟煤	A_{III}	油	Y
Ⅰ类无烟煤	W_I	褐煤	H	气	Q
Ⅱ类无烟煤	W_{II}	贫煤	P	油页岩	YM
Ⅲ类无烟煤	W_{III}	木柴	M		

3.2.2　燃煤锅炉的基本构造

　　锅炉种类繁多，不同型号的锅炉有不同的结构，本节以较典型的双锅筒横置式链条炉排燃煤水管锅炉为例，简要介绍锅炉的基本构造。图 3-5 所示为常用的 SHL 型双锅筒横置式水管锅炉的基本构造，主要由汽锅、炉子、附加受热面和仪表附件四部分组成。

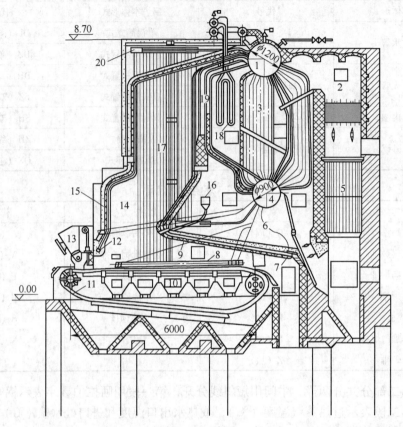

图 3-5 SHL 型锅炉

1—上锅筒；2—省煤器；3—对流束管；4—下锅筒；5—空气预热器；6—下降管；

7—后水冷壁下集箱；8—侧水冷壁下集箱；9—后墙水冷壁；10—风仓；

11—链条炉排；12—前水冷壁下集箱；13—加煤斗；14—炉膛；

15—前墙水冷壁；16—二次风管；17—侧墙水冷壁；

18—蒸汽过热器；19—烟窗及防渣管；20—侧水冷壁上集箱

3.2.2.1 汽锅

汽锅部分主要包括锅筒、水冷壁、对流管束、下降管和集箱。

（1）锅筒。由筒身、封头和管接头 3 部分组成。筒身是由锅炉用钢板卷制焊接而成的圆柱形筒体，封头是由锅炉用钢冲压而成，有椭圆形和球形。上锅筒直径一般为 800～1200mm。下锅筒直径一般小于上锅筒。

（2）水冷壁。水冷壁是炉内布置的辐射受热面，与上、下集箱或上锅筒相连。靠近炉墙布置，靠前墙的称前水冷壁，靠后墙的称后水冷壁，靠侧墙的称侧水冷壁。一般用 ϕ51～76mm 的无缝钢管制作。

（3）对流管束。对流管束是布置在对流烟道内的对流受热面，与上、下锅筒相连，也有的是与上锅筒和中集箱相连。一般用 ϕ51mm 的无缝钢管制作。

（4）下降管。布置在炉墙外不受热的大管径管子，与锅筒（下锅筒或上锅筒）和下集箱相连，一般用 $\phi108mm$ 的管子制作。

（5）集箱。布置在炉内下部的称下集箱，布置在炉外上部的称上集箱，置于二者之间的称中集箱，上、中、下集箱并非每炉必有，不同锅炉对其选取也会不同。一般用管径更大的钢管制作，也有用钢板制成矩形箱体的。

3.2.2.2 炉子

炉子包括煤斗、煤闸板、炉排、炉墙、炉膛、炉拱、排渣板和风仓。

（1）煤斗。用铁板焊制而成，用来储煤，便于均匀稳定地给炉内进煤。

（2）煤闸板。用耐热铸铁板制造，用来控制煤层厚度。通过炉前手轮的转动进而带动齿轮转动，齿轮又带动齿条变为平动。从而实现煤闸板距离炉排面高度的控制。

（3）炉排。主要由主链轮、从动轮、炉排片、链条等组成。有鳞片式、小链条等形式。

（4）炉墙。用耐火材料和保温热材料或铁皮等材料组合砌筑的墙体；起封闭、隔热的作用，有轻型、重型之分。

（5）炉膛。周边用炉墙砌筑而成的燃烧空间。其空间的大小和形状因炉而异，对于火管锅炉则是以炉胆形式出现。

（6）炉拱。在炉内前方或后方用耐火材料砌筑的短墙，其形式有多种，如斜面式、人字式、抛物面式等。

（7）排渣板。又称老鹰铁，布置在炉排的尾端，用铸铁板卷制而成。

（8）风仓。将炉排下的风室用隔板隔成几个小风仓，并各自装有风门，以实现链条炉排炉由前向后需要不同风量的分段送风的目的。

3.2.2.3 附加受热面

（1）蒸汽过热器。布置在炉膛出口后的对流受热面，由蛇形钢管和进出口集箱组成。有的锅炉为了保护蒸汽过热器不致因为汽温过高而变形受损，常配套有减温器，减温器有两种：一种是喷射式减温器，一种是表面冷却式减温器，工业锅炉常用后者，尽管它的调温范围不如前者，但它不用专门制备纯净的冷凝水来直接喷射，而是用一般软化水间接换热降温。

（2）省煤器。布置在尾部烟道内的对流受热面，由钢管或铸管及进出口集箱组成。用来预热锅炉给水，降低排烟热损失。

（3）空气预热器。工业锅炉常用的是管式空气预热器，由上、中、下管板，管子及连接风罩组成。烟气在管内流动，空气在管外横向冲刷管子流动。

3.2.2.4 仪表附件

（1）安全阀。安全阀是蒸汽锅炉的三大安全附件之一。它可以把锅炉工作压力控制在允许的压力范围之内，启动时发出的声响又可提醒司炉人员，采取必要的措施，保证锅炉的安全运行。

（2）压力表。压力表是蒸汽锅炉用来测量和显示锅炉汽水系统工作压力的安全附件。锅炉常用的压力表是弹簧管式压力表。

（3）水位表。水位表是蒸汽锅炉用来显示锅筒水位的安全附件。常用的有玻璃管式和玻璃板式。对较大锅炉也有同时采用低置水位表的。

（4）水位警报器。水位警报器是一种当锅内水位达到最高或最低允许限度时能发出报警信号的装置，常见的有浮球式和电接点式两种。

（5）其他阀门。锅炉除了配有上述一些主要附件外，另外还常设有主汽阀、给水阀、逆止阀、排污阀等阀门。主汽阀安装在锅炉主蒸汽管的紧挨锅筒处，起开启和关断作用，借此可以将此台锅炉从同一系统中切除出来，以便此台锅炉的停炉维修或系统负荷的调整。自动给水阀用来自动控制锅炉给水量，以满足锅炉负荷变化的需要和维持锅筒水位的正常。逆止阀是安装在锅炉给水管紧靠锅筒处和省煤器进出口集箱处，起防止锅水倒流的作用，以保护管路附件及铸铁省煤器，防止出现震动损坏现象。排污阀有连续排污阀和定期排污阀两种，连续排污阀装在上锅筒排污水出口处，用于排除锅筒中浓缩了的炉水，以保证炉水水质符合有关国标要求；定期排污阀装在下锅筒、下集箱及省煤器的进口集箱排污水出口处，用于排除下锅筒、集箱及省煤器集箱中的沉渣，以防时长日久发生堵塞管路现象。

3.2.3 燃煤锅炉的工作过程

燃煤锅炉的工作过程，可视为 3 个同时进行着的过程，以图 3-5 所示的 SHL 型锅炉为例进行说明。

3.2.3.1 燃料的燃烧过程

由输煤系统送入煤斗的煤靠自重落在炉排面上，炉排由电动机通过减速后靠链轮带动由前向后移动，将煤经过煤闸板控制煤层厚度后带入炉内并在其上燃烧，生成了火焰、烟气和灰渣，火焰和烟气向炉内的辐射受热面和对流受热面传热后，经烟道、除尘器、引风机、烟囱排向大气。灰渣经排渣板后下落至出渣设备，最后运出锅炉房。煤燃烧需要的空气则由送风机吸取外界冷空气，经消声器、冷风道、空气预热器、热风道、风仓、炉排料层，最后送至炉内，起氧化助燃作用。这一工作过程是锅炉的主要工作过程，燃料燃烧的是否充分完全，决定着锅炉工作是否正常，要实现燃料充分完全正常地燃烧，必须保持炉内一定的高温环境，供给充足而恰当的空气，燃料与空气应有充分的混合，要有足够的时间和空间，及时排出烟气和灰渣。可见，完成这一工作过程主要靠的是锅炉本体系统、运煤出灰渣系统和引送风系统中各设备的正常完好。

3.2.3.2 火焰和烟气向介质传热的过程

燃料燃烧后生成的高温火焰和烟气在炉内向四周水冷壁内的工质以辐射换热的方式传递热量，而后，烟气向上经炉膛出口向布置在炉膛出口处的凝渣管（又称防渣管或费斯顿管或拉稀管）内的工质以辐射和对流方式传递热量，烟气在引风机和烟囱抽力的作用下继续向后依次经过蒸汽过热器、第一对流管束、第二对流管束、省煤器、空气预热器并向其内的工质传递热量。这个工作过程完成的顺利与否，与烟气和介质的流速、受热面的布置方式、受热面的积灰和结垢等因素有关，可见，这一工作过程的顺利进行，必须配以完好的给水系统、水处理系统及引风系统的设备。

3.2.3.3 蒸汽和热水的产生过程

锅炉补给水经水处理后与回收的凝结水进入除氧器除氧，再由锅炉给水泵加压后送至省煤器预热，预热后的水进入上锅筒的低温水区，又经下降管和低烟温区的对流管束流入下锅筒和下集箱，继而进入上升管受热产生蒸汽。由于下降管和下锅筒中水的温度相对于上升管中汽水混合物的温度较低，因此会产生密度差而引起水的流动，即上升管中的汽水混合物进入上锅筒中高温水区，而在上锅筒的高温水区又设有汽水分离装置，将来自上升管中的蒸汽和来自较高烟温区对流管束中产生的蒸汽与水进行分离，蒸汽被送往蒸汽过热器继续加热变成过热蒸汽，水则又经低烟温区对流管束或下降管流入下锅筒和下集箱。可见，这一工作过程包括了水的循环过程、蒸汽的产生及汽水分离3个过程。水的循环可以使受热面得以冷却而不被过热变形，蒸汽的产生则可以满足外界对锅炉供热的要求，汽水分离则使蒸汽品质得以提高，以满足不同工艺对蒸汽含湿量的限制要求，并保护蒸汽过热器不致因进入的饱和蒸汽含水过大而导致结垢，影响传热和导致管壁过热而变形烧坏。

由上可见，锅炉的工作过程是3个同时进行着的过程，而且必须配以燃料输送及出渣系统、引送风系统、汽水系统和仪表附件系统4个辅助系统一起工作，锅炉方能正常安全的工作。

3.2.4 其他类型锅炉

3.2.4.1 电热锅炉

目前，随着环保日益受到世人的关注，电热锅炉因其在工作时基本不存在有害气体的排放现象而逐步受到人们的关注。

电热锅炉是将电能转化为热能、产生热水或蒸汽的一种设备，它与常规带燃烧炉膛的锅炉之不同点，就是只有锅，没有炉，无需具备燃烧时发生化学反应的炉膛，因而也就没有烟囱，而是将电热元件浸入水中通电后，直接将电能转换为热能即热水或蒸汽。由于结构紧凑，保温性好热损失很小，使电热锅炉的经济性非常好，热效率可达95%以上。电热锅炉运行过程自动化，无化学变化，无明火，无噪声，所以电热锅炉不存在环境污染，且没有严格的消防要求。负荷改变时，其负荷的稳定性极高。但是电能为二次能源，使用过程中涉及能的再次转换，所以选用时应充分考虑经济性，一般用于削峰填谷兼具蓄热作用。电锅炉结构如图3-6所示。

图3-6 电锅炉结构示意图

3.2.4.2 燃气（油）锅炉

燃气锅炉根据其燃气和种类的特征进行选择。民用锅炉房一般采用天然气作为燃料，其结构如图 3-7 所示。

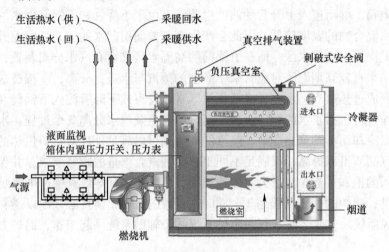

图 3-7　真空燃气锅炉

这种锅炉属于锅壳式锅炉，又称火管锅炉，其构造比水管锅炉简单一些，如图 3-8 所示为卧式内燃锅壳式锅炉。汽锅部分主要是一个大直径的锅壳，其内装有炉子部分——炉胆和上下两组烟管及前后烟箱和烟室，炉胆外壳作为辐射受热面，烟管作为对流受热面；附加受热面中有的设省煤器，有的不设省煤器；附件中有主蒸汽阀、排污阀、给水阀、防爆门、烟囱等。

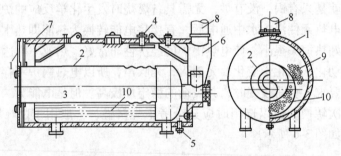

图 3-8　卧式内燃锅壳式锅炉

1—锅壳；2—炉胆；3—炉膛；4—蒸汽出口；5—排污管；
6—后烟室；7—前烟箱；8—烟囱；9—上烟管组；10—下烟管组

燃油锅炉使用液态燃料（轻油或重油），燃气锅炉使用气体燃料（天然气或液化石油气等），燃油经雾化配风，燃气经配风后燃烧，均需使用燃烧器喷入锅炉炉膛，采用火室燃烧而无需炉排设施，又由于油、气燃烧后均不产生炉渣，无需排渣出口及排渣设施，使炉膛结构较燃煤锅炉简单。但燃油燃气锅炉喷入炉内的雾化油或燃气，如果熄火或与空气在一定范围内混合，易形成爆炸性气性，故燃油燃气锅炉均需采用自动化燃烧系统，包括火焰监测、熄火保护、防爆等安全设施。

燃油锅炉需将油滴雾化成油雾后才进行燃烧，因此其燃烧器有油雾化器。燃气锅炉因直接使用燃气，其燃烧器不带雾化器。

由于燃油、燃气锅炉无炉排、排渣设施，其结构简单紧凑、机器精良，有多种安全保护装置，安全性能强，自动化程度高。

3.2.4.3 生物质锅炉

生物质锅炉就是以生物质能源作为燃料的锅炉，可生产蒸汽、热水、热风等。

生物质能颗粒燃料是利用秸秆、水稻秆、薪材、木屑、花生壳、瓜子壳、甜菜粕、树皮等所有废弃的农作物，经粉碎混合挤压烘干等工艺，最后制成颗粒状燃料，原材料分布广泛。生物质锅炉有以下特点：

（1）生物质燃料含硫量（质量分数）大多小于 0.2%，熄灭时不用设置气体脱硫装置，降低了成本，又利于环境的维护。

（2）采用生物质锅炉熄灭设备能够以最快速度完成各种生物质资源的大范围减量化、无害化、资源化应用，而且成本较低，因此生物质直接熄灭技术具有良好的经济性和开发潜力。

（3）生物质熄灭所释放的二氧化碳大致相当于其生长时经过光协作用所吸收的二氧化碳，因而能够以为是二氧化碳的零排放，有助于缓解温室效应。

（4）生物质的熄灭产物用处普遍，灰渣可加以综合应用。

（5）一炉多用，在供暖同时可做饭、烧水、沐浴。

（6）超强转化系统，启动传热温度低，传热速度快。

（7）安装成本低，供暖安全；设备通用，不改变原有的取暖设备，管道、暖气片通用，利用水循环来达到供暖，原料来源广泛，永不枯竭，随处可取（如谷壳、玉米秆、稻秆、麦）。

（8）安全环保。工作压力小，可用于炒菜、烧水、洗浴、取暖等，同时也适合烧锅炉、大棚加温、大面积供暖、中小饭店使用，不受季节限制，一年四季均可使用。

生物质锅炉的结构如图 3-9 所示。生物质锅炉有以下几部分组成：

（1）给料系统。给料系统由料仓、振动给料器、螺旋给料机、螺旋给料管等部件组成。在工厂中加工成型的燃料通过皮带运输机转存到料仓中，然后再通过螺旋给料机把料仓中的燃料供给燃烧器进行燃烧。为保证连续下料及物料输送的稳定性，在料仓和螺旋给料机之间连接一台振动给料器。

（2）燃烧系统。燃烧系统由燃烧器、风机、点火器等部件组成。生物质燃料在燃烧器中首先有一个预热过程，

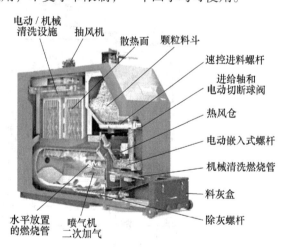

图 3-9 生物质锅炉结构示意图

然后通过风机把燃料输送到炉膛进行燃烧。燃料含有很高的挥发分，当炉膛内温度达到其挥发分的析出温度时，在给风的条件下启动点火器燃料就能够迅速着火燃烧。燃烧器温度控制是以炉膛内部温度为准，其温度与燃料气化时空气供给的量有关。锅炉负荷的调整通过给料量的调整来进行控制。燃烧后的烟气通过炉膛进入对流烟道进行换热，然后进入除尘器进行净化处理，最后排出完成整个燃烧和传热过程。

（3）吹灰系统。锅炉配有全自动吹灰装置，可以定时对炉膛和烟管进行吹扫，保证烟管表面不出现积灰，从而实现锅炉的安全高效运行。

（4）烟风系统：

1）送风系统。锅炉送风系统与燃烧器一体化布置，空气经鼓风机通过燃烧器送至炉膛，来达到输送燃料及助燃的作用。

2）引风除尘系统。在引风机作用下，燃烧完成后产生的高温烟气经过在烟管中的对流换热进入除尘器净化，最后经引风机由烟囱排出。

（5）自控系统。自控系统可以人机对话方式与锅炉用户交换信息，实现生物质锅炉全自动操作运行。

3.3　锅炉房工艺系统及主要设备

3.3.1　锅炉房的工艺系统组成

锅炉房的工艺系统组成，以燃煤锅炉房为例，如图 3-10 所示。工艺系统从其在系统中所起的作用不同，可分为主体系统和辅助系统两大部分。所谓主体系统即指能够产生或转换热能并传递热能的系统，也指锅炉本体系统，主要指燃料的燃烧系统和热能的传递系统。所谓辅助系统即指帮助主体系统实现热能的产生和传递的其他系统，主要有燃料的输送和灰渣输出系统，引、送风系统，水、汽系统，仪表控制及附件系统，其中的水、汽系统又可分为锅炉水处理系统、给水系统、蒸汽系统、凝结水系统、排污系统和换热系统。

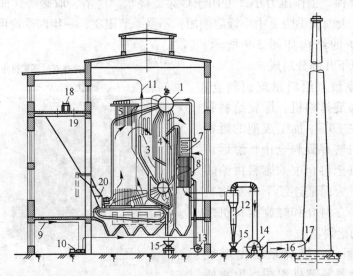

图 3-10　锅炉房工艺系统组成示意图

1—上锅筒；2—下锅筒；3—蒸汽过热器；4—对流管束；5—水冷壁；6—链条炉排；7—省煤器；
8—空气预热器；9—来自水处理间或给水间；10—给水泵；11—去分汽缸；12—除尘器；13—送风机；
14—引风机；15—灰车；16—烟道；17—烟囱；18—胶带运煤机；19—煤仓；20—炉前受煤斗

锅炉的本体系统在 3.2.2 节中已有详细描述，在此主要介绍各辅助系统及其设备组成。

3.3.2 引、送风系统

引、送风系统包括送风系统和引风系统，其作用是供给锅炉燃料燃烧所需要的空气量，排走燃料燃烧所产生的烟气。其中引风系统由烟道、烟道闸门、引风机、除尘器、脱硫、脱氮装置、烟囱组成；送风系统由冷风道、热风道、送风机、消声器组成。空气经送风机 13 提高压力后，先送入空气预热器 8，预热后的热风经风道送到炉排 6 下的风室中，热风穿过炉排缝隙进入燃烧层。

燃烧产生的高温烟气在引风机 14 的抽吸作用下，以一定的流速依次流过炉膛和各部分烟道，烟气在流动过程中不断将热量传递给各个受热面，而使本身温度逐渐降低。

为了除掉烟气中携带的飞灰，以减轻对引风机的磨损和对大气环境的污染，在引风机前装设除尘器 12，烟气经净化后，通过引风机提高压力后，经烟囱 17 排入大气。除尘器捕集下来的飞灰，可由灰车 15 送走。

3.3.3 水、汽系统

水、汽系统由给水系统、水处理系统、蒸汽系统、凝水系统、排污系统、换热系统组成。其作用是不断向锅炉供给符合质量要求的水，将蒸汽或热水分别送到各个热用户。其中给水系统的设备主要由给水泵、补给水泵、加压泵、给水箱、补给水箱、给水管路及阀门附件组成。水处理系统主要由软化设备、除碱设备、除氧设备等组成，如离子交换器、各种类型的除氧器、除二氧化碳器、中间水箱、中间水泵以及再生用的盐液制备系统设备和酸液制备系统设备。其中盐液制备系统，目前常用的是稀、浓盐液池、盐液泵。而酸液制备系统常用的设备是酸储存罐、酸计量箱或酸液稀释箱、酸喷射器等。蒸汽系统主要指锅炉房内的蒸汽母管、支管、分汽缸。凝结水系统主要指凝结水箱、凝结水泵及其管路附件。排污系统主要指连续排污和定期排污管路附件及排污扩容器、排污冷却池和炉水取样冷却器。换热系统主要指循环水泵、补给水泵、定压设备、换热设备等。为了保证锅炉要求的给水质量，通常水先经过水处理设备（包括软化、除氧等），之后经过处理的水进入水箱，再由给水泵 10 加压后送入省煤器 7，提高水温后进入锅炉，水在锅内循环，受热汽化产生蒸汽，过热蒸汽从蒸汽过热器引出送至分汽缸内，由此再分送到通向各用户的管道。

对于热水锅炉房，则有热网循环水泵、换热器、热网补水定压设备、分水器、集水器、管道及附件等组成的供热水系统。

3.3.4 燃料系统

根据燃料的不同，其设备组成也不同。

3.3.4.1 燃煤锅炉

燃料系统即运煤、除灰系统，其组成主要有煤场、各类卸煤、堆煤、运煤、存煤、碎煤、计量等运煤设备以及灰渣场、渣斗、出渣机或低压水力出灰渣系统等。在锅炉房中，煤由煤场运来，经碎煤机破碎后，用皮带运输机送入锅炉前部的煤仓，再经其下部的溜煤管落入炉前煤斗中，依靠自重煤落入炉排上；煤燃尽后生成的灰渣则由灰渣斗落到刮板除渣机中，由除渣机将灰渣输送到室外灰渣场。

3.3.4.2　燃油锅炉

燃油锅炉主要设备有贮油设备及污油处理池。燃油锅炉贮油设备除钢筋混凝土贮油池外，大多采用钢制贮油罐（箱）。贮油罐（箱）有地下式、半地下式、地上式的安装形式。污油处理池接收燃油管道吹扫时排出的污油、管道放空时排出的燃油以及用蒸汽吹扫过滤器、油箱时的污油和贮油罐脱水时放出的污水（可能带有油分），在污油处理池中沉淀脱水，再净化将燃油回收送入油罐，它是燃油系统不可缺少的构筑物。另外，在燃油系统中还包括有一些附件，如油泵、加热器、过滤器、燃烧器、燃油管道、阀门、仪表，若采用气动阀门，还有空气压缩机、压缩空气贮罐等，图3-11为重油供应系统流程示意图。

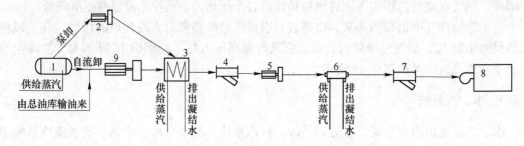

图 3-11　重油供应系统流程示意图

1—油罐车；2—卸油泵；3—贮油罐或日用油箱；4—泵前过滤器；

5—供油泵；6—炉前加热器；7—炉前过滤器；8—锅炉；9—输油泵

3.3.4.3　燃气锅炉

如图3-12所示为小型燃气锅炉供气系统图，主要辅助设备有调压设备、燃气过滤器、燃气排水器、燃气计量设备等。其中调压设备又称为调压器，是燃气供应系统进行降压和稳压的设备，使燃气锅炉能安全稳定燃烧。

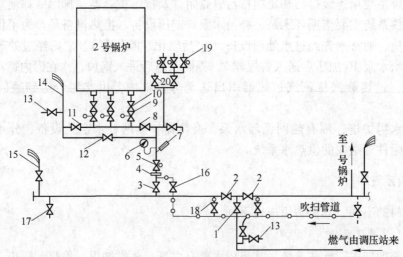

图 3-12　小型燃气锅炉供气系统

1—锅炉房总切断阀；2—干管分断切断阀；3—锅炉切断阀；4—流量孔板；

5—锅炉安全切断电磁阀；6—压力表；7—温度表；8—工作阀；9—燃烧器安全切断电磁阀；

10—燃烧器切断阀；11—吹扫放散管；12—停炉放散管；13—取样短管；14，15—放散管；

16，18—吹扫阀；17—放水阀；19—点火电磁阀；20—人工点火阀

3.3.5 仪表附件及控制系统

为了使锅炉安全经济地运行，除了锅炉本体上装有的仪表外，锅炉房内还装设各种仪表和控制设备，如蒸汽流量计、压力表、风压计、水位表以及各种自动控制设备。

其设备或装置主要有测量仪表、显示仪表、分析仪表、调节仪表、控制装置和附件。其中测量仪表常用的有温度测量仪表、压力测量仪表、流量测量仪表、液位测量仪表；显示仪表常用的有动圈式显示仪表和数字式显示仪表；分析仪表常用的有燃料成分分析仪表、水质分析仪器、烟气成分分析仪；调节仪表常用的有电动调节仪表和气动调节仪表。控制装置根据不同的控制系统，其装置也不同，常用的除了前面提到的测量仪表、显示仪表和调节仪表外，还有执行机构（电动式、气动式、液动式），其中电动式执行机构按其输出位移的不同，常用的有角行程式的、直行程式的和多转式的；也可按其特性不同而分为比例式电动执行机构和积分式电动执行机构。气动式执行机构常用的有膜片式执行机构、活塞式执行机构。此外，近年来还出现了诸如变频器、PLC 可编程控制系统、计算机控制系统等整套控制仪表装置。辅助系统中的附件指管道中的各类阀门（如截止阀、闸板阀、减压阀、止回阀、蝶阀、疏水阀、安全阀等）、管件（如管道支吊架、补偿器、法兰等）、保温材料（如微孔硅酸钙、各类岩棉、矿渣棉、玻璃棉制品、各类珍珠岩制品等）、防腐材料（如各类防锈漆、耐酸漆、耐碱漆、耐热漆等）。

上述提及的所有设备、装置、仪器、仪表、附件并非各个锅炉房都千篇一律，通常根据锅炉类型的不同及锅炉房规模大小的不同，其设备组成不相同。

3.4 锅炉的选择及锅炉房布置

3.4.1 锅炉的选择

锅炉房的容量应根据设计热负荷确定。供采暖、通风、空气调节和生活用热的锅炉房，宜采用热水作为供热介质，同时供应生产用汽的锅炉房经过经济技术比较后，可选用热水或蒸汽作为供热介质。锅炉介质参数的确定则应根据工程具体条件，热水热力网设计供水温度、回水温度，并综合锅炉房、管网、热力站、热用户二次供热系统等因素，进行经济技术比较后确定。

锅炉的选择除考虑上述条件外，还应符合下列要求：

（1）应能有效地燃烧所采用的燃料，有较高效率和能适应热负荷变化。

（2）应有利于保护环境。

（3）应能降低基建投资和运行管理费用。

（4）应选用机械化、自动化程度较高的锅炉。

（5）宜选用容量和燃烧设备相同的锅炉，当选用不同容量和不同类型的锅炉时，其容量和类型均不宜超过 2 种。

（6）其结构应与该地区抗震设防烈度相适应。

（7）对燃油、燃气锅炉还应符合自动运行要求和具有可靠的燃烧安全防护措施。

锅炉的容量和台数还应符合下列要求：

（1）锅炉的容量和台数应按所有运行锅炉的额定蒸发量或热功率时，能满足锅炉房最大设计热负荷。

（2）应保证锅炉房在较高或较低热负荷运行工况下能安全运行，并应使锅炉台数、额定蒸发量或热功率和其他运行性能均能有效地适应热负荷变化，且应考虑全年热负荷低峰期锅炉机组的运行工况。

（3）锅炉房的锅炉台数不宜少于2台，但当选用1台锅炉能满足热负荷和检修需要时，可只设置1台。

（4）锅炉房的锅炉总数，对新建锅炉房不宜超过5台；扩建和改建时，总台数不宜超过7台；非独立锅炉房，不宜超过4台。

（5）锅炉房有多台锅炉时，当其中1台额定蒸发量和热功率最大的锅炉检修时，其余锅炉应能满足连续生产用热所需的最低热负荷，以及采暖通风、空调、生活热水用热所需的最低热负荷。

3.4.2　锅炉房位置的确定

供热锅炉房大体分为两类：一类为区域性集中供热锅炉房；另一类为某一建筑物或小建筑群体服务的锅炉房。锅炉房位置的选择确定，应配合建筑总图合理安排，符合国家卫生标准、防火规范及安全规范中的有关规定，应根据所在地域的总体规划和供热规划进行，宜留有扩建余地，并应考虑以下要求：

（1）锅炉房位置应靠近热负荷比较集中的地区。这样可缩短供热管道，节约管材，减少压力降和热损失，而且也可简化管路系统的设计、施工与维修。

（2）应便于引出热力管道，有利于凝结水的回收，并使室内外管道的布置在技术、经济上合理。

（3）应位于交通便利的地方，便于燃料的贮存运输，并宜使人流和车辆分开。

（4）能满足给水、排水、电力供应等要求，有利于凝结水回收。

（5）应有利于减少烟尘、有害气体、噪声和灰渣对居民区和主要环境保护区的影响。全年运行的锅炉房宜位于总体最小频率风向的上风侧，季节性锅炉房宜位于该季节最大风频率的下风侧，并应符合环境影响评价报告提出的各项要求。

（6）燃煤锅炉房和煤气发生站宜布置在同一区域内。

（7）锅炉房应有较好的朝向，有利于自然通风和采光。

（8）应位于地质条件较好的地区。

（9）易燃易爆物品生产企业锅炉房位置，除应满足上述要求外，还应符合有关专业规范的规定。

（10）锅炉房的区域布置应考虑将来发展的可能性。

（11）锅炉房宜为独立建筑，当锅炉房和其他建筑相连或设置在其内部时，严禁设置在人员密集场所和重要部门的上一层、下一层、贴邻位置以及主要通道、疏散口的两旁，并应设置在首层或地下一层靠建筑物外墙部位。

（12）住宅建筑物内，不宜设置锅炉房。

3.4.3 锅炉房布置的一般原则

锅炉房布置的一般原则如下：

（1）锅炉房建筑布置应符合锅炉房工艺布置的要求。平面布置和结构设计应考虑有扩建的可能性。根据锅炉的容量、类型以及燃烧和除灰渣的方式等决定采用单层或多层建筑。一般小容量的锅炉和没有除灰渣设备的燃油、燃气锅炉应采用单层布置，蒸发量大，有省煤器、空气预热器等尾部受热面，且采用机械化运煤除渣的锅炉，可以采用双层建筑。

（2）锅炉房建筑物和构筑物的室内底层标高应高出室外地坪 0.15m 以上，以免积水和便于泄水。当锅炉房必须建造地下室或地下构造物（烟道、风道等）时，应尽量避免将地下构筑物布置在地下水位以下，否则要有可靠的防地下水和地表水渗入的措施。此外，地下室的地面应有向集水坑倾斜的坡度。

（3）根据气候条件、施工条件和设备供应情况，可以考虑采用半露天或全露天式锅炉房。但设备、仪表必须有适应露天条件要求的防冻、防雨和防风措施，且要求有较完善的自动控制装置，以便于在操作室集中控制。

（4）考虑到锅炉万一发生爆炸事故时气浪能冲开屋面而减弱爆炸的威力，锅炉房的屋面应符合如下要求：

1）当屋顶结构（包括屋架、桁架）的荷重小于 0.9kPa 时，屋顶可以是整片的，不必带有通风采光的气窗。

2）当屋顶的荷重大于 0.9kPa 时，屋顶应开设防爆气窗，兼作通风采光用，或在高出锅炉的墙壁上开设玻璃窗以代替气窗，开窗同积至少应为全部锅炉占地面积的 10%。

（5）锅炉房应有安全可靠的进出口。当占地面积超过 250m² 时，每层至少应有 2 个通向室外的出口，分别设在相对的两侧。当所有锅炉前面操作地还的总长度（包括锅炉之间的通道在内）不超过 12m 的单层锅炉房，且建筑面积小于 200m²，才可以只设 1 个出口。锅炉房通向室外的门应向外开启。锅炉房工作间或生活间直通锅炉间的门应向锅炉间内开启。多层布置的锅炉房的楼层出入口应有通向地面的安全梯。

锅炉房还应设有通过最大搬运件的安装孔。安装孔一般与窗结合考虑。对于经常检修的设备，在厂房的结构上应考虑起吊的可能性。在设计楼板时应考虑安装荷重的要求。

（6）砖砌或钢筋混凝土烟囱一般放在锅炉房的后面。烟囱中心到锅炉房后墙的距离应能使烟囱地基不碰到锅炉地基。同时，还应考虑烟道的布置及有关无半露天布置的风机、除尘器等设备。如不布置这类设备时，烟囱中心到锅炉房后墙的距离一般为 6~8m。烟囱高度不应低于 20m。

（7）与锅炉房配套的油库区、燃气调压站应布置在离交通要道、民用建筑、可燃或高温车间较远的位置，同时又要考虑与锅炉房联系方便。

（8）锅炉房不得与甲、乙类及使用可燃液体的丙类火灾危险性建筑相连，若与其他生产厂房相连时，应用防火墙隔开。

（9）锅炉房主要立面或辅助间一般应面临主要道路，以使整体布局合理，出入方便。

（10）锅炉房不得与甲、乙类及使用可燃液体的丙类火灾危险性建筑相连，若与其他生产厂房相连时，应用防火墙隔开。

（11）锅炉房及其所属的建筑物、构筑物和场地的布置应充分利用地形，使挖土方量最小，排水良好。

（12）在满足工艺布置要求的前提下，锅炉房的建筑物和构筑物，宜按建筑统一模数制设计。锅炉房的柱距应采用 6m 或 6m 的倍数；跨度在 18m 或 18m 以下，应采用 3m 的倍数；大于 18m 时应采用 6m 的倍数，高度应为 300mm 的倍数。

3.4.4 锅炉间、辅助间及生活间布置

锅炉房一般由下列部分组成：

（1）锅炉间，包括仪表控制室。

（2）辅助间，包括风机间、水处理间、水泵水箱间、除氧间、化验间、检修间、日用油箱间、材料库、调压间、贮藏间等。

（3）生活间，包括办公室、值班室、更衣室、倒班宿舍、浴室、厕所等。

锅炉间、辅助间及生活间布置原则如下：

（1）锅炉与建筑物的净距，不应小于表 3-4 的规定。

表 3-4   锅炉与建筑物的净距

单台锅炉容量		炉前/m		锅炉两侧和后部通道/m
蒸汽锅炉/t·h^{-1}	热水锅炉/MW	燃煤锅炉	燃气（油）锅炉	
1~4	0.7~2.8	3.00	2.50	0.80
6~20	4.2~14	4.00	3.00	1.50
≥35	≥29	5.00	4.00	1.80

（2）辅助间和生活间一般可贴邻锅炉间布置，并位于其一侧，作为固定端，另一侧为扩建端。如有其他要求，也可单独布置。

（3）辅助间层面标高宜与其相邻的锅炉间层面标高一致。

（4）仪表控制室宜布置在炉前适中位置，多层布置的锅炉房，宜布置在与锅炉操作层同一标高的楼面上。朝向锅炉操作面方向应采用隔声玻璃的观察窗，门应采用隔声门。

（5）化验室应布置在采光较好，噪声和振动影响小的地方。

（6）检修设施：

1）锅炉房一般应设置检修间，以对锅炉、辅助设置、管道及其附件进行维护保养和小修工作。其大修和中修工作宜由机修车间或外协作解决。

2）单台锅炉额定容量小于 6t/h 的锅炉房，可视情况设置一般约 20m^2 检修间（兼贮藏）。

3）单台锅炉额定容量 6~10t/h 的锅炉房，检修间面积 50~75m^2，可设钳工台、砂轮机、台钻、洗管器、电焊机、手动试压泵等。

4）单台锅炉额定容量 20~35t/h 的锅炉房，检修间面积 75~100m^2。除上述基本设备外，根据检修需要可设置立式钻床、车床、锯床、弯管机、移动式空气压缩机等设备。

5）在必须定期检修重量较大（0.5t 以上）的辅助设备上方，应视情况设置电动葫芦、手动葫芦或吊钩设施。锅炉上方只考虑阀门附近的起吊，大件的吊装采取临时措施。

6）高层建筑内的锅炉房，其检修面积应根据具体情况确定。

（7）燃气调压间等有爆炸危险的房间，应有每小时不少于 3 次的换气量；当自然通风不能满足要求时，应设置机械通风装置，并应有每小时换气不少于 8 次的事故通风装置，通风装置应防爆。

（8）燃油泵房和日用油箱间，除采用自然通风外，燃油泵房应有每小时换气 10 次的机械通风装置，日用油箱间应有每小时换气 3 次的机械通风装置。燃油泵房和日用油箱同为一间时，按燃油泵房的要求执行，通风装置应防爆。换气量可按"房间面积×高度（一般取 4m）"计算。

（9）设在地面上的燃油泵房及日用油箱间，当建筑外墙下设有百叶窗、花格墙等对外常开孔口，可不设置机械通风装置。

3.4.5　锅炉房对土建施工的特殊要求

锅炉房对土建施工的特殊要求如下：

（1）锅炉房的土建施工是锅炉安装工程的一个组成部分，土建施工必须按照施工设计所规定的日程施工，以保证其他各项施工连续顺利进行。土建材料的进场日期和堆放地点都要按施工设计进行，需要分期进场的土建材料不要一次进场，以免占用过多的场地和占用时间过长，影响其他材料、设备的运输和堆放。

（2）锅炉、风机、水泵等设备基础的施工，要求混凝土浇灌、振捣密实，不得有蜂窝、麻面、裂纹等缺陷；与设备接触的平面应平整光滑；设备的预埋件及地脚螺栓预留孔要求定位准确，尺寸符合设计要求；基础的定位中心线和标高基准点要留下固定的标志，以供设备安装时参考使用。

（3）及时配合安装工人进行设备基础的二次灌浆。为保证混凝土的质量，在浇灌混凝土之前，应先将设备底面和基础面上的脏物清洗干净。灌浆一般宜用细碎石混凝土（或水泥砂浆），其标高应比基础混凝土的标号高一级。灌浆时，应捣固密实，并不应使地脚螺栓歪斜和影响设备安装精度。当灌浆层与设备底座底面接触要求较高时，应尽量采用膨胀水泥拌制的混凝土。灌浆前应安设模板，外模板至设备底座底面外边缘的距离不应小于60mm，内模板至设备底座的底面外缘距离应大于 100mm。为使垫铁与设备底座底面及灌浆层的接触良好，宜采用压浆法施工。

（4）锅炉房的主体施工要特别注意预留管道的穿墙、穿越基础的洞，协助安装人员预埋管道支架或预埋钢板。

（5）土建施工时应注意保护进入现场的设备，避免碰坏、砸坏。对安装的阶段成果要保护，以免破坏了安装精度。

习　题

3-1　锅炉本体的基本构成有哪些？

3-2　锅炉的燃烧过程由哪几部分组成？

3-3　锅炉房工艺系统包括哪些？

3-4　锅炉房建筑布置应注意哪些问题？

4 燃 气 工 程

4.1 燃气的分类

气体燃料较之液体燃料和固体燃料具有更高的热能利用率，燃烧温度高，火力调节自如，使用方便，易于实现燃烧过程自动化，燃烧时没有灰渣，清洁卫生，而且可以利用管道和瓶装供应。在工业生产上，燃气供应可以满足多种生产工艺（如玻璃工业、冶金工业、机械工业等）的特殊要求，可达到提高产量、保证产品质量以及改善劳动条件的目的。在人民日常生活中应用燃气作为燃料，对改善人民生活条件，减少空气污染和保护环境，都具有重大的意义。

燃气按照其来源及生产方式大致可分为四大类：天然气、人工燃气、液化石油气和生物气（人工沼气）等。其中，天然气、人工燃气、液化石油气可以作为城镇燃气供应的气源，生物气由于热值低、二氧化碳含量高而不宜作为城镇气源，但在农村如果以村或户为单位设置沼气池，产生的沼气作为洁净能源可以替代秸秆燃烧与利用，仍然有一定的发展前景。

城市民用和工业用燃气是由几种气体组成的混合气体，其中含有可燃气体和不可燃气体。可燃气体有碳氢化合物、氢和一氧化碳，不可燃气体有二氧化碳、氮和氧等。

燃气的种类很多，作为城市气源的主要有天然气、人工燃气和液化石油气。

4.1.1 天然气

天然气是从地下直接开采出来的可燃气体。天然气一般可分为 4 种：从气井开采出来的气田气，或称纯天然气；伴随石油一起开采出来的石油气，也称石油伴生气；含石油轻质馏分的凝析气田气；从井下煤层抽出的煤矿矿井气。

一般天然气的组分以甲烷为主，另外还含有乙烷、丙烷和丁烷及少量的戊烷和戊烷以上的碳氢化合物、二氧化碳、硫化氢、氮和微量的氦、氖、氩等气体，根据种类的不同，各成分的含量有所不同。天然气既是制取合成氨、炭黑、乙炔等化工产品的原料气，又是优质燃料气，其发热值约为 $20000 \sim 50000 kJ/m^3$（标准状态），是一种理想的城市气源。天然气可以管道输送，也可以压缩成液态运输和贮存，液态天然气的体积仅为气态天然气的 $1/600$。

天然气通常没有气味，所以在使用时需混入无害而有臭味的气体（如乙硫醇 C_2H_5SH、四氢噻吩 THT 等），以便易于发现漏气的情况，避免发生中毒或爆炸等事故。

4.1.2 人工燃气

人工燃气是将固体燃料（煤）或液体燃料（重油）通过人工炼制加工而得到的。按其制取方法的不同可分为固体燃料干馏燃气、固体燃料气化燃气、油制气和高炉燃气 4 种。利用焦炉、连续式直立炭化炉和立箱炉等干馏方式生产煤气，每吨煤可产煤气 300～400m³。它的主要成分是甲烷和氢气，低发热值一般在 16700kJ/m³（标准状态）左右。煤制气工艺流程如图 4-1 所示。

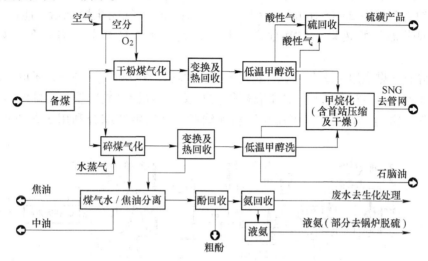

图 4-1　煤制气工艺流程

利用重油制取的城市燃气称为油制气。生产油制气的装置简单，投资省，占地少，建设速度快，管理人员少，启动、停炉灵活，即可作为城市的基本气源，也可作为城市燃气的调度气源。

人工燃气有强烈的气味及毒性，含有硫化氢、萘、苯、氨、焦油等杂质，容易腐蚀及堵塞管道，因此出厂前均需经过净化。煤制燃气只能采用贮气罐气态贮存和管道输送。

4.1.3　液化石油气

液化石油气是开采和炼制石油过程中，作为副产品而获得的一部分碳氢化合物。

液化石油气的主要成分是丙烷（C_3H_8）、丙烯（C_3H_6）、丁烷（C_4H_{10}）和丁烯（C_4H_8），习惯上又称 C_3、C_4，即只用烃的碳原子（C）数表示。它们在常温常压下呈气态，当压力升高或温度降低时很容易转变为液态。从气态转变为液态，其体积约缩小 250 倍。

燃气虽然是一种清洁方便的理想能源，但燃气和空气混合到一定比例时，极易引起燃烧和爆炸，火灾危害性大，且人工燃气有剧烈的毒性，容易引起中毒事故。因而，所有制备、输送、贮存和使用燃气的设备及管道，都要有良好的密封性，它们对设计、加工、安装和材料选用都有严格的要求，同时必须加强维护和管理工作，防止漏气。

4.1.4　沼气

沼气是在隔绝空气（还原条件）、经过微生物的发酵作用产生的一种可燃烧气体。在适宜的温度、pH 值下，隔绝空气利用有机物质在微生物的作用下发酵产生的可燃气体即为沼气。沼气发酵原料有粪便、垃圾、杂草、落叶等。

沼气是多种气体的混合物，沼气的主要成分是甲烷。沼气由甲烷 $w(CH_4)$ 为 50%～

80%、二氧化碳 $w(CO_2)$ 为 20%~40%、氮气 $w(N_2)$ 为 0%~5%、氢气 $w(H_2)$ <1%、氧气 $w(O_2)$ <0.4%与硫化氢 $w(H_2S)$ 为 0.1%~3%等气体组成。由于沼气含有少量硫化氢，所以略带臭味。沼气的主要成分甲烷是一种理想的气体燃料，其特性与天然气相似。它无色无味，与适量空气混合后即会燃烧。纯甲烷的发热量为 34000kJ/m³（标准状态），沼气的发热量约为 20800~23600kJ/m³（标准状态）。即 1m³ 沼气完全燃烧后，能产生相当于 0.7kg 无烟煤提供的热量。与其他燃气相比，其抗爆性能较好，是一种很好的清洁燃料。

沼气除直接燃烧用于炊事、烘干农副产品、供暖、照明和气焊等外，还可作内燃机的燃料以及生产甲醇、福尔马林、四氯化碳等化工原料。经沼气装置发酵后排出的料液和沉渣，含有较丰富的营养物质，可用作肥料和饲料。沼气生产综合利用工艺流程如图 4-2 所示。

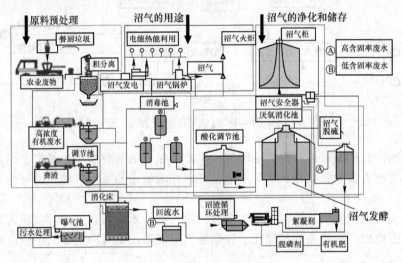

图 4-2　沼气生产综合利用工艺流程

4.2　燃气输配系统及设备

4.2.1　长输管道系统

天然气长输管道系统的总流程如图 4-3 所示。它一般包括矿场集输管网、净化处理厂、输气管线起点站、输气干线、中间压气站、中间气体分配站、干线截断阀室、中间气

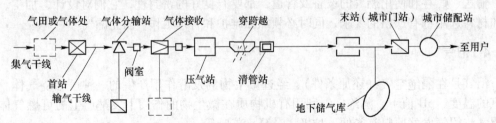

图 4-3　输气管道系统构成图

体接收站、清管站、障碍（江河、铁路、水利工程等）的穿跨越、末站（或称城市门站）、城市储配站。

输气干线起点站的主要任务是保持输气压力平稳，对燃气压力进行自动调节、计量以及除去燃气中的液滴和机械杂质。当输气管线采用清管工艺时，为便于集中管理，在站内设置清管球发射装置。输气管道中间分输气（或进气）站的功能和首站差不多，主要是给沿线城镇供气（或接收其他支线与气源来气）。

压气站是为提高输气压力而设的中间接力站，它是一个综合构筑物，其组成包括加压车间、发电站或变电所、压缩机组和动力机组的供水和冷却系统、除尘器和脱水器润滑油系统、锅炉房及其他附属建筑物。

清管站通常和其他站场合建，清管的目的是定期清除管道中的杂物，如水、机械杂质和铁锈等。由于一次清管作业时间和清管运行速度的限制，两清管收发筒之间距离不能太长，一般在 100~150km 左右。清管站除有清管球收发功能外，还设有分离器及排污装置。

输气管线末站通常和城市门站合建，具有分离、调压、计量与给各类用户配气的功能。为防止大用户用气的过度波动而影响整个系统的稳定，有时装有限流装置。

为了调峰的需要，输气干线有时与地下储库和储配站连接，构成输气干线系统的一部分。与地下储库的连接，通常需建一压缩机站，用气低谷时把干线气压入地下储库，高峰时再抽出燃气压入干线，经过地下储存的天然气受地下环境的污染，必须重新净化处理后方能进入压缩机。

干线截断阀室是为了及时进行事故抢修、检修而设。根据线路所在地区类别，每隔一定距离设置。

输气管道的通信系统通常又作为自控的数传通道，它是输气管道系统进行日常管理、生产调查、事故抢修等必不可少的，是安全、可靠和平稳供气的保证。

通信系统分有线（架空明线、电缆、光纤）和无线（微波、卫星）两大类。

4.2.2 城市燃气输配系统

城市燃气输配系统是一个综合设施，主要由燃气输配管网、储配站、计量调压站、运行操作和控制设施等组成。

4.2.2.1 燃气管道分类

燃气输配系统的主要组成部分是燃气管道。管道可按燃气压力、用途和敷设方式分类。

（1）按输气压力分类。燃气管道之所以要根据输气压力来分级，是因为燃气管道的气密性与其他管道相比有特别严格的要求，漏气可能导致火灾、爆炸、中毒或其他事故。燃气管道中的压力越高，管道接头脱开或管道本身出现裂缝的可能性和危险性也越大。当管道内燃气的压力不同时，对管道材质、安装质量、检验标准和运行管理的要求也不同。

我国城市燃气管道根据输气压力分为：低压燃气管道（$P<0.01\text{MPa}$）；中压 B 燃气管道（$0.01\text{MPa}\leqslant P\leqslant 0.2\text{MPa}$）；中压 A 燃气管道（$0.2\text{MPa}<P\leqslant 0.4\text{MPa}$）；次高压 B 燃气管道（$0.4\text{MPa}<P\leqslant 0.8\text{MPa}$）；次高压 A 燃气管道（$0.8\text{MPa}<P\leqslant 1.6\text{MPa}$）；高压 B 燃气管道（$1.6\text{MPa}<P\leqslant 2.5\text{MPa}$）；高压 A 燃气管道（$2.5\text{MPa}<P\leqslant 4.0\text{MPa}$）。

（2）按用途分类，管道可分为：

1）长距离输气管道，一般用于天然气长距离输送。

2）城镇燃气管道，按不同用途还可细分为：

①分配管道。在供气地区将燃气分配给工业企业用户、公共建筑用户和居民用户。分配管道包括街区的和庭院的分配管道。

②用户引入管。将燃气从分配管道引到用户室内管道引入口处的总阀门。

③室内燃气管道。通过用户管道引入口的总阀门将燃气引向室内，并分配到每个燃气用具。

（3）按敷设方式分类，可分为埋地管道和架空管道两种。

1）埋地管道。输气管道一般埋设于土壤中，当管段需要穿越铁路、公路时，有时需加设套管或管沟，因此有直接埋设及间接埋设两种。

2）架空管道。工厂厂区内、管道跨越障碍物以及建筑物内的燃气管道，常采用架空敷设方式。

城镇燃气管道为了安全运行，一般情况下均为埋地敷设，不允许架空敷设；当建筑物间距过小或地下管线和构筑物密集，管道埋地困难时才允许架空敷设。工厂厂区内的燃气管道常用架空敷设，以便于管理和维修，并减少燃气泄漏的危害性。

4.2.2.2 燃气管网系统

城市燃气管网由燃气管道及其设备组成。由于低压、中压和高压等各种压力级别管道不同组合，城市燃气管网系统的压力级制可分为：

（1）一级系统。仅由低压或中压一种压力级别的管网分配和供给燃气的管网系统。

（2）二级系统。以中—低压或高—低压两种压力级别的管网组成的管网系统。

（3）三级系统。以低压、中压和高压三种压力级别组成的管网系统。

（4）多级管网系统。由低压、中压、次高压和高压多种压力级别组成的管网系统。

A 低压供应方式和低压一级制系统

低压气源以低压一级管网系统供给燃气的输配方式，一般只适用于小城镇。

低压供应方式和低压一级制管网系统的特点是：

（1）输配管网为单一的低压管网，系统简单，维护管理容易。

（2）无需压送费用或只需少量的压送费用，当停电时或压送机发生故时，基本不妨碍供气，供气可靠性好。

（3）对供应区域大或供应量多的城镇，需敷设较大管径的管道而不经济。

B 中压供应和中—低压两级制管网系统

中压燃气管道经中低压调压站调至低压，由低压管网向用户供气；或由低压气源厂和储气柜相应的燃气经压送机加至中压，由中压管网输气，再经过区域调压站调至低压，由低压管道向用户供气。

中压供应和中—低压两级制管网系统的特点是：

（1）因输气压力高于低压供应，输气能力较大，可用较小管径的管道输送较多数量的燃气，以减少管网的投资费用。

（2）只要合理设置中—低压调压器，就能维持比较稳定的供气压力。

（3）输配管网系统有中压和低压两种压力级别，而且设有调压器（有时包括压送机），因而维护管理较复杂，运行费用较高。

（4）由于压送机运转需要动力，一旦停电或其他事故，将会影响正常供气。因此，中压供应及二级制管网系统适用于供应区域较大、供气量较大、采用低压供应方式不经济的中型城镇。

C 高压供应方式和高—中—低三级制管网系统

高压燃气从城市天然气接收站（天然气门站）或气源厂输出，由高压管网输气，经区域高—中压调压器调至中压，输入中压管网，再经区域中—低压调压器调成低压，由低压管网供应燃气用户，如图4-4所示。可在燃气供应区域内设置储气柜，用以调节不均匀性，但目前多采用管道储气调节用气的不均匀性。

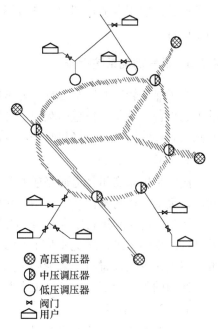

高压供应和高—中—低压三级制管网系统的特点是：

（1）高压管道的输送能力较中压管道更大，需用管道的管径更小，如果有高压气源，管网系统的投资和运行费用均较经济。

（2）因采用管道储气或高压储气柜（罐），可保证在短期停电等事故时供应燃气。

（3）因三级制管网系统配置了多级管道和调压器，增加了系统运行维护的难度。如无高压气源，还需要设置高压压送机，压送费用高，维护管理较复杂。

⊗ 高压调压器
Ⓘ 中压调压器
○ 低压调压器
⋈ 阀门
⌂ 用户

图4-4 高—中—低三级制管网系统

因此，高压供应方式及三级制管网系统适用于供应范围大、供气量大、并需要较远距离输送燃气的场合，可节省管网系统的建设费用，用于天然气或高压制气等高压气源更为经济。

此外，根据城市条件、工业用户的需要和供应情况的不同，还有多种燃气的供应方式和管网压力级制。例如，中压供应及中压一级制管网系统、高压供应及高—中压两级制管网系统、高—低压两级制管网系统。

4.2.2.3 燃气管网系统的选择

城市燃气管网输配系统的选择应考虑以下主要因素：

（1）气源情况。燃气的种类和性质、供气量和供气压力、气源的发展或更换气源的规划。

（2）城市规模、远景规划情况、街区和道路的现状和规划、建筑特点、人口密度、居民用户的分布情况。

（3）原有的城市燃气供应设施情况。

（4）对不同类型用户的供气方针、气化率及不同类型的用户对燃气压力的要求。

（5）用气的工业企业的数量和特点。

（6）储气设备的类型。

（7）城市地理地形条件，敷设燃气管道时遇到天然和人工障碍（如河流、湖泊、铁路等）的情况。

（8）城市地下管线和地下建筑物、构筑物的现状和改建、扩建规划。

设计城市燃气管网系统时，应全面、综合考虑上述因素，从而提出数个方案进行经济技术比较，选用经济合理的最佳方案。方案的比较必须在技术指标和工作可靠性相同的基础上进行。

4.2.3 燃气输配系统设备

为了保证管网的安全运行，并考虑到检修、接线的需要，在管道的适当地点设置必要的附属设备。这些设备包括阀门、补偿器、排水器、放散管等。此外，为在地下管网中安装阀门和补偿器，还要修建闸井。

4.2.3.1 阀门

阀门是用来启闭管道通路或调节管道内介质流量的设备。要求阀体的机械强度高，转动部件灵活，密封部件严密耐用，对输送介质的抗腐性强，同时零部件的通用性好。

燃气阀门必须进行定期检查和维修，以便掌握其腐蚀、堵塞、润滑、气密性等情况以及部件的损坏程度，避免不应有的事故发生。阀门设置以达到足以维持系统正常运行为准，尽量减少其设置数，减少漏气点和额外的投资。

阀门的种类很多，燃气管道上常用的有闸阀、旋塞、截止阀、球阀和蝶阀等。

4.2.3.2 补偿器

补偿器作为消除管段胀缩对管道产生的应力的设备，常用于架空管道和需要进行蒸气吹扫的管道上。此外，补偿器常安装在阀门的下侧（按气流方向），利用其伸缩性能，方便阀门的拆卸和检修。在埋地燃气管道上，多用钢制波形补偿器（见图4-5），其补偿量约为10mm。为防止其中存水锈蚀，由套管的注入孔灌入石油沥青，安装时注入孔应在下方。补偿器的安装长度，应是螺杆不受力时的补偿器的实际长度，否则不但不能发挥其补偿作用，反使管道或管件受到不应有的应力。

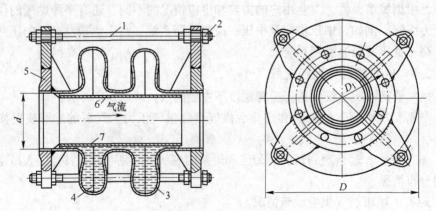

图4-5 波形补偿器
1—螺杆；2—螺母；3—波节；4—石油沥青；5—法兰盘；6—套管；7—注入孔

另外，还使用一种橡胶—卡普隆补偿器，如图 4-6 所示。它是带法兰的螺旋皱纹软管，软管是用卡普隆布作夹层的胶管，外层则用粗卡普隆绳加强。其补偿能力在拉伸时为 150mm，压缩时为 100mm。这种补偿器的优点是纵横方向均可变形，多用于通过山区、坑道和多地震地区的中、低压燃气管道上。

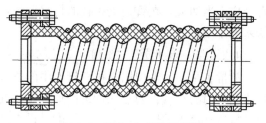

图 4-6　橡胶-卡普隆补偿器

4.2.3.3　排水器

为排出燃气管道中的冷凝水和天然气管道中的轻质油，管道敷设时应有一定坡度，以便在低处设排水器，将汇集的水或油排出。排水器的间距视水量和油量多少而定，通常不大于 500m。

由于管道中燃气的压力不同，排水器有不能自喷和能自喷两种。如管道内压力较低，水或油就要依靠手动方式来排出，如图 4-7 所示。安装在高、中压管道上的排水器，如图 4-8 所示，由于管道内压力较高，积水（油）在排水管旋塞打开以后就能自行喷出，为防止剩余在排水管内的水在冬季冻结，另设有循环管，使排水管内水柱上下压力平衡，水柱依靠重力回到下部的集水器中。为避免燃气中焦油及萘等杂质堵塞，排水管与循环管的

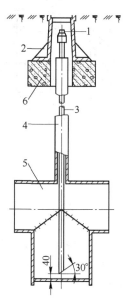

图 4-7　低压排水器

1—丝堵；2—防护罩；3—抽水管；
4—套管；5—集水器；6—底座

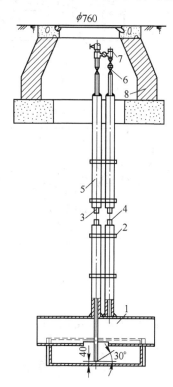

图 4-8　高、中压排水器

1—集水器；2—管卡；3—排水管；4—循环管；
5—套管；6—旋塞；7—丝堵；8—井圈

直径应适当加大。在管道上布置的排水器还可对其运行状况进行观测，并可作为消除管道堵塞的手段。

4.2.3.4 放散管

放散管是一种专门用来排放管道中的空气或燃气的装置。在管道投入运行时利用放散管排空管内的空气，防止在管道内形成爆炸性的混合气体。在管道或设备检修时可利用放散管排空管道内的燃气。放散管一般也设在阀门井中，在环网中阀门的前后都应安装，在单向供气的管道上则安装在阀门之前。

4.2.3.5 阀门井

为保证管网的安全与操作方便，地下燃气管道上的阀门一般都设置在阀门井中（对于直埋设置的专用阀门，不设阀门井）。阀门井应坚固耐久，有良好的防水性能，并保证检修时有必要的空间，考虑到人员的安全，井筒不宜过深，阀门井的构造如图4-9所示。

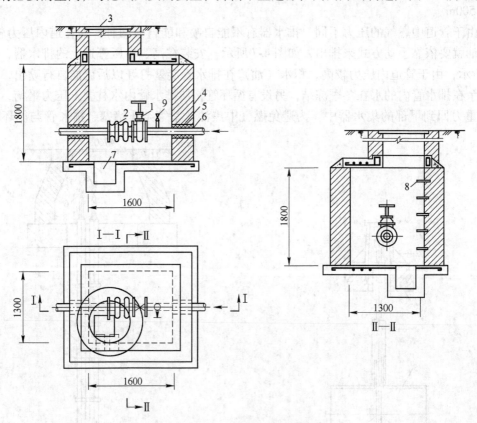

图4-9 100mm 单管阀门井构造图

1—阀门；2—补偿器；3—井盖；4—防水层；5—浸沥青麻；6—沥青砂浆；7—集水坑；8—爬梯；9—放散管

4.3 建筑燃气供应系统

4.3.1 建筑燃气供应系统的构成

建筑燃气供应系统包括民用建筑燃气供应系统和公共建筑燃气供应系统。民用建筑燃气供应系统一般由用户引入管、水平干管、立管、用户支管、燃气计量表、用具连接管和燃气用具组成，其平面布置图、剖面图及管路系统图分别如图 4-10~图 4-12 所示。中压进户和低压进户燃气管道系统相似，仅在用户支管上的用户阀门与燃气计量表间加装一用户调压器。公共建筑用户管道供应系统，一般由引入管、用户阀门、燃气计量表、燃气连接管等组成，图 4-13、图 4-14 分别为公共建筑供气管路平面图及系统图。

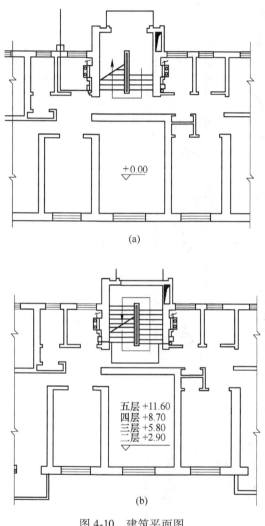

图 4-10　建筑平面图

（a）一层平面图；（b）二层平面图

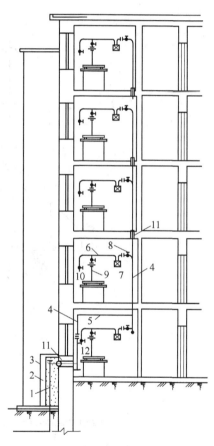

图 4-11　民用建筑燃气供应系统剖面图

1—用户引入管；2—砖台；3—保温层；4—立管；

5—水平干管；6—用户支管；7—燃气计量表；

8—表前阀门；9—燃气灶具连接管；10—燃气灶；

11—套管；12—燃气热水器接头

4.3.2　建筑燃气管道的布置和敷设要求

4.3.2.1　引入管

用户引入管与城市或庭院低压分配管道连接，在分支管处设阀门。输送湿燃气的引入

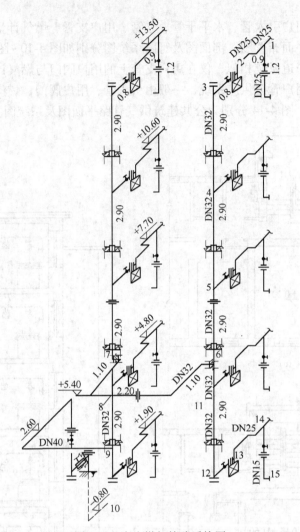

图 4-12　室内燃气管路系统图

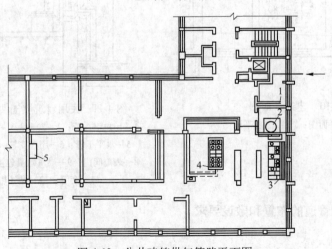

图 4-13　公共建筑供气管路平面图

1—计量表；2—大灶；3—中餐灶；4—西餐灶；5—烤炉

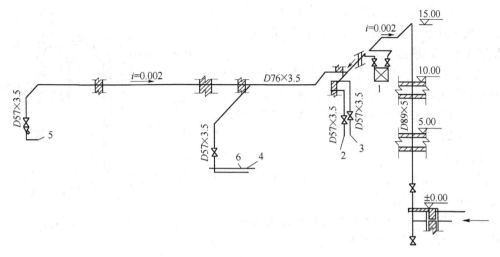

图 4-14 公共建筑供气管路系统图

1—计量表；2—接大灶；3—接中餐灶；4—接西餐灶；5—烤炉；6—活动地沟盖板

管一般由地下引入室内，埋设深度应在土壤冰冻线以下，并宜有不小于 0.01 坡向室外管道的坡度。输送湿燃气的引入管当采取防冻措施时也可由地上引入。在非采暖地区或采用管径不大于 75mm 的管道输送天然气，则可由地上直接引入室内。输送湿燃气的引入管应有不小于 0.005 的坡度，坡向城市燃气分配管道。燃气引入管穿过建筑物基础、墙或管沟时，均应设置在套管中，套管与基础、墙或管沟等之间的间隙应用油麻、沥青或环氧树脂填塞，其厚度应为被穿过结构的整个厚度。套管与燃气引入管之间的间隙应采用柔性防腐、防水材料密封。管顶间隙应考虑沉降的影响，不小于建筑物最大沉降量（图 4-15 所示为用户引入管的一种做法）。建筑物设计沉降量大于 50mm 时，为了防止地基下沉对管道的破坏，可对燃气引入管采取如下保护措施：加大引入管穿墙处的预留洞尺寸；引入管穿墙前水平或垂直弯曲 2 次以上；引入管穿墙前设置金属柔性管或波纹

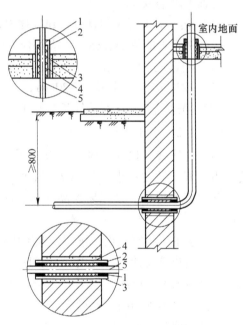

图 4-15 用户引入管

1—沥青密封层；2—套管；3—油麻填料；
4—水泥砂浆；5—燃气管道

补偿器。当引入管沿外墙翻身引入时，其室外部分应采取适当的防腐、保温和保护措施，具体做法如图 4-16 所示。引入管进入室内后第一层处，应该安装严密性较好、不带手柄的旋塞，可以避免随意开关。

燃气引入管敷设位置应符合下列规定：

（1）燃气引入管不得敷设在卧室、卫生间、易燃或易爆品的仓库、有腐蚀性介质的房

间、发电间、配电间、变电室、不使用燃气的空调机房、通风机房、计算机房、电缆沟、暖气沟、烟道和进风道、垃圾道等地方。

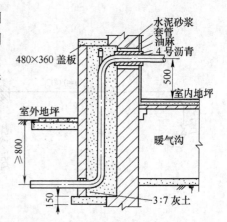

图 4-16 引入管沿外墙翻身引入

（2）住宅燃气引入管宜设在厨房、走廊、与厨房相连的封闭阳台内（寒冷地区输送湿燃气时阳台应封闭）等便于检修的非居住房间内。当确有困难，可从楼梯间引入，但应采用金属管道，且引入管阀门宜设在室外。

（3）商业和工业企业的燃气引入管宜设在使用燃气的房间或燃气表间内。

（4）燃气引入管宜沿外墙地面上穿墙引入。室外明露管段的上端弯曲处应加不小于 DN15 清扫用三通和丝堵，并做防腐处理。寒冷地区输送湿燃气时应保温。引入管可埋地穿过建筑物外墙或基础引入室内。当引入管穿过墙或基础进入建筑物后应在短距离内出室内地面，不得在室内地面下水平敷设。

（5）燃气引入管阀门宜设在建筑物内，对重要用户还应在室外另设阀门。

燃气引入管的最小公称直径应符合下列要求：

（1）输送人工煤气和矿井气不应小于 25mm。

（2）输送天然气不应小于 20mm。

（3）输送气态液化石油气不应小于 15mm。

4.3.2.2 水平干管

引入管连接多根立管时，应设水平干管。水平干管可沿楼梯或辅助间的墙壁敷设，坡向引入管，坡度不小于 0.002。管道经过的楼梯间和房间应有良好的通风。燃气水平干管和立管不得穿过易燃易爆品仓库、配电间、变电室、电缆沟、烟道、进风道和电梯井等。

燃气水平干管宜明设，民用建筑室内燃气水平干管，不得暗埋在地下土层或地面混凝土层内。当建筑设计有特殊美观要求时可敷设在能安全操作、通风良好和检修方便的吊顶内，当吊顶内设有可能产生明火的电气设备或空调回风管时，燃气干管宜设在与吊顶底平的独立密封∩形管槽内，管槽底宜采用可卸式活动百叶或带孔板。工业和实验室的室内燃气管道可暗埋在混凝土地面中，其燃气管道的引入和引出处应设钢套管。钢套管应伸出地面 5~10cm。钢套管两端应采用柔性的防水材料密封；管道应有防腐绝缘层。

燃气水平干管不宜穿过建筑物的沉降缝。

4.3.2.3 立管

立管是将燃气由水平干管（或引入管）分送到各层的管道。

燃气立管不得敷设在卧室或卫生间内。立管穿过通风不良的吊顶时应设在套管内。燃气立管宜明设，立管一般敷设在厨房、走廊或楼梯间内。当设在便于安装和检修的管道竖井内时，应符合下列要求：

（1）燃气立管可与空气、惰性气体、上下水、热力管道等设在一个公用竖井内，但不得与电线、电气设备或氧气管、进风管、回风管、排气管、排烟管、垃圾道等共用一个竖井。

（2）竖井内的燃气管道应尽量不设或少设阀门等附件。竖井内的燃气管道的最高压力不得大于0.2MPa；燃气管道应涂黄色防腐识别漆。

（3）竖井应每隔2~3层做相当于楼板耐火极限的不燃烧体进行防火分隔，且应设法保证平时竖井内自然通风和火灾时防止产生"烟囱"作用的措施。

（4）每隔4~5层设一燃气浓度检测报警器，上、下两个报警器的高度差不应大于20m。

（5）管道竖井的墙体应为耐火极限不低于1.0h的不燃烧体，井壁上的检查门应采用丙级防火门。

高层建筑的燃气立管应有承受自重和热伸缩推力的固定支架和活动支架。

每一立管的顶端和底端设丝堵三通，作清洗用，其直径不小于25mm。当由地下室引入时，立管在第一层应设阀门。阀门应设于室内，对重要用户应在室外另设阀门。

立管通过各层楼板处应设套管。套管高出地面至少50mm，套管与立管之间的间隙用油麻填堵，沥青封口。立管在一幢建筑中一般不改变管径，直通上面各层，其直径不小于25mm。当由地下室引入时，立管在第一层应设阀门。阀门应设于室内，对重要用户应在室外另设阀门。

4.3.2.4 用户支管

由立管引向各单独用户计量表及燃气用具的管道为用户支管。用户支管在厨房内的高度不低于1.7m，敷设坡度应不小于0.002，并由燃气计量表分别坡向立管和燃气用具。支管穿墙时也应有套管保护。

燃气支管宜明设。燃气支管不宜穿过起居室（厅）。敷设在起居室（厅）、走道内的燃气管道不宜有接头。当穿过卫生间、阁楼或壁柜时，燃气管道应采用焊接连接（金属软管不得有接头），并应设在钢套管内。

当建筑物或工艺有特殊要求比也可采用暗管敷设，但应敷设在有人孔的闷顶或有活盖的墙槽内。为了满足安全、防腐和便于检修的需要，室内燃气管道不得敷设在卧室、浴室、地下室、易燃易爆品仓库、配电间、通风机室、潮湿或有腐蚀性介质的房间内。输送湿燃气的室内管道敷设在可能冻结的地方，应采取防冻措施。

住宅内暗埋的燃气支管应符合下列要求：

（1）暗埋部分不宜有接头，且不应有机械接头。暗埋部分宜有涂层或覆塑等防腐蚀措施。

（2）暗埋的管道应与其他金属管道或部件绝缘，暗埋的柔性管道宜采用钢盖板保护。

（3）暗埋管道必须在气密性试验合格后覆盖。

（4）覆盖层厚度不应小于10mm。

（5）覆盖层面上应有明显标志，标明管道位置，或采取其他安全保护措施。

住宅内暗封的燃气支管应符合下列要求：

（1）暗封管道应设在不受外力冲击和暖气烘烤的部位。

（2）暗封部位应可拆卸，检修方便，并应通风良好。

商业和工业企业室内暗设燃气支管应符合下列要求：

（1）可暗埋在楼层地板内。

（2）可暗封在管沟内，管沟应设活动盖板，并填充干砂。

（3）燃气管道不得暗封在可以渗入腐蚀性介质的管沟中。

（4）当暗封燃气管道的管沟与其他管沟相交时，管沟之间应密封，燃气管道应设套管。

室内燃气管道的管材应采用低压流体输送钢管并应尽量采用镀锌钢管。

4.4 燃气表与燃气用具

4.4.1 燃气表

燃气表是计量燃气用量的仪表，在居住与公共建筑内，最常用的是一种膜式燃气表，如图 4-17（a）所示。

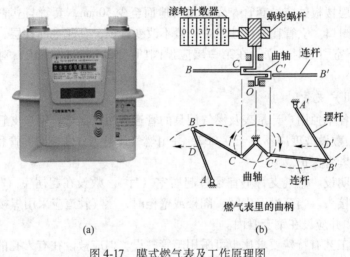

(a)   (b)

图 4-17 膜式燃气表及工作原理图

（a）燃气表外型；（b）工作原理图

这种燃气表有一个方形的金属外壳，上部两侧有短管，左接进气管，右接出气管。外壳内有皮革制的小室，中间以皮膜隔开，薄膜把盒内空间一分为二，各形成两个"气室"。每个气室都有通气口，可经过这个口进气或排气。当左室的口进气、右室的口排气时，燃气的压力作用在薄膜上，使硬芯向右运动。反之，若右边进气、左边出气时，硬芯就向左运动。用两套风箱和薄膜，它们的硬芯都用杆和同一根竖立着的轴相连，这个轴上有两个曲柄，两个曲柄也是相差 90°，使得两个硬芯的动作差半步。其中一个运动到头时，另一个恰好在中间，永远不会停下来。连杆 AB、BC 与左边的硬芯相连，连杆 $A'B'$、$B'C'$ 与右边的硬芯相连。从图 4-17（b）中可以清楚看到曲轴的转动就带动了滚轮计数器，借助杠杆、齿轮传动机构，上部度盘上的指针即可指示出燃气用量的累计值。

计量范围：小型流量为 1.5~3m³/h，使用压力为 500~3000Pa；中型流量为 6~84m³/h，

大型流量可达 $100m^3/h$，使用压力为 $(1\sim2)\times10^3Pa$。

使用管道燃气的用户均应设置燃气表。居住建筑应一户一表，公共建筑至少每个用气单位设一个燃气表。为了便于收费及管理，配有智能卡的燃气表得到广泛的应用。

为了保证安全，燃气表应装在不受振动，通风良好，室温不低于5℃、不超过35℃的房间，不得装在卧室、浴室、危险品和易燃、易爆物仓库内。小表可挂在墙上，距地面 $1.6\sim1.8m$ 处。燃气表到燃气用具的水平距离不得小于 0.3m。

4.4.2 燃气用具

根据不同的用途，燃气用具种类很多，本节仅介绍居住建筑常用的几种燃气用具。

4.4.2.1 燃气灶

燃气灶的形式很多，有单眼、双眼、多眼灶等。家用的一般是双眼灶，由炉体、工作面和燃烧器3个部分组成。其灶面采用不锈钢材料，燃烧器为铸铁件。各种燃气灶均适应不同燃料：液化石油气、人工燃气及天然气使用的燃气灶型号不同。

为了提高燃气灶的安全性，避免发生中毒、火灾或爆炸事故，目前有些家用灶增设了熄火装置，它的作用是一旦灶的火焰熄灭，立即发出信号，将燃气通路切断，使燃气不能逸漏。

灶具在安装时，其侧面及背面应距离可燃物（墙壁面等）200mm 以上，燃气灶与可燃或难燃烧的墙壁之间应采取有效的防火隔热措施隔热。燃气灶与对面墙之间应有不小于 1m 的净距。

4.4.2.2 燃气烤箱

烤箱由外部围护结构和内箱组成。内箱包以绝热材料用以减少热损失。箱内设有承载物品的托网和托盘，顶部设置排烟口，在内箱上部空间里装有恒温器的感热元件，它与恒温联合工作，控制烤箱内的温度。烤箱的玻璃门上装有温度指示器。

4.4.2.3 燃气热水器

为了洗浴方便，越来越多的家庭配置了燃气热水器。燃气热水器根据排气方式可分为直接排气式热水器、烟道排气式热水器和平衡式热水器三类。目前国内应用较多的为直接排气式的热水器，该型热水器严禁安装在浴室内；烟道排气式热水器可安装在有效排烟的浴室内，浴室体积应大于 $7.5m^3$；平衡式热水器可安装在浴室内。装有直接排气式热水器和烟道式热水器的房间，房间门或墙的下部应设有效截面积不小于 $0.02m^2$ 的格栅，或在门与地之间留有不小于 30mm 的间隙；房间净高应大于 2.4m。热水器与对面墙之间应有不小于 1m 的通道。热水器的安装高度，一般以热水器的观火孔与人眼高度相齐为宜，一般距地面 1.5m。

燃气表以及燃气用具的安装如图 4-18 所示。除以上介绍的几种常用燃气用具以外，还有供应开水和温开水的燃气开水炉、不需要电的吸收式制冷设备——燃气冰箱以及燃气空调机等，本节不一一介绍。总之，燃气的应用不仅给人们生活带来很大方便，而且对于合理利用能源、减少环境污染具有重大意义，燃气应用的各类设备的发展前景十分广阔。

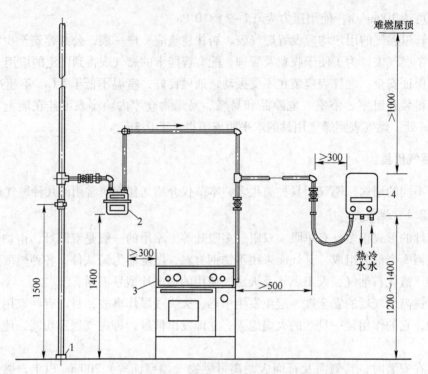

图 4-18　燃气表、燃气灶具及燃气热水器安装示意图
1—套管；2—燃气表；3—燃气灶具；4—燃气热水器

习　　题

4-1　城市燃气的种类有哪些，各有什么特点？

4-2　简述建筑室内燃气系统的组成。

4-3　城市燃气供应方式有哪些？

4-4　简述燃气管路布置应注意的问题。

5 建筑通风及防排烟

5.1 建筑室内的环境污染

5.1.1 建筑室内环境污染的来源及危害

在日常生活工作中，人们绝大部分时间都是在室内度过的，因而室内环境对人们的健康和工作效率有着直接而深层的影响。而室内环境污染物的种类与浓度和建筑结构、建筑功能、建筑材料、建筑所处气候、建筑外部污染源分布等因素密切相关。

民用建筑中，通常室内某一种污染物的浓度不高，但由于多种污染物共同存在，多因素同时作用于人体，对健康产生的危害往往比单一因素要复杂得多。而且不同年龄阶段对环境污染的敏感性是不一样的，处于生长发育中的儿童和身体机能较弱的中老年更容易受到室内污染物的危害。

对于工业生产场所，室内空气环境污染的危害则更多地表现为从业人员职业性疾病的发生。影响较大的群发性职业健康损害事件主要有3种类型：

（1）群发性、速发型矽肺病，主要发生在矿山开采、隧道施工、石英砂（粉）加工等行业或领域。

（2）群发性、急慢性职业中毒，为有机溶剂污染导致，多发生在使用有机溶剂的行业，例如箱包、制鞋和电子行业。

（3）部分重金属导致的急慢性职业健康损害，主要发生在原辅材料使用到重金属的电池制造等行业。

职业病的发生通常有一定的潜伏期，例如尘肺、慢性职业中毒、噪声聋、职业性肿瘤等，从劳动者接触危害因素到发病通常有10~30年的潜伏期。2013年，《职业病分类和目录》发布，职业病由原来的10大类115种扩大到10大类132种。

因此，无论是民用建筑还是工业生产场所，控制室内环境污染，对保护国民身体健康都至关重要。对室内不可避免放散的有害或污染环境的物质，必须采取适当有效的预防、治理和控制措施，使达到相关环境质量标准和排放标准，满足人们对室内外环境的要求。

根据室内污染物的性质，通常可以将室内污染物大致分为化学性污染、物理性污染、生物性污染等类型。室内污染源如图5-1所示。下面介绍一些常见的室内污染物及其危害。

5.1.1.1 化学性污染物

A 悬浮颗粒物

空气中的悬浮颗粒物可以说是最常见的空气污染物，主要来源于室外和生产过程，矿物燃料的燃烧，机械工业中的铸造、磨削与焊接工序的工作过程，建材工业中原料的粉

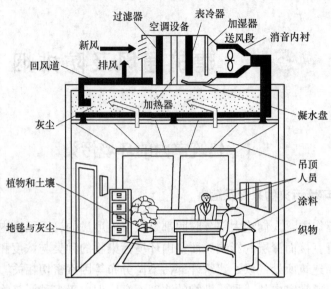

图 5-1 室内污染源

碎、筛分、运输，化工行业中的生产过程，物质加热时产生的蒸汽在空气中凝结或被氧化的过程，以及人员行走、抽烟等。

所谓的悬浮微粒是指分散在大气中的各种固态或液态微粒，通常包括烟气、大气尘埃、纤维性粒子及花粉等。烟气是燃料和其他物质燃烧的产物，由凝聚性固态微粒和固液粒子凝集微粒组成，通常由不完全燃烧所形成的炭黑颗粒、多环芳烃化合物和飞灰等构成，空气动力学粒径范围约为 $0.01\sim1\mu m$。大气尘埃是指能在空气中悬浮的、粒径大小不等的固体微粒，是分散在气体中固体微粒的通称。所有固态分散性微粒都可称为灰尘，空气动力学粒径为 $10\sim200\mu m$ 的又称为降尘，空气动力学粒径在 $10\mu m$ 以下的称为可吸入颗粒物 PM10。较大的悬浮颗粒物，如灰尘、棉絮等，可以被上呼吸道过滤掉。而可吸入颗粒物被人吸入后，会累积在呼吸系统中，引发许多疾病。其中粗颗粒物可侵害呼吸系统，诱发哮喘病；细颗粒物可能引发心脏病、肺病、呼吸道疾病，降低肺功能等。含汞、砷、铅等的粉尘进入人体后，会引起中毒以致死亡；无毒粉尘被吸入人体后，会在肺内沉积，发生矽肺病。粉尘的物理化学活性越大，和进入人体的深度越深，对人体的危害越大。

B 无机化学物质

由于燃料、烟草的燃烧以及烹调油烟等活动，会产生大量的 CO、CO_2、NO、SO_2、臭氧等气态无机化学物质，这些气态污染物是造成肺炎、支气管炎和肺癌的主要原因。

（1）碳氧化物。碳氧化物 CO 和 CO_2 是各种大气污染物中发生量最大的一类污染物。CO 是一种窒息性气体，由于它与血红蛋白的结合能力比 O_2 的结合能力大 $200\sim300$ 倍，因此，CO 浓度较高时，会阻碍血红蛋白与 O_2 的结合而影响人体内的供氧，轻者会产生头痛、眩晕，重者会导致死亡。CO_2 是无毒气体，但当其在大气中的浓度过高时，使氧气含量相对减小，会对人体产生不良影响。

（2）硫氧化物。硫氧化物主要有 SO_2 和 SO_3，是大气污染物中较常见的一种气态污染物。SO_2 是无色、有硫酸味的强刺激性气体，是一种活性毒物，可以溶解于水滴中形成亚硫酸，进而被空气氧化成硫酸烟雾，它刺激人的呼吸系统，是引起肺气肿和支气管炎发病的原因之一。SO_2 主要来源于各种含硫煤炭等物质的燃烧，而 SO_3 通常需要在一定的化学反应条件下产生。

（3）氮氧化物。氮氧化物主要有 NO 和 NO_2。NO 毒性不太大，但在大气中可被氧化成 NO_2。NO_2 的毒性为 NO 的 5 倍，它对呼吸器官具有强烈的刺激作用，使人体细胞膜损坏，导致肺功能下降，引起急性哮喘病、肺气肿和肺瘤。在自然环境中，它们能够和水等反应形成亚硝酸和亚硝酸盐，进一步被氧化成硝酸盐。此外，氮氧化物在强紫外线的作用下，可以与环境中的碳氢化合物发生化学反应，形成浅蓝色的光化学烟雾。

（4）氨。氨对皮肤组织、上呼吸道有腐蚀作用，造成流泪、咳嗽、呼吸困难，严重可发生呼吸窘迫综合征，还可通过三叉神经末梢反射作用引起心脏停搏和呼吸停止，通过肺泡进入血液破坏运氧功能。由于卫生设施的通风不合理会导致室内氨不能及时排到室外。而建筑施工中使用了高碱混凝土膨胀剂和含尿素的混凝土防冻剂，随着温度、湿度等环境因素的变化而还原成氨气逐步释放出来，也会造成室内空气中氨的浓度增高。

（5）臭氧（O_3）。臭氧是一种刺激性气体，具有强氧化性，臭氧对眼睛、黏膜和肺组织都具有刺激作用，能破坏肺的表面活性物质，并能引起肺水肿、哮喘等。由于强氧化性，臭氧可加速轮胎等橡胶、塑料制品的老化。自然环境中，在强紫外线的作用下，O_2 可转化成 O_3。而室内的电视机、复印机、激光印刷机、负离子发生器等设备，由于工作过程中高电压的作用也会在室内产生少量 O_3。

（6）汞蒸气。汞蒸气是一种剧毒物质，通过使蛋白质变性来杀死细胞而损坏器官。长期与汞接触，会损伤人的嘴和皮肤，还会引起神经方面的疾病。当空气中汞浓度大于 $0.0003mg/m^3$ 时，就会发生汞蒸气中毒现象，汞中毒典型症状为易怒、易激动、失忆、失眠、发抖。汞蒸气污染主要出现在一些与汞有关的储存与生产活动场所。

（7）铅蒸气。铅蒸气能够与细胞内的酵酸蛋白质及某些化学成分反应而影响细胞的正常生命活动，降低血液向组织的输氧能力，导致贫血和中毒性脑病。除了在有些与铅有关的化工业存在含铅污染外，由于之前在汽油中使用四乙基铅作为防爆的稳定剂，在交通尾气中也会存在含铅污染物质。但我国于 2000 年 7 月起全面停止使用含铅汽油，全国强制实现了车用汽油的无铅化。世界上大多数国家都积极进行汽油无铅化，推广使用无铅化汽油。

C 挥发性有机物（VOC）

室内挥发性有机化合物是指沸点在 50~250℃、室温下饱和蒸气压超过 133.32Pa、在常温下以蒸气形式存在于空气中的一大类有机化合物的总称。按其化学结构可分为八类：烷类、芳烃类、烯类、卤烃类、酯类、醛类、酮类和其他。

VOC 具有相对强的活性，是一种性质比较活泼的气体，导致它们在大气中既可以以一次挥发物的气态存在，又可以在紫外线照射下，与 PM10 颗粒物发生物理化学反应，生成为固态、液态或二者并存的二次颗粒物存在，且参与反应的这些化合物寿命相对较长，可以随着风吹雨淋等天气变化，或者飘移扩散，或者进入水和土壤，污染环境。当居室中 VOC 浓度超过一定浓度时，在短时间内人们感到头痛、恶心、呕吐、四肢乏力；严重时会抽搐、昏迷、记忆力减退。VOC 伤害人的肝脏、肾脏、大脑和神经系统。近年来，居室内 VOC 污染已引起各国重视。VOC 对人体健康的影响主要是刺激眼睛和呼吸道，使皮肤过敏，使人产生头痛、咽痛与乏力，其中还包含了很多致癌物质。

室外挥发性有机物主要来自燃料燃烧和交通运输产生的工业废气、汽车尾气等。室内则主要来自燃煤和天然气等的燃烧产物，吸烟、采暖和烹调等的烟雾，建筑和装饰材料、家具、家用电器和清洁剂等。生产场所则主要来自有机工业原料的分解、有机溶剂的挥发以及有机化学反应过程等。

5.1.1.2 物理性污染物

物理性污染是指由物理因素引起的环境污染，如放射性辐射、电磁辐射、噪声、光污染等。越来越多的现代化办公设备和家用电器进入家庭，由此产生的噪声污染、电磁辐射及静电干扰等给人们的身体健康带来不可忽视的影响。

A 热湿污染

热湿污染是指现代工业生产和生活中排放的废热废水所造成的大气和水体环境污染。排放的热和湿会直接影响到排放点周围的温度和湿度，过高的温度和湿度的改变会导致原有的生态系统的破坏，环境舒适度降低，金属制品生锈和橡胶制品寿命缩短等。

生产设备和办公设备等在使用过程中会散发大量的热量。机动车行驶和空调在使用过程中会向室外空气中排放大量的热量，使城市气温高于郊区农村。热电厂、核电站、炼钢厂以及石油、化工、造纸等工业生产所排放的生产性废水中均含有大量废热，会造成水体温度升高，溶解氧减少，改变周围的整个生态环境，影响附近的鱼类、植物等生存。而工业生产中，各种工业炉和其他加热设备、热材料和热成品等散发的大量热量，浸泡、蒸煮设备等散发的大量水蒸气，是车间内余热和余湿的主要来源。

B 放射性物质

氡是自然界唯一的天然放射性惰性气体，无色、无味，熔点−71℃，沸点−61.8℃，半衰期为3.82天，它最稳定的同位素是Rn222。氡溶于水和脂肪，极易进入人体呼吸系统造成放射性损伤。氡在作用于人体时会很快衰变成人体能吸收的核素，进入人的呼吸系统造成辐射损伤，诱发肺癌。由室内及其子体引起的肺癌占肺癌总发病的10%，潜伏期在15年以上。

氡气由镭衰变产生，常存在于天然岩石和深层土壤中。由于地质历史和形成条件不同，地基土壤、花岗岩、水泥、石膏、部分天然石材等物质中，可能含有氡气。生活消费品如玻璃、陶瓷、建筑材料等黏土和矿物制成品中也可能存在放射性物质。制作瓷砖、洗面盆和抽水马桶等的建筑陶瓷，主要是由黏土、沙石、矿渣、工业废渣以及一些天然辅料等材料成型涂釉经烧结而成，可能含有钍、镭、钾等放射性元素。而为了使釉面砖表面光洁、易于清洗、避免侵蚀，在釉面砖材料中加入锆英砂作为乳浊剂，因此彩釉砖成品表面的氡析出率比普通建材高，装饰彩釉砖的居室可能会氡浓度高。

C 电磁辐射

各种家常电器、高压线、变电站、电台、电视台、雷达站、电磁波发射塔、医疗设备、办公自动化设备等电子产品在使用过程中都会发射多种不同波长和频率的电磁辐射。随着越来越多的电子、电气设备投入使用，使得各种频率不同能量的电磁波充斥着地球的每一个角落乃至辽阔的宇宙空间。

电磁辐射作为一种看不见、摸不着的污染日益受到各界的关注，被人们称为"隐形杀手"。电磁辐射可以穿透包括人体在内的多种物质，在长期超过安全辐射剂量的暴露下，会杀伤或杀死人体细胞，导致人体循环、免疫、生殖系统的功能紊乱，还会诱发癌症。居住在高压线附近的居民患乳腺癌的概率比常人高许多倍。世界卫生组织认为，计算机、电视机、移动电话的电磁辐射对胎儿有不良影响。长时间使用电热毯睡觉的女性，可使月经周期发生明显改变，孕妇则会导致流产。电脑显示器所发出的电磁辐射长期作用会对女性的内分泌和生殖机能产生负面影响，危害生殖细胞或殃及早期胚胎发育。孕妇每周使用计算机20h以上，其流产率增加80%，同时畸形儿出生率也有所上升。

D 噪声

噪声可引起耳鸣、耳痛和听力损伤，长期接触噪声可使体内肾上腺分泌增加，从而使血压升高。家庭噪声是造成儿童聋哑的病因之一。而生活在高速公路旁的居民，患心肌梗塞率增加了30%左右。高噪声的工作环境，可使人出现头晕、头痛、失眠、多梦、全身乏力、记忆力减退以及恐惧、易怒，引起神经系统功能紊乱、精神障碍、内分泌紊乱甚至事故率升高。当噪声强度达到90dB时，人的视觉细胞敏感性下降，识别弱光反应时间延长。当噪声达到115dB时，多数人的眼球对光亮度的适应都有不同程度的减弱。噪声还会使色觉、视野发生异常。

居室环境中的噪声除来自交通运输噪声、工业机械噪声、城市建筑噪声、社会生活和公共场所噪声外，家用电器也会产生噪声污染。据检测，家庭中电视机、音响设备所产生的噪声可达60~80dB，洗衣机为42~70dB，电冰箱为34~50dB。

5.1.1.3 生物性污染物

室内常见的生物性污染物有：植物花粉，真菌，尘螨，由人体、动物、土壤和植物碎屑携带的细菌和病毒，宠物（猫、狗、鸟类或其他小动物）等身上脱落的毛发和皮屑等。

而室内空气中的细菌总数一般远高于室外空气。不同用途的建筑物和不同人口密度的室内，空气中细菌的数量相差很大。在通风不良、人员拥挤的室内环境中，除大气中存在的一些微生物，如非致病性的腐生微生物、芽孢杆菌属、无色杆菌属、细球菌属以及一些放线菌、酵母菌和真菌等外，也可能存在来自人体的某些病原微生物，如结核杆菌、白喉杆菌、溶血性链球菌、金黄色葡萄球菌、脑膜炎球菌、感冒病毒、麻疹病毒等。

尘螨是一种类似蜘蛛及扁虱的生物，适宜在20~30℃、75%~85%的空气不流通的环境中生长，主要在床垫、枕头、寝具、地毯、柔软饰品及衣物中繁殖。尘螨本身及其排泄物是强烈的致敏原，由于尘螨很轻，容易飘浮到空气中而可引起哮喘、过敏性鼻炎、过敏性皮炎等。而猫、狗等宠物的皮屑和毛也是致敏原。

病毒和细菌等微生物可以附着于悬浮颗粒物上传播，是传染病的来源。其中真菌滋生于潮湿阴暗的土壤、水体、空调设备中。空调机内储水且温度适宜，会成为某些细菌、真菌、病毒的繁殖孳生地。浴帘、窗台及地下室等则是真菌易于生长的地方。军团肺原菌是一种普遍存在的嗜水性需氧细菌，可通过风道、给水系统进入室内空气。

5.1.2 环境质量标准和污染排放标准

为保障国民的身体健康，我国制定了一系列标准规范，针对环境空气质量功能区的不同，对污染物含量有不同要求。

5.1.2.1 《环境空气质量标准》（GB 3095—2012）

为贯彻《中华人民共和国环境保护法》和《中华人民共和国大气污染防治法》，保护和改善生活环境、生态环境，保障人体健康，《环境空气质量标准》（GB 3095—2012）规定了环境空气功能区分类、标准分级、污染物项目、平均时间及浓度限值、监测方法、数据统计的有效性规定及实施与监督等内容，适用于区域环境空气质量评价与管理。

该标准将环境空气功能区划分为两类：一类区为自然保护区、风景名胜区和其他需要特殊保护的区域，一类区执行一级标准；二类区为居住区、商业交通居民混合区、文化区、工业区和农村地区，二类区执行二级标准。一、二类环境空气功能区质量要求见表5-1 和表5-2。

表5-1 环境空气污染物基本项目浓度限值

序号	平均时间	浓度限值		单位	序号	平均时间	浓度限值		单位
		一级	二级				一级	二级	
1	年平均	20	60	$\mu g/m^3$	4	日最大 8h 平均	100	160	$\mu g/m^3$
	24h 平均	50	150			1h 平均	160	200	
	1h 平均	150	500		5	年平均	40	70	
2	年平均	40	40			24h 平均	50	150	
	24h 平均	80	80		6	年平均	15	35	
	1h 平均	200	200			24h 平均	35	75	
3	24h 平均	4	4	mg/m^3					
	1h 平均	10	10						

表5-2 环境空气污染物其他项目浓度限值

序 号	污染物项目	平均时间	浓度限值		单 位
			一级	二级	
1	总悬浮颗粒物（TSP）	年平均	80	200	$\mu g/m^3$
		24h 平均	120	300	
2	氮氧化物（NO_x）	年平均	50	50	
		24h 平均	100	100	
		1h 平均	250	250	
3	铅（Pb）	年平均	0.5	0.5	
		季平均	1	1	
4	苯并［a］芘（BaP）	年平均	0.001	0.001	
		24h 平均	0.0025	0.0025	

此外，各省级人民政府还可根据当地环境保护的需要，针对环境污染的特点，对该标准中未作规定的污染物项目制定并实施地方环境空气质量标准。环境空气部分污染物参考浓度限值见表5-3。

5.1.2.2 《室内空气质量标准》（GB/T 18883—2002）

《室内空气质量标准》（GB/T 18883—2002）从保护人体健康的最低要求出发，考虑室内污染浓度的长期存在性，为了控制人们在正常活动情况下的室内环境质量，要求室内空气应无毒、无害、无异常臭味，对室内空气中的物理性、化学性、生物性和放射性4 类共

表5-3 环境空气中镉、汞、砷、六价铬和氟化物参考浓度限值

序　号	污染物项目	平均时间	浓度（通量）限值		单　位
			一级	二级	
1	镉（Cd）	年平均	0.005	0.005	$\mu g/m^3$
2	汞（Hg）	年平均	0.05	0.05	
3	砷（As）	年平均	0.006	0.006	
4	六价铬［Cr（Ⅵ）］	年平均	0.000025	0.000025	
5	氟化物（F）	1h平均	20[①]	20[①]	
		24h平均	7[①]	7[①]	
		月平均	1.8[②]	3.0[③]	$\mu g/(dm^2 \cdot d)$
		植物生长季平均	1.2[②]	2.0[③]	

①适用于城市地区。

②适用于牧业区为主的半农半牧区，蚕桑区。

③适用于农业和林业区。

19个指标进行全面控制，见表5-4。通过检测这些指标，可以评价住宅、办公楼等建筑室内空气质量的优劣及对人体健康影响的程度，其他室内环境可参照此标准。

表5-4 室内空气质量标准

序号	参数类别	参　数	单位	标准值	备　注
1	物理性	温度	℃	22~28	夏季空调
				16~24	冬季采暖
2		相对湿度	%	40~80	夏季空调
				30~60	冬季采暖
3		空气流速	m/s	0.3	夏季空调
				0.2	冬季采暖
4		新风量	$m^3/h \cdot$人	30[①]	
5	化学性	二氧化硫 SO_2	mg/m^3	0.50	1h人均
6		二氧化氮 NO_2	mg/m^3	0.24	1h人均
7		一氧化碳 CO	mg/m^3	10	1h人均
8		二氧化碳 CO_2	%	0.10	日平均值
9		氨 NH_3	mg/m^3	0.20	1h人均
10		臭氧 O_3	mg/m^3	0.16	1h人均
11		甲醛 HCHO	mg/m^3	0.10	1h人均
12		苯 C_6H_6	mg/m^3	0.11	1h人均
13		甲苯 C_7H_8	mg/m^3	0.20	1h人均
14		二甲苯 C_8H_{10}	mg/m^3	0.20	1h人均
15		苯并芘 B（a）P	ng/m^3	1.0	日平均值
16		可吸入颗粒 PM10	mg/m^3	0.15	日平均值
17		总挥发性有机物 TVOC	mg/m^3	0.60	8h人均

序号	参数类别	参　数	单位	标准值	备　注
18	生物性	菌落总数	cfu /m³	2500	依据仪器定②
19	放射性	氡²²²Rn	Bq /m³	400	年平均值 （行动水平③）

①新风量要求不小于标准值，除温度、相对湿度外的其他参数要求不大于标准值。
②见标准规定。
③行动水平即达到水平建议采取干预行动以降低室内氡浓度。

5.1.2.3　《民用建筑工程室内环境污染控制规范》（GB 50325—2010）

为了预防和控制民用建筑工程中建筑材料和装修材料产生的室内环境污染，保障公众健康，维护公共利益，针对新建、扩建和改建的民用建筑工程室内环境污染控制，《民用建筑工程室内环境污染控制规范》（GB 50325—2010）从工程验收的角度出发，分以住宅为主的Ⅰ类建筑和以办公楼为主的Ⅱ类建筑两类民用建筑工程，分别规定了在工程建设方面最易引起污染的 5 个参数的最低限量值，见表 5-5。其中Ⅰ类民用建筑工程包括住宅、医院、老年建筑、幼儿园、学校教室等民用建筑工程。而Ⅱ类民用建筑工程包括办公楼、商店、旅馆、文化娱乐场所、书店、图书馆、展览馆、体育馆、公共交通等候室、餐厅、理发店等民用建筑工程。该标准适用于竣工或装饰装修工程的评价与验收。

表 5-5　民用建筑工程室内环境污染物浓度限值

污染物	Ⅰ类民用建筑工程	Ⅱ类民用建筑工程
氡/Bq·m⁻³	≤200	≤400
甲醛/mg·m⁻³	≤0.08	≤0.1
苯/mg·m⁻³	≤0.09	≤0.09
氨/mg·m⁻³	≤0.2	≤0.2
TVOC/mg·m⁻³	≤0.5	≤0.6

注：1. 表中污染物浓度测量值，除氡外均指室内测量值扣除同步测定的室外上风向空气测量值（本底值）后的测量值。
　　2. 表中污染物浓度测量值的极限值判定，采用全数值比较法。

5.1.2.4　《建筑材料放射性核素限量》（GB 6566—2010）

《建筑材料放射性核素限量》（GB 6566—2010）规定建筑主体材料中天然放射性核素镭-226、钍-232、钾-40 的放射性比活度应同时满足 $I_{Ra} \leq 1.0$ 和 $I_r \leq 1.0$。对空心率大于25%的建筑主体材料，其天然放射性核素镭-226、钍-232、钾-40 的放射性比活度应同时满足 $I_{Ra} \leq 1.0$ 和 $I_r \leq 1.3$。

对于装饰装修材料，根据放射性水平大小划分为 A、B 和 C 三类。天然放射性核素镭-226、钍-232、钾-40 的放射性比活度同时满足 $I_{Ra} \leq 1.0$ 和 $I_r \leq 1.3$ 要求的为 A 类装饰装修材料，不满足 A 类要求但满足 $I_{Ra} \leq 1.3$ 和 $I_r \leq 1.9$ 要求的为 B 类装饰装修材料，不满足 A、B 类要求但满足 $I_r \leq 2.8$ 要求的为 C 类装饰装修材料。A 类材料产销与使用范围不受限制。B 类装饰装修材料不可用于Ⅰ类民用建筑的内饰面，但可用于Ⅱ类民用建筑物、工业建筑内饰面及其他一切建筑的外饰面。C 类装饰装修材料只可用于建筑物的外饰面及室外其他用途。

5.1.2.5 《工业企业设计卫生标准》（GBZ 1—2010）

《工业企业设计卫生标准》（GBZ 1—2010）规定在工业企业的设计过程中执行的"居住区大气中有害物质的最高允许浓度"标准和"车间空气中有害物质的最高允许浓度"标准，成为工业通风设计和检查效果的重要依据。

居住区大气中有害物质的最高容许浓度的数值，是以居住区大气卫生学调查资料及动物实验研究资料为依据而制定的，鉴于居民中有老、幼、病、弱，且有昼夜接触有害物质的特点，采用了较敏感的指标。这一标准是以保障居民不发生急性或慢性中毒、不引起黏膜的刺激、闻不到异味和不影响生活卫生条件为依据而制定的。

车间空气中有害物质最高容许浓度的数值，是以工矿企业现场卫生学调查、工人健康状况的观察，以及动物实验研究资料为主要依据而制定的。最高允许浓度是指工人在该浓度下长期进行生产劳动，不致引起急性和慢性职业性危害的数据。在具有代表性的采样测定中均不应超过该数值。

5.1.2.6 排放标准

排放标准是对污染源所规定的有害物允许排放量和排放浓度，工业通风排入大气的有害物应符合排放标准的规定，它是在卫生标准基础上制定的。《大气污染物综合排放标准》，规定 33 种大气污染物的排放限值和执行中的各种要求。在我国现有的国家大气污染物排放体系中按照综合性排放标准与行业性排放标准不交叉执行的原则，即除若干行业执行各自的行业性国家大气污染物排放标准外，其余均执行《大气污染物综合排放标准》。《社会生活环境噪声排放标准》也按建筑所处不同声环境功能区给出了噪声排放限值。

5.2 通 风 方 式

5.2.1 通风的分类

通风就是采用自然或机械方法使风可以无阻碍到达房间或密封的环境内，被污染的空气可以直接或经净化后排出室外，使室内达到符合卫生标准及满足生产工艺的要求，以营造卫生、安全等适宜空气环境的技术。通风是一种经济有效的环境控制手段，当建筑物存在大量余热、余湿和有害物质时，应优先使用通风措施加以消除。

建筑通风应从总体规划、建筑设计和工艺等方面采取有效的综合预防和治理措施。对通风过程中不可避免放散的有害或污染环境的物质，在排放前必须采取通风净化措施，并达到国家有关大气环境质量标准和各种污染物排放标准的要求。通风系统可以按照通风系统的作用范围和作用动力进行分类。

（1）按通风系统作用范围可分为：

1）全面通风。全面通风是对整个房间进行通风换气，用送入室内的新鲜空气把房间里的有害物浓度稀释到卫生标准的允许浓度以下，同时把室内被污染的空气直接或经过净化处理后排放到室外大气中去。

2）局部通风。局部通风是采用局部气流，使工作地点不受有害物的污染，从而营造良好的局部工作环境。与全面通风相比，局部通风除了能有效地防止有害物质污染环境和危害人们的身体健康外，还可以大大减少排出有害物所需的通风量。

（2）按照通风系统的作用动力可分为：

1）自然通风。自然通风是利用室外风力造成的风压以及由室内外温度差和高度差产生的热压使空气流动的通风方式。其特点是结构简单、不用复杂的装置和消耗能量，是一种经济地使空气流动的通风方式，应优先采用。

2）机械通风。机械通风是依靠风机提供动力使空气流动，散发大量余热、余湿、烟味、臭味以及有害气体等的。无自然通风条件或自然通风不能满足卫生要求的，或是人员停留时间较长且房间无可开启的外窗的房间或场所应设置机械通风。

5.2.2　自然通风

自然通风对改善人员活动区的卫生条件是最经济有效的方法，应优先利用自然通风控制室内污染物浓度和消除建筑物余热、余湿。对采用自然通风的建筑，应同时考虑热压以及风压的作用，对建筑进行自然通风潜力分析，并依据气候条件设计自然通风策略。

5.2.2.1　自然通风作用原理

当建筑物外墙上的窗孔两侧存在压力差时，压力较高一侧的空气将通过窗孔流到压力较低的一侧。设空气流过窗孔的阻力为 Δp，由伯努利方程：

$$\Delta p = \xi \frac{\rho v^2}{2} \tag{5-1}$$

式中　Δp——窗孔两侧的压力差，Pa；

　　　ρ——空气的密度，kg/m^3；

　　　v——空气通过窗孔时的流速，m/s；

　　　ξ——窗口的局部阻力系数。

通过窗口的空气量可表示为：

$$L = vF = F\sqrt{\frac{2\Delta p}{\xi \rho}} \tag{5-2}$$

式中　L——窗口的空气流量，m^3/s；

　　　F——窗口的面积，m^2。

5.2.2.2　热压作用下的自然通风

设有一建筑物如图5-2所示，在建筑物外墙上开有窗孔 a、b，两窗孔之间的高度差为 h。假设开始时两窗孔外面的静压分别为 p_a、p_b，两窗孔里面的静压分别为 p'_a、p'_b，室内外的空气温度和密度分别是 t_n、t_w 和 ρ_n、ρ_w，当 $t_n > t_w$ 时，$\rho_n < \rho_w$。

如果首先关闭窗孔 b，仅打开窗孔 a，由于窗孔 a 内外的压差使得空气流动，室内外的压力会逐渐趋于一致。当窗子 a 内外的压差 $\Delta p_a = p'_a - p_a = 0$ 时，空气停

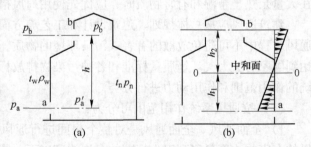

图5-2　热压作用下的自然通风

（a）热压作用原理；（b）余压沿外墙高度上的变化规律

止流动。由流体静力学原理，窗子 b 内外两侧的压差则可表示为：

$$\Delta p_b = p'_b - p_b = (p'_a - gh\rho_n) - (p_a - gh\rho_w)$$
$$= (p'_a - p_a) + gh(\rho_w - \rho_n)$$
$$= \Delta p_a + gh(\rho_w - \rho_n) \tag{5-3}$$

式中　Δp_a——窗孔 a 内外两侧的压差，Pa；

　　　Δp_b——窗孔 b 内外两侧的压差，Pa；

　　　g——重力加速度，m/s^2。

由式 (5-3) 可知，当 $\Delta p_a = 0$ 时，由于 $t_n > t_w$，所以 $\rho_n < \rho_w$，因此窗孔 b 内外两侧的压差 $\Delta p_b > 0$，这时打开窗孔 b，室内空气就会在压差作用下向室外流动。

从上述分析可知，在同时开启窗孔 a、b 的情况下，随着室内空气从窗孔 b 向室外流动，室内静压会逐渐减小，窗孔 a 内外两侧的压差 Δp_a 将从最初等于零变为小于零。这时，室外空气就会在窗孔 a 内外两侧压差的作用下，从窗孔 a 流入室内，直到从窗孔 a 流入室内的空气量等于从窗孔 b 排到室外的空气量时，室内静压才保持为某个稳定值。

把公式 (5-3) 移项整理，窗子 a、b 内外两侧压差的绝对值之和可表示为：

$$\Delta p_b + (- \Delta p_a) = \Delta p_b + |\Delta p_a| = gh(\rho_w - \rho_n) \tag{5-4}$$

式 (5-4) 表明，窗孔 a、b 两侧的压力差是由 $gh(\rho_w - \rho_n)$ 所造成，其大小与室内外空气的密度差 $(\rho_w - \rho_n)$ 和进、排风窗孔的高度差 h 有关，通常把 $gh(\rho_w - \rho_n)$ 称为热压。

在自然通风的计算中，把围护结构内外两侧的压差称为余压。余压为正，窗孔排风；余压为负，窗孔进风。如果室内外空气温度一定，在热压作用下，窗孔两侧的余压与两窗孔间的高差呈线性关系，且从进风窗孔 a 的负值沿外墙逐渐变为排风窗孔 b 的正值。即是在某个高度 0—0 平面的地方，外墙内外两侧的压差为零，这个平面称为中和面。位于中和面以下窗孔是进风窗，中和面以上的窗孔是排风窗。

对于室内发热量较均匀、空间形式较简单的单层大空间民用建筑，可采用简化计算方法确定热压作用的通风量，其室内设计温度宜控制在 12~30℃。简化计算方法见式 (5-5)：

$$G = 3600 \frac{Q}{c(t_p - t_{wf})} \tag{5-5}$$

式中　G——热压作用的通风量，kg/h；

　　　Q——室内的全部余热，kW；

　　　c——空气比热，1.01kJ/（kg·K）；

　　　t_p——排风温度，K；

　　　t_{wf}——夏季通风室外计算温度，K。

对于住宅和办公建筑中，考虑多个房间之间或多个楼层之间的通风，则可采用网络法进行计算。而对于建筑体型复杂或室内发热量明显不均的建筑，可按 CFD 数值模拟方法确定。

5.2.2.3　风压作用下的自然通风

由于建筑物的阻挡，建筑物周围的空气压力将发生变化。在迎风面，空气流动受阻，速度减小，静压升高，室外压力大于室内压力。在背风面和侧面，由于空气绕流作用的影响，静压降低，室外压力小于室内压力。与远处未受干扰的气流相比，这种静压的升高或降低称为风压。静压升高，风压为正，称为正压；静压降低，风压为负，称为负压。图 5-3 是利用风压进行通风的示意图。具有一定速度的风由建筑物迎风面的门窗吹入房间内，同时又把房间中的原有空气从背风面的门、窗压出去（背风面通常为负压）。

建筑物周围的风压分布与该建筑的几何形状和室外风向有关。风向一定时，建筑物外围结构上某一点的风压值 P_f 可根据式（5-6）计算：

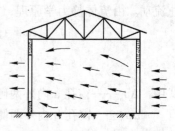

图 5-3　风压作用下的自然通风

$$P_f = k \frac{v_w^2}{2} \rho_w \qquad (5\text{-}6)$$

式中　P_f——风压，Pa；

　　　k——空气动力系数；

　　　v_w——室外空气流速，m/s；

　　　ρ_w——室外空气密度，kg/m³。

民用建筑风压作用的通风量应按过渡季和夏季的自然通风量中的最小值确定，而室外风向应按计算季节中的当地室外最多风向确定，室外风速按基准高度室外最多风向的平均风速确定。当采用 CFD 数值模拟时，应考虑当地地形条件下的梯度风影响。值得注意的是，仅当建筑迎风面与计算季节的最多风向成 45°~90° 角时，该面上的外窗或开口才可作为进风口进行计算。

5.2.2.4　热压和风压同时作用下的自然通风

在大多数工程实际中，建筑物中热压和风压的作用是很难分隔开来的。在风压和热压共同作用的自然通风中，通常热压作用的变化较小，风压的作用随室外气候变化较大，如图 5-4 即为热压和风压同时作用下形成的自然通风。当建筑物受到风压和热压的共同作用时，在建筑物外围护结构各窗孔上作用的内外压差等于其所受到的风压和热压之和。

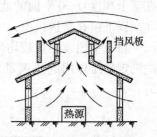

图 5-4　风压和热压作用下的自然通风

建筑的自然通风量受室内外温差，室外风速、风向，门窗的面积、形式和位置等诸多因素的制约，拟采用自然通风为主的建筑物，应依据气候条件优化建筑设计。民用建筑在利用自然通风设计时，应符合下列规定：

（1）利用穿堂风进行自然通风的建筑，其迎风面与夏季最多风向宜成 60°~90° 角，且不应小于 45°。建筑群宜采用错列式、斜列式平面布置形式以替代行列式、周边式平面布置形式。

（2）自然通风应采用阻力系数小、易于操作和维修的进排风口或窗扇。

（3）夏季自然通风用的进风口，其下缘距室内地面的高度不应大于 1.2m；冬季自然通风用的进风口，当其下缘距室内地面的高度小于 4m 时，应采取防止冷风吹向人员活动区的措施。

（4）采用自然通风的生活、工作的房间的通风开口有效面积不应小于该房间地板面积的5%；厨房的通风开口有效面积不应小于该房间地板面积的10%，并不得小于0.60m²。

工业建筑在利用自然通风的设计时，应符合下列规定：

（1）厂房建筑方位应能使室内有良好的自然通风和自然采光，相邻两建筑物的间距一般不宜小于二者中较高建筑物的高度。高温车间的纵轴宜与当地夏季主导风向相垂直，当受条件限制时，其夹角不得小于45°，使厂房能形成穿堂风或能增加自然通风的风压。高温作业厂房平面布置呈 L 形、Ⅱ 形或 Ⅲ 形的，其开口部分宜位于夏季主导风向的迎风面。

（2）以自然通风为主的高温作业厂房应有足够的进风、排风面积。产生大量热气、湿气、有害气体的单层厂房的附属建筑物占用该厂房外墙的长度不得超过外墙全长的30%，且不宜设在厂房的迎风面。

（3）夏季自然通风用的进气窗的下端距地面不宜大于1.2m，以便空气直接吹向工作地点。冬季需要自然通风时，应对通风设计方案进行技术经济比较，并根据热平衡的原则合理确定热风补偿系统容量，进气窗下端一般不宜小于4m。若小于4m时，宜采取防止冷风吹向工作地点的有效措施。

（4）以自然通风为主的厂房，车间大窗设计应满足卫生要求：阻力系数小，通风量大，便于开启，适应不同季节要求，天窗排气口的面积应略大于进风窗口及进风门的面积之和。

（5）高温作业厂房宜设有避风的天窗，天窗和侧窗宜便于开关和清扫。热加工厂房应设置天窗挡风板，厂房侧窗下缘距地面不宜高于1.2m。

此外，结合优化建筑设计，还可通过合理利用各种被动式通风技术强化自然通风。当常规自然通风系统不能提供足够风量的时候，可采用捕风装置加强自然通风。当采用常规自然通风难以排除建筑内的余热、余湿或污染物时，可采用屋顶无动力风帽装置，而无动力风帽的接口直径宜与其连接的风管管径相同。当建筑物不能很好地利用风压或者浮升力不足以提供所需风量的时候，可采用太阳能诱导等通风方式。由于自然通风量很难控制和保证，存在通风效果不稳定的问题，在应用时应充分考虑并采取相应的调节措施。

5.2.3 机械通风

依靠通风机的动力使室内外空气流动的方式称为机械通风。当自然通风不能满足要求时，应采用机械通风，或自然通风和机械通风相结合的复合通风方式。相对自然通风而言，机械通风需要消耗电能，风机和风道等设备会占用一部分面积和空间，初投资和运行费用较大，安装管理较为复杂。而机械通风的优点也是非常明显，机械通风作用压力的大小可根据需要由所选的不同风机来保证，可以通过管道把空气按要求的送风速度送到指定的任意地点，可以从任意地点按要求的排风速度排除被污染的空气，可以组织室内气流的方向，可以根据需要调节通风量和获得稳定通风效果，并根据需要对进风或排风进行各种处理。图5-5所示为某车间的机械送风系统。按照通风系统应用范围的不同，机械通风可分为全面通风和局部通风。

5.2.3.1 局部通风概述

通风的范围限制在有害物形成比较集中的地方，或是工作人员经常活动的局部地区的通风方式，称为局部通风。局部通风系统可分为局部送风和局部排风两大类，它们都是利用局部气流，使工作地点不受有害物污染，以改善工作地点空气条件。

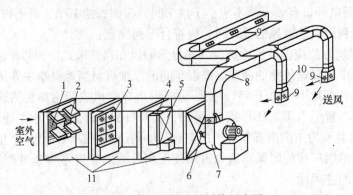

图 5-5 　全面机械送风系统示意图

1—百叶窗；2—保温阀；3—空气过滤器；4—旁通阀；5—空气加热器；
6—启动阀；7—风机；8—通风管；9—送风口；10—调节阀；11—送风小室

A　局部送风

向局部工作地点送风，保证工作区有良好空气环境的方式，称为局部送风。对于空间较大、工作地点比较固定、操作人员较少的生产车间，当用全面通风的方式改善整个车间的空气环境技术困难或不经济时，可用局部送风。局部送风系统又可细分为系统式和分散式两种。图 5-6 是铸造车间系统式局部送风系统图。而这种将冷空气直接送入人作业点的上方，使作业人员沐浴在新鲜冷空气中的局部送风系统也称作空气淋浴。分散式局部送风一般使用轴流风机，适用于对空气处理要求不高、可采用室内再循环空气的地方。

B　局部排风

在局部工作地点排出被污染气体的系统称局部排风，如图 5-7 所示。为了减少工艺设备产生的有害物对室内空气环境的直接影响，将局部排风罩直接设置在产生有害物的设备附近，及时将有害物排入局部排风罩，然后通过风管、风机排至室外，这是污染扩散较小、通风量较小的一种通风方式。应优先采用局部排风，当不能满足卫生要求时，应采用全面排风。局部排风也可以是利用热压及风压作为动力的自然排风。

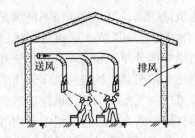

图 5-6 　局部送风系统（空气淋浴）

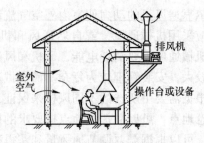

图 5-7 　局部排风系统

C　局部送、排风

局部通风系统也可以采用既有送风又有排风的通风装置，如图 5-8 所示，在局部地点形成一道风幕，利用这种风幕来防止有害气体进入室内，是一种既不影响工艺操作又比单纯排风更为有效的通风方式。

供给工作场所的空气一般直接送至工作地点。对建筑物内放散热、蒸汽或有害物质的

设备，宜采用局部排风。放散气体的排出应根据工作场所
的具体条件及气体密度合理设置排出区域及排风量。含有
剧毒、高毒物质或难闻气味物质的局部排风系统，或含有
较高浓度的爆炸危险性物质的局部排风系统所排出的气体，
应排至建筑物外空气动力阴影区和正压区之外。为减少对
厂区及周边地区人员的危害及环境污染，散发有毒有害气
体的设备所排出的尾气以及由局部排气装置排出的浓度较
高的有害气体应通过净化处理后排出；直接排入大气的，
应根据排放气体的落地浓度确定引出高度。当局部排风达
不到卫生要求时，应辅以全面排风或采用全面排风。

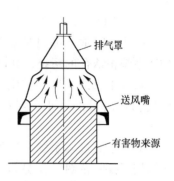

图 5-8 局部送、排风系统

对于逸散粉尘的生产过程，应对产尘设备采取密闭措施，并设置适宜的局部排风除
尘设施对尘源进行控制。需注意的是，防尘的通风措施与消除余热、余湿和有害气体的
情况不同，一般情况下单纯增加通风量并不一定能够有效地降低室内空气中的含尘浓
度，有时反而会扬起已经沉降落地或附在各种表面上的粉尘，造成个别地点浓度过高的
现象。因此，除特殊场合外很少采用全面通风的方式，而是采取局部控制，防止进一步
扩散。

5.2.3.2 全面通风概述

全面通风是在房间内全面地进行通风换气的一种通风方式。全面通风又可分为全面送
风、全面排风和全面送、排风。当车间有害物源分散、工人操作点多、安装局部通风装置
困难或采用局部通风达不到室内卫生标准的要求时，应采用全面通风。

A 全面送风

向整个车间全面均匀进行送风的方式称为全面送风，如图 5-9 所示。全面送风可以利
用自然通风或机械通风来实现。全面机械送风系统利用风把室外大量新鲜空气经过风道、
风口不断送入室内，将室内空气中的有害物浓度稀释到国家卫生标准的允许浓度范围内，
以满足卫生要求。

B 全面排风

在整个车间全面均匀进行排气的方式称为全面排风，如图 5-10 所示。全面排风系统
既可利用自然排风，也可利用机械排风。全面机械排风系统利用全面排风将室内的有害气
体排出，而进风来自不产生有害物的邻室和本房间的自然进风，这样形成一定的负压，可
防止有害物向卫生条件较好的邻室扩散。

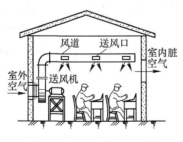

图 5-9 全面机械送风系统

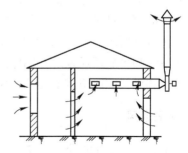

图 5-10 全面机械排风系统

C　全面送、排风

一个车间常常可同时采用全面送风系统和全面排风系统相结合的系统，如图 5-11 所示。对门窗密闭、自行排风或进风比较困难的场所，通过调整送风量和排风量的大小，使房间保持一定的正压或负压。

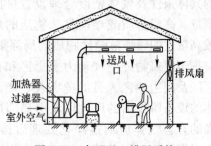

图 5-11　全面送、排风系统

对于全面排风系统，当吸风口设置于房间上部区域用于排除余热、余湿和有害气体时（含氢气时除外），吸风口上缘至顶棚平面或屋顶的距离不大于 0.4m；用于排除氢气与空气混合物时，吸风口上缘至顶棚平面或屋顶的距离不大于 0.1m；而位于房间下部区域的吸风口，其下缘至地板间距不大于 0.3m。因建筑结构造成有爆炸危险气体排出的死角处，还应设置导流设施。

对于机械送风系统，其进风口的位置应设在室外空气较清洁的地点并低于排风口，且相邻排风口应合理布置，避免进风、排风短路。对有防火防爆要求的通风系统，其进风口应设在不可能有火花溅落的安全地点，排风口应设在室外安全处。

D　事故通风

事故通风是为防止在生产生活中突发事故或故障时，可能突然放散的大量有害、可燃或可爆气体、粉尘或气溶胶等物质，可能造成严重的人员或财产损失而设置的排气系统。它是保证安全生产和保障工人生命安全的一项必要措施。要注意的是，事故通风不包括火灾通风。

事故排风的进风口应设在有害气体或有爆炸危险的物质放散量可能最大或聚集最多的地点，且应对事故排风的死角处采取导流措施。事故排风装置的排风口应设在安全处，远离门、窗及进风口和人员经常停留或经常通行的地点，尽可能避免对人员的影响，不得朝向室外空气动力阴影区和正压区。事故排风系统（包括兼作事故排风用的基本排风系统）应根据建筑物可能释放的放散物种类设置相应的检测报警及控制系统，系统手动控制装置应装在室内外便于操作的地点。若放散物包含有爆炸危险的气体时，还应选取防爆的通风设备。

事故通风量宜根据放散物的种类、安全及卫生浓度要求，按全面排风计算确定，要保证事故发生时，控制不同种类的放散物浓度低于国家安全及卫生标准所规定的最高允许浓度，且对于生活场所和燃气锅炉房的事故排风量应按换气次数不应少于 12 次/h 确定，而燃油锅炉房的事故排风量应按换气次数不少于 6 次/h 确定。生产区域的事故通风风量宜根据生产工艺设计要求通过计算确定，但换气次数不宜少于 12 次/h。事故排风宜由经常使用的通风系统和事故通风系统共同保证，而当事故通风量大于经常使用的通风系统所要求的风量时，宜设置双风机或变频调速风机。

5.2.4　全面通风

5.2.4.1　全面通风量的确定

所谓全面通风量是指为了改变室内的温度、湿度或把散发到室内的有害物稀释到卫生标准规定的最高允许浓度以下所需要的换气量。室内全面通风量是满足人员卫生要求、保持室内正压和补充排风、降低各种有害物浓度所必需的。计算通风量主要采用最小新风量法、风量平衡法和换气次数法，计算时应以风量平衡法和质量平衡法为基本方法。

A 为稀释有害物所需的通风量

$$L = \frac{M}{y_p - y_s} \qquad (5-7)$$

式中 L——稀释有害物质所需要全面通风量，m^3/h；

M——有害物散发强度，mg/h；

y_p——室内空气中有害物的最高允许浓度，mg/m^3；

y_s——送风中含有该种有害物质浓度，mg/m^3。

B 为消除余热所需的通风量

$$L = \frac{3600Q}{c\rho(t_p - t_s)} \qquad (5-8)$$

式中 L——除余热所需全面通风量，m^3/h；

Q——室内余热量，kJ/s；

c——空气的质量比热，可取 $1.01kJ/(kg \cdot ℃)$；

t_p——排风温度，$℃$；

t_s——送风温度，$℃$；

ρ——空气密度，kg/m^3，可按式（5-9）近似确定：

$$\rho = \frac{1.293}{1 + \frac{1}{273}t} \approx \frac{353}{T} \qquad (5-9)$$

其中 1.293——$0℃$时干空气的密度，kg/m^3；

t——空气摄氏温度，$℃$；

T——空气的绝对温度，K。

C 消除余湿所需的通风量

$$L = \frac{W}{\rho(d_p - d_s)} \qquad (5-10)$$

式中 L——消除余湿所需全面通风量，m^3/h；

W——余湿量，g/h；

d_p——排风含湿量，$g/kg_{干空气}$；

d_s——送风含湿量，$g/kg_{干空气}$。

国家现行相关标准《工业企业设计卫生标准》（GBZ 1—2010）对多种有害物质同时放散于建筑物内时的全面通风量确定已有规定，可参照执行。当有数种溶剂（苯及其同系物或醇类或醋酸类）的蒸气或数种刺激性气体（三氧化二硫及三氧化硫或氟化氢及其盐类等）同时在室内放散时，全面通风量应按各种气体分别稀释至最高允许浓度所需的空气量的总和计算。除上述有害气体及蒸气外，其他有害物质同时放散于空气中时，通风量仅按需要空气量最大的有害物质计算。

【例 5-1】 某车间内同时散发苯和醋酸乙酯，散发量分别为 60mg/s、120mg/s，求所需的全面通风量。

解 由相关标准查得最高允许浓度为苯 $c_{p1}=40mg/m^3$，醋酸乙酯 $c_{p2}=300mg/m^3$。送风中不含这两种有机溶剂蒸气，故 $c_{s1}=c_{s2}=0$。在 1 个标准大气压下，0℃时，空气的密度为 1.293kg/m³。

苯
$$G_1 = \frac{1.293 \times 60 \times 3600}{40-0} = 6982.2kg/h$$

醋酸乙酯
$$G_2 = \frac{1.293 \times 120 \times 3600}{300-0} = 1861.9kg/h$$

数种有机溶剂的蒸气混合存在，全面通风量为各自所需之和，即

$$G = G_1 + G_2 = 8844.1kg/h$$

当散入室内有害物数量无法具体计算时，全面通风量可按实测数据或类似房间换气次数的经验数据进行计算。换气次数 n 是指通风量 $L(m^3/h)$ 与通风房间体积 $V(m^3)$ 的比值，即 $n=L/V$（次/h）。因此，全面通风量 $L=nV(m^3/h)$。

5.2.4.2 全面通风的气流组织

全面通风的效果不仅与全面通风量有关，还与通风房间的气流组织有关。气流组织设计时，宜根据污染物的特性及污染源的变化，进行优化。组织室内送风、排风气流时，应防止房间之间的无组织空气流动，不应使含有大量热、蒸汽或有害物质的空气流入没有或仅有少量热、蒸汽或有害物质的人员活动区，且不应破坏局部排风系统的正常工作。重要房间或重要场所的通风系统应具备防止以空气传播为途径的疾病通过通风系统交叉传染的功能。全面通风的进、排风应使室内气流从有害物浓度较低地区流向较高的地区，特别是应使气流将有害物从人员停留区带走，如图 5-12 所示。

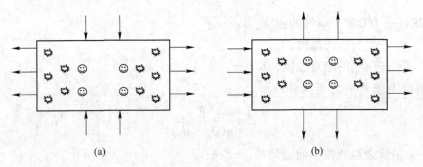

(a)   (b)

图 5-12 气流组织方案
☺—人员所在位置；✿—污染源所在位置

图 5-12 中箭头为空气流动方向，其中（a）方案是将室外空气首先送到人员工作区，再经有害物源排到室外。工作区始终有新鲜空气；（b）方案是将室外空气首先送至有害物源，再流到工作区，使得工作区空气受到污染。因此，合理的气流组织是保证通风效果的重要技术手段。

从立面上看，一般通风房间气流组织的方式有上送上排、下送下排、中间送上下排、上送下排等多种形式。在设计时具体采用哪种形式，要根据有害物源的位置、操作地点、

有害物的性质及浓度分布等具体情况，按下列原则确定：

（1）送风口应尽量接近并首先经过人员工作地点，再经污染区排至室外。

（2）排风口尽量靠近有害物源或有害物浓度高的区域，以利于把有害物迅速从室内排出。

（3）在整个通风房间内，尽量使进风气流均匀分布，减少涡流，避免有害物在局部地区积聚。

工程设计中，通常采用以下的气流组织方式：

（1）如果散发的有害气体温度比周围气体温度高，或受车间发热设备影响产生上升气流时，不论有害气体密度大小，均应采用下送上排的气流组织方式。

（2）如果没有热气流的影响，散发的有害气体密度比周围气体密度小时，应采用下送上排的形式；比周围空气密度大时，应从上下两个部位排出，从中间部位将清洁空气直接送至工作地带。

（3）在复杂情况下，要预先进行模型试验，以确定气流组织方式。因为通风房间内有害气体浓度分布除了受对流气流影响外，还受局部气流、通风气流的影响。

根据上述原则，对同时散发有害气体、余热、余湿的车间，一般采用下送上排的送排风方式。清洁空气从车间下部进入，在工作区散开，然后带着有害气体或吸收的余热、余湿流至车间上部，由设在上部的排风口排出。这种气流组织可将新鲜空气沿最短的路线迅速到达作业地带，途中受污染的可能较小，工人在车间下部作业地带操作，可以首先接触清洁空气。同时这也符合热车间内有害气体和热量的分布规律，一般上部的空气温度或有害物浓度较高。

5.2.4.3 全面通风的热平衡与空气平衡

A 热平衡

热平衡是指室内的总得热量和总失热量相等，以保持车间内温度稳定不变，即：

$$\sum Q_d = \sum Q_s \tag{5-11}$$

式中 $\sum Q_d$——总得热量，kW；

$\sum Q_s$——总失热量，kW。

车间的总得热量包括很多方面，有生产设备散热、产品散热、照明设备散热、采暖设备散热、人体散热、自然通风得热、太阳辐射得热及送风得热等。车间的总得热量为各得热量之和。车间的总失热量同样包括很多方面，有围护结构失热、冷材料吸热、水分蒸发吸热、冷风渗入耗热及排风失热等。对于某一具体的车间得热及失热并不是如上所述的几项都有，应根据具体情况进行计算。

B 空气平衡

空气平衡是指在无论采用哪种通风方式的车间内，单位时间进入室内的空气质量等于同一时间内排出的空气质量，即通风房间的空气质量要保持平衡。

通风方式按工作动力分为机械通风和自然通风两类。因此，空气平衡的数学表达式为：

$$G_{zj} + G_{jj} = G_{zp} + G_{jp} \tag{5-12}$$

式中　G_{zj}——自然进风量，kg/s；

　　　G_{jj}——机械进风量，kg/s；

　　　G_{zp}——自然排风量，kg/s；

　　　G_{jp}——机械排风量，kg/s。

　　如果在车间内不组织自然通风，当机械进风量、排风量相等（$G_{jj} = G_{jp}$）时，室内外压力相等，压差为零。当机械进风量大于机械排风量（$G_{jj} > G_{jp}$）时，室内压力升高，处于正压状态。反之，室内压力降低，处于负压状态。由于通风房间不是非常严密的，当处于正压状态时，室内的部分空气会通过房间不严密的缝隙或窗户、门洞等渗到室外，空气渗到室外称为无组织排风。当室内处于负压状态时，会有室外空气通过缝隙、门洞等渗入室内，空气渗入室内称为无组织进风。

　　为保持通风的卫生效果，对于产生有害气体和粉尘的车间，为防止其向邻室扩散，要在室内形成一定的负压，使机械进风量略小于机械排风量（一般相差 10%～20%），不足的进风量由来自邻室和本房间的自然渗透补偿。对于清洁度要求较高的房间，要保持正压状态，使机械进风量略大于机械排风量（一般为 10%～20%），阻止外界的空气进入室内。处于负压状态的房间，负压不应过大，否则会导致不良后果，见表5-6。

表5-6　室内负压引起的危害

负压/Pa	风速/m·s^{-1}	危　　害
2.45～4.9	2～2.9	使操作者有吹风感
2.45～12.25	2～4.5	自然通风的抽力下降
1.9～12.25	2.9～4.5	燃烧炉出现逆火
7.35～12.25	3.5～6.4	轴流式排风扇工作困难
12.25～49	4.9～9	大门难以启闭
12.25～61.25	6.4～10	局部排风系统能力下降

　　在冬季为保证排风系统能正常工作，避免大量冷空气直接渗入室内，机械排风量大的房间，必须设机械送风系统，生产车间的无组织进风量以不超过一次换气为宜。

　　在保证室内卫生条件的前提下，为了节省能量，提高通风系统的经济效益，进行车间通风系统设计时，可采取下列措施：

　　（1）设计局部排风系统时，在保证效果的前提下，尽量减少局部排风量，以减小车间的进风量和排风热损失。

　　（2）机械进风系统在冬季应采用较高的送风温度。直接吹向工作地点的空气温度，不应低于人体表面温度（33℃左右），最好在 37～50℃ 之间。可避免工人有冷风感，同时可减少进风量。

　　通风系统的平衡问题是一个动平衡问题，室内温度、送风温度、送风量等各种因素都会影响平衡。要保持室内的温度和有害物浓度满足要求，必须保持热平衡和空气平衡，前面介绍的全面通风量公式就是建立在空气平衡和热、湿、有害气体平衡的基础上，它们只用于较简单的情况。实际的通风问题比较复杂，有时进风和排风同时有几种形式和状态，有时要根据排风量确定进风量，有时要根据热平衡的条件确定送风参数等。对这些问题都必须根据空气平衡、热平衡条件进行计算。下面通过例题说明如何根据空气平衡、热平衡，计算机械进风量和进风温度。

【例 5-2】 已知某车间内生产设备散热量为 $Q_1 = 70kW$，围护结构失热量 $Q_2 = 78kW$，车间上部天窗排风量 $L_{zp} = 2.4m^3/s$，局部机械排风量 $L_{jp} = 3.2m^3/s$，自然进风量 $L_{zj} = 1m^3/s$，车间工作区温度为 22℃，自然通风排风温度为 25℃，外界空气温度 $t_w = -12℃$，上部天窗中心高 16m。求：（1）机械进风量 G_{jj}；（2）机械送风温度 t_{jj}；（3）加热机械进风所需的热量 Q_3。

解　列空气平衡和热平衡方程：

$$G_{zj} + G_{jj} = G_{zp} + G_{jp}$$

根据 $t_n = 22℃$，$t_w = -12℃$，$t_{zp} = 25℃$，查得 $\rho_n = 1.197kg/m^3$，$\rho_w = 1.353kg/m^3$，$\rho_{zp} = 1.185kg/m^3$。

$$G_{jj} = G_{zp} + G_{jp} - G_{zj} = 2.4 \times 1.185 + 3.2 \times 1.197 - 1 \times 1.353 = 5.32kg/s$$

$$t_{jj} = [78 + 1.01 \times 25 \times 2.4 \times 1.185 + 1.01 \times 22 \times 3.2 \times 1.197 - 70 - 1.01 \times (-12) \times 1 \times 1.3531]/(1.01 \times 5.32) = 33.75℃$$

$$Q_3 = C_p G_{jj}(t_{jj} - t_w) = 1.01 \times 5.32 \times [33.75 - (-12)] = 245.8kW$$

5.3　建筑防火排烟

5.3.1　建筑火灾烟气的特性

火灾是一种多发性灾难，一旦发生，会导致巨大的经济损失和人员伤亡。建筑物一旦发生火灾，就有大量的烟气产生，这是造成人员伤亡的主要原因。

5.3.1.1　建筑火灾烟气的成分和特性

火灾烟气是指发生火灾时物质在燃烧和热分解作用下生成的产物与剩余空气的混合物。火灾发生时，在一定温度下，可燃材料受热分解成游离碳和挥发性气体。然后游离碳和可燃成分与氧气发生剧烈化学反应，并放出大量的热量，即出现燃烧现象。不完全燃烧产生的烟气是由悬浮固体碳粒、液体碳粒和气体组成的混合物，其中的悬浮团体碳粒和液体碳粒称为烟粒子。在温度较低的初燃阶段主要是液态粒子，呈白色和灰白色；温度升高后，产生游离碳微粒，呈黑色。烟粒子的粒径一般为 0.01～10μm，是可吸入粒子。

烟气的化学成分及发生量与建筑材料性质、燃烧条件等有关，其主要成分有 CO_2、CO、水蒸气及氰化氢（HCN）、氨（NH_3）、氯（Cl）、氯化氢（HCl）、光气（$COCl_2$）等气体。烟气中 CO、HCN、NH_3 等都是有毒性的气体，少量即可致死。而光气在空气中浓度不小于 50×10^{-6} 时，在短时间内就能致人死亡。

燃烧产生大量热量，火灾初期 5～20min 烟气温度可达 250℃，燃烧加剧烟气温度迅速可达 500℃。火灾生成大量烟气及受热膨胀导致着火区域的空气压力增高，一般平均高出其他区域 10～15Pa，短时间内可达到 35～40Pa。着火区域的正压使烟气快速蔓延，燃烧的高温使金属材料和结构强度降低，导致结构坍塌。燃烧消耗了空气中的氧气，致人呼吸缺氧。空气中含氧量（质量分数）不大于 6%、CO_2 浓度不小于 20%、CO 浓度不小于 1.3% 时，都会在短时间内致人死亡。

此外，由于烟气遮挡，致使光线强度减弱，能见距离缩短不利于疏散，使人感到恐怖，造成局面混乱，降低人们的自救能力，同时也影响消防人员的救援工作。因此，及时排除烟气,对保证居民安全疏散、控制烟气蔓延和便于扑救火灾都具有重要作用。

5.3.1.2　火灾烟气的流动规律

建筑物发生火灾后,烟气在建筑物内不断流动传播,不仅导致火灾蔓延,也引起人员恐慌,影响疏散与扑救。引起烟气流动的因素有扩散、浮力、烟囱效应、热膨胀、风力、通风空调系统等。

A　浮力引起的烟气流动

着火房间温度升高,空气和烟气的混合物密度减小,与相邻的走廊、房间或室外的空气形成密度差,也会引起烟气流动。这是烟气在室内水平方向流动的原因之一。

烟气在走廊内流动过程中受顶棚和墙壁的冷却作用,靠墙的烟气将逐渐下降,形成走廊的周边都是烟气的现象。浮力作用还将通过楼板上的缝隙向上层渗透。

B　烟囱效应引起的烟气流动

当内外空气有温差时,空气在密度差的作用下沿着垂直通道内(楼梯间、电梯间)向上或向下流动而形成的加强对流现象,称为烟囱效应。烟囱效应的强度与烟囱的高度、内外温度差距以及内外空气流通的程度有关。由于烟囱效应的作用,建筑中的共享中庭、竖向通风风道、楼梯间等竖向结构,即从底部到顶部具有通畅流通空间的建筑结构中,空气(包括烟气)依靠密度差的作用,沿着通道快速进行扩散或排出建筑物。建筑物发生火灾后,当出现烟囱效应的时候,由于烟气温度较高,烟火沿着竖直通道的上升速度非常快,并在建筑物内横向流动蔓延传播。图 5-13 表示了火灾烟气在烟囱效应作用下引起的传播。

图 5-13(a)是表示室外温度 t_w 小于楼梯间内的温度 t_1 的情况。当着火层在中和面以下时,火灾烟气将传播到中和面以上各层中去,而且随着温度较高的烟气进入垂直通道,烟囱效应和烟气的传播将增强。如果层与层之间没有缝隙渗漏烟气,中和面以下除了着火层以外的各层是无烟的。当着火层向外的窗户开启或爆裂,烟气逸出,通过窗户进入上层房间。当着火层在中和面以上时,如无楼层间的渗透,除了火灾层外基本上是无烟的。

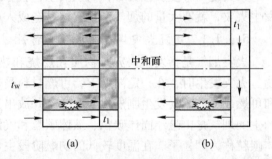

图 5-13　烟囱效应引起烟气流动
(a) $t_w < t_1$; (b) $t_w > t_1$

图 5-13(b)是 $t_w > t_1$ 的情况,建筑物内产生逆向烟囱效应。当着火层在中和面以下时,如果不考虑层与层之间通过缝隙的传播。除了着火层外,其他各层都无烟。当着火层在中和面以上时,火灾开始阶段烟气温度较低,则烟气在逆向烟囱效应的作用下传播到中和面以下的各层中去。一旦烟气温度升高后,密度减小,浮力的作用超过了逆向烟囱效应,烟气转而向上传播。建筑的层与层之间楼板上总是有缝隙(如在管道通过处),则在上下层房间压力差作用下烟气也将渗透到其他各层中去。

C　热膨胀引起的烟气流动

当火灾发生时,燃烧产生大量烟气及受热膨胀的空气量,导致着火区域的压力增高。一般平均高出其他区域 10~15Pa,短时间内可达到 35~40Pa。对于门窗开启的房间,烟气通过门窗上部等处向外流出，温度较低的外部空气流入，体积膨胀而产生的压力可以忽略不计。但对于门窗关闭的房间，将可产生很大的压力，而高温烟气会通过门窗缝隙等向外喷射甚至爆炸，从而使烟气向非着火区传播。

D　风力作用下的烟气流动

建筑物在风力作用下，迎风侧产生正压，而在建筑侧或背风侧，将产生负压。当着火房间在正压侧时，将引导烟气向负压侧的房间流动。反之，当着火房间在负压侧时，风压将引导烟气向室外流动。

E　通风空调风道系统引起的烟气流动

通风空调系统的风道是烟气传播可能的通道。当通风空调系统运行时，烟气可能从回风口、新风口等处进入风道系统，烟气随着管道气流流动传播。

建筑物内火灾的烟气是在上述多因素共同作用下流动、传播。各种作用有时相互叠加，有时相互抵消，而且随着火灾的发展，各种因素都在变化着。另外，火灾的燃烧过程也各有差异，因此要确切地用数学模型来描述烟气在建筑物内动态的流动状态是相当困难的。但是了解这些因素作用的规律，有助于正确的采取防烟、防火措施。

5.3.2　火灾烟气控制原则

建筑防火排烟的目的是在火灾发生时，使烟气合理流动，防止或延缓烟气侵入作为疏散通道的走廊、楼梯间前室、楼梯间，创造无烟或烟气含量极低的疏散通道或安全区，保护建筑室内人员从有害的烟气中安全疏散。烟气控制的主要方法有隔断阻挡、疏导排烟和加压防烟。

5.3.2.1　隔断或阻挡

A　防火分隔

在确定建筑设计的防火要求时，贯彻"预防为主，防消结合"的消防工作方针，根据建筑物的使用功能、空间与平面特征和使用人员的特点，针对不同建筑及其使用功能的特点和防火、灭火需要，综合考虑，合理确定建筑物的防火间距、平面布局、耐火等级和构件的耐火极限，对建筑内不同使用功能场所之间进行防火分隔，设置合理的安全疏散设施与有效的灭火、报警与防排烟等设施，以控制和扑灭火灾，保护人身安全，减少火灾危害。

根据民用建筑的建筑高度和层数分为单层、多层民用建筑和高层民用建筑。高层民用建筑根据其建筑高度、使用功能和楼层的建筑面积分为一类和二类。而根据其建筑高度、使用功能、重要性和火灾扑救难度等确定，民用建筑的耐火等级可分为一级、二级、三级、四级。民用建筑的分类应符合表 5-7 的规定。

表 5-7　民用建筑的分类

名称	高层民用建筑		单层、多层民用建筑
	一类	二类	
住宅建筑	建筑高度大于 54m 的住宅建筑（包括设置商业服务网点的住宅建筑）	建筑高度大于 27m，但不大于 54m 的住宅建筑（包括设置商业服务网点的住宅建筑）	建筑高度不大于 27m 的住宅建筑（包括设置商业服务网点的住宅建筑）

名称	高层民用建筑		单层、多层民用建筑
	一类	二类	
公共建筑	（1）建筑高度大于 50m 的公共建筑； （2）建筑高度 24m 以上部分任一楼层建筑面积大于 1000m² 的商店、展览、电信、邮政、财贸金融建筑和其他多种功能组合的建筑； （3）医疗建筑、重要公共建筑； （4）省级及以上的广播电视和防灾指挥调度建筑、网局级和省级电力调度建筑； （5）藏书超过 100 万册的图书馆、书库	除一类高层公共建筑外的其他高层公共建筑	（1）建筑高度大于 24m 的单层公共建筑； （2）建筑高度不大于 24m 的其他公共建筑

防火分区是指为了在建筑内部专门采用防火墙、楼板及其他防火分隔设施分隔而成，能在一定时间内防止火灾向同一建筑的其余部分蔓延分隔而出的局部空间。民用建筑的防火分区之间应采用防火墙分隔，确有困难时，可采用防火卷帘等防火分隔设施分隔。

不同耐火等级民用建筑的允许建筑高度或层数、防火分区最大允许建筑面积见表 5-8。其中，当建筑内设置自动灭火系统时，防火分区最大允许建筑面积可增大 1.0 倍。若局部设置自动灭火系统时，防火分区的增加面积可按该局部面积的 1.0 倍计算。裙房与高层建筑主体之间设置防火墙时，裙房的防火分区可按单层、多层建筑的要求确定。当建筑内设置中庭、自动扶梯、敞开楼梯等上下层相连通的开口时，其防火分区的建筑面积应按上下层相连通的建筑面积叠加计算。当叠加计算后的建筑面积大于规定时，与周围连通空间应进行防火分隔并采取更严格措施。

表 5-8　不同耐火等级民用建筑的允许建筑高度或层数、防火分区最大允许建筑面积

名　称	耐火等级	允许建筑高度或层数	防火分区的最大允许建筑面积/m²	备　注
高层民用建筑	一级、二级	按表 5-7 确定	1500	对于体育馆、剧场的观众厅，防火分区的最大允许建筑面积可适当增加
单层、多层民用建筑	一级、二级		2500	
	三级	5 层	1200	
	四级	2 层	600	
地下或半地下建筑（室）	一级	—	500	设备用房的防火分区最大允许建筑面积不应大于 1000m²

一级、二级耐火等级建筑内的商店营业厅和展览厅设置在高层建筑内时，其每个防火分区的最大允许建筑面积不应大于 4000m²；设置在单层建筑或仅设置在多层建筑的首层内时，不应大于 10000m²；设置在地下或半地下时，不应大于 2000m²。总建筑面积大于 20000m² 的地下或半地下商店，应采用无门、窗、洞口的防火墙，耐火极限不低于 2.00h 的楼板分隔为多个建筑面积不大于 20000m² 的区域。相邻区域确需局部连通时，应采用下沉式广场等室外开敞空间、防火隔间、避难走道、防烟楼梯间等方式进行连通，而下沉式广场等室外开敞空间应能防止相邻区域的火灾蔓延和便于安全疏散，防火隔间的墙应为耐火极限不低于 3.00h 的防火隔墙，防烟楼梯间的门应采用甲级防火门。

建筑内的电缆井、管道井、排烟道、排气道、垃圾道等竖向井道，应分别独立设置，且应在每层楼板处采用不燃材料或防火封堵材料封堵，在需与房间、走道等相连通的孔隙处应采用防火封堵材料封堵。而建筑内受高温或火焰作用易变形的管道，在贯穿楼板部位和穿越防火隔墙的两侧也宜采取阻火措施。建筑屋顶上的开口与邻近建筑或设施之间，也应采取防止火灾蔓延的措施。

对于厂房仓库等类型的建筑物，根据生产的火灾危险性类别、厂房的耐火等级、厂房的层数位置不同、厂房的允许层数和每个防火分区的最大允许建筑面积不同，对于防火分区分隔的方法与民用建筑也有所区别。除为满足民用建筑使用功能所设置的附属库房外，民用建筑内也不应设置生产车间和其他库房。经营、存放和使用甲类、乙类火灾危险性物品的商店、作坊和储藏间，严禁附设在民用建筑内。

B 防烟分区

所谓防烟分区（smoke bay）是指在设置排烟措施的过道、房间中，用隔墙或其他措施（可以阻挡和限制烟气的流动）分隔形成的具有一定蓄烟能力的空间。同一个防烟分区应采用同一种排烟方式。防烟分区不应跨越防火分区，一般不应跨越楼层，确需跨越时应尽可能按功能划分。需设置机械排烟设施且室内净高不超过 6m 的场所应划分防烟分区。每个防烟分区的建筑面积不宜超过 500m²，车库不宜超过 2000m²。防烟分区可采用挡烟垂壁、隔墙、顶棚下突出不小于 500mm 的结构梁进行划分，其中梁或挡烟垂壁距室内地面的高度不宜小于 2.0m。挡烟垂壁可以是固定的，也可以是活动的。顶棚采用非燃烧材料时，顶棚内空间可不隔断，否则顶棚内空间也应隔断。图 5-14 为用梁或挡烟垂壁阻挡烟气流动。挡烟措施在有排烟时才有效，否则随着烟气量增加，积聚在上部的烟气将会跨越障碍而逸出防烟分区。

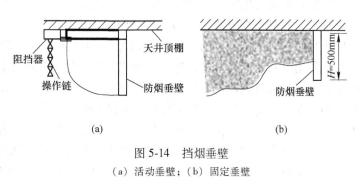

图 5-14 挡烟垂壁
（a）活动垂壁；（b）固定垂壁

防烟分区的排烟口距最远点的水平距离不应超过 30m。防烟分区的排烟口或排烟阀应与排烟风机联锁，当任一排烟口（阀）开启时，排烟风机应能自动启动。当火灾确认后，同一排烟系统中着火的防烟分区中的排烟口（阀）应呈开启状态，其他防烟分区的排烟口应呈关闭状态。

吹吸式空气幕是一种柔性隔断，它既能有效阻挡烟气的流动，而又允许人员自由通过。吹吸式空气幕的隔断效果是各种形式中最好的，但费用相对较高。

5.3.2.2 疏导排烟

在发生火灾时，着火区和疏散通道需要排烟。着火区排烟的目的是将火灾发生的烟气（包括空气受热膨胀的体积）排到室外，不使烟气流向非着火区，以利于着火区的人员疏散及救火人员的扑救。对于疏散通道的排烟是为了排除可能侵入的烟气，以保证疏散通道无烟或少烟，以利于人员安全疏散及救火人员通行。民用建筑下列部位应设置排烟设施：

（1）高层建筑面积超过 $100m^2$、非高层公共建筑中建筑面积大于 $300m^2$ 且经常有人停留或可燃物较多的地上房间。

（2）总建筑面积大于 $200m^2$ 或一个房间建筑面积大于 $50m^2$ 且经常有人停留或可燃物较多的地下、半地下建筑或地下室、半地下室。

（3）多层建筑设置在一、二、三层且房间建筑面积大于 $200m^2$ 或设置在四层及四层以上或地下、半地下的歌舞娱乐放映游艺场所；高层建筑内设置在首层或二、三层以及设置在地下一层的歌舞娱乐放映游艺场所。

（4）长度超过 20m 的疏散走道；多层建筑中的公寓、通廊式居住建筑长度大于 40m 的地上疏散走道。

（5）中庭。

（6）非高层民用建筑及高度大于 24m 的单层公共建筑中，建筑占地面积大于 $100m^2$ 的地上丙类仓库。

（7）汽车库。

建筑中排烟可采用自然排烟方式或机械排烟方式。利用自然作用力的排烟称为自然排烟，利用机械（风机）作用力的排烟称为机械排烟。

A   自然排烟

自然排烟是利用热烟气产生的浮力、热压或其他自然作用力使烟气排出室外，如图 5-15 所示。这种排烟方式设施简单，投资少，日常维护工作少，操作容易，在符合条件时宜优先采用。自然排烟有两种方式：（1）利用外窗或专设的排烟口排烟；（2）利用竖井排烟。利用可开启的外窗进行排烟，如果外窗不能开启或无外窗，可以专设排烟口进行自然排烟，专设的排烟口也可以就是外窗的一部分，但它在火灾时可以人工开启或自动开启，如图 5-15（a）所示。开启的方式也有多样，如可以绕一侧轴转动，或绕中轴转动等。图 5-15（b）是利用专设的竖井，即相当于专设一个烟囱：各层房间设排烟风口与之相连接，当某层起火有烟时，排烟风口自动或人工打开，热烟气即可通过竖井排到室外。这种排烟方式实质上是利用烟囱效应的作用。在竖井的排出口设避风风帽，还可以利用风压的作用。但是由于烟囱效应产生的热压很小，而排烟量又大，因此需要竖井的截面和排烟风口的面积都很大。

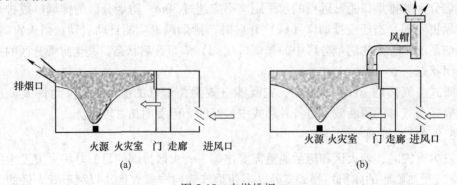

图 5-15 自燃排烟

（a）窗口排烟；（b）利用竖井排烟

因此，除建筑高度超过 50m 的一类公共建筑和超过 100m 的居住建筑外，靠外墙的防烟楼梯间及其前室、消防电梯间前室和合用前室等需设置防烟设施的部位且可开启外窗面积满足自然通风要求时，宜优先采用自然通风方式。对于需设置排烟设施的场所，如需设置排烟设施且具备自然排烟条件的地下和地上房间等、多层建筑中的中庭及高层建筑中净空高度小于 12m 的中庭、建筑面积小于 2000m² 的地下汽车库等，若满足自然排烟条件时，尽量优先采用自然排烟方式。

燃烧产生的烟气量和烟气温度与可燃物质的性质、数量、燃烧条件、燃烧过程等有关。而对外洞口的内外压差又与整个建筑的烟囱效应大小、着火房间所处楼层、风向、风力、烟气温度、建筑内隔断的情况等因素有关。因而，自然排烟对外的开门有效面积，理应根据需要的排烟量及可能有的自然压力来确定。采用自然通风方式时，防烟楼梯间前室、消防电梯间前室的自然通风口净面积不应小于 2.0m²，合用前室不应小于 3.0m²。靠外墙的防烟楼梯间，每五层内可开启外窗的总面积之和不应小于 2.0m²，且顶层可开启面积不宜小于 0.8m²。避难层（间）应设有两个不同朝向的可开启外窗或百叶窗且每个朝向的自然通风面积不应小于 2.0m²。需要排烟的房间、疏散走道可开启外窗总面积不应小于其地面面积的 2%，中庭、剧场舞台的不应小于其地面面积的 5%，其他场所的宜取该场所建筑面积的 2%～5%，建筑面积大于 500m² 且净空高度大于 6m 的大空间场所，则不应小于该场所地面面积的 5%。

自然排烟口应设置在排烟区域的屋顶上或外墙上方。当设置在外墙上时，排烟口底标高不宜低于室内净高度的 1/2，并应有方便开启的装置。自然通风口的开启方向应沿火灾气流方向开启。自然排烟口距该防烟分区最远点的水平距离不应超过 30m。

B　机械排烟

机械排烟是使用排烟风机将火灾产生的烟气排到室外的排烟方式。机械排烟的优点是不受如内外温差、风力、风向、建筑特点、着火区位置等外界条件的影响，能有效地保证疏散通道，使烟气不向其他区域扩散，且能保证稳定的排烟量。但机械排烟的设施费用高，需要定期保养维修。

布置机械排烟系统时，横向宜按防火分区设置，车库宜按每个防烟分区设置，而超过 32 层或建筑高度超过 100m 的高层建筑的排烟系统应分段设计。排烟管道不应穿越前室或楼梯间，垂直管道宜设置在管井中。排烟口或排烟阀应按防烟分区设置，而防烟分区的排烟口距最远点的水平距离不应超过 30m，且宜使气流方向与人员疏散方向相反，其安装位置应设置在顶棚或靠近顶棚的墙面上，且与附近安全出口的最小距离不应小于 1.5m。设在顶棚上的排烟口距可燃构件或可燃物的距离不应小于 1.0m。在多层建筑中，设置机械排烟系统的地下、半地下场所，除歌舞娱乐放映游艺场所和建筑面积大于 50m² 的房间外，排烟口可设置在疏散走道。

机械排烟系统必须有比烟气生成量大的排风量，才有可能使着火区产生一定负压。民用建筑中，设置机械排烟设施的部位，其排烟风机的排烟量应符合表 5-9 的规定。排烟风机可采用离心风机或排烟专用的轴流风机，应保证在 280℃ 时能连续工作 30min。排烟风机的排烟量应考虑 10%～20% 的漏风量，其全压应满足排烟系统最不利环路的要求。排烟风机宜设置在排烟系统的上部。

表 5-9 排烟风机的排烟量

条件和设置场所		单位排烟量 /m³·(h·m²)⁻¹	换气次数 /次·h⁻¹	备 注
担负 1 个防烟分区		≥60	—	风机排烟量不应小于7200m³/h
室内净高大于 6m 且不划分防烟分区的空间		≥60	—	应按最大防烟分区面积确定
担负 2 个及 2 个以上防烟分区		≥120	—	
中庭	体积≤17000m³	—	6	其最小排烟量不应小于102000m³/h
	体积>17000m³	—	4	
电影院、剧场观众厅		90	13	取两者中的大值
汽车库		—	6	

在地下建筑和地上密闭场所中设置机械排烟系统时，应同时设置补风系统，其补风量不宜小于排烟量的 50%。补风可采用自然补风或机械补风方式，空气宜直接从室外引入。根据补风形式不同，机械排烟又可分为两种方式：机械排烟自然进风和机械排烟机械进风，图 5-16（a）、（b）分别表示了这两种形式。补风送风口设置位置宜远离排烟口，二者的水平距离不应小于 5m。

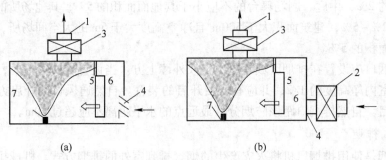

图 5-16 机械排烟方式

（a）机械排烟自然进风；（b）机械排烟机械进风

1—排烟口；2—送风风机；3—排烟风机；4—送风口；5—房门；6—走廊；7—火源

在排烟过程中，当烟气温度达到或超过 280℃ 时，烟气中已带火，如不停止排烟，烟火就可能扩大到其他地方而造成新的危害。排烟管道水平穿越其他防火分区处，和竖向穿越防火分区时与垂直风管连接的水平管道，应设 280℃ 能自动关闭的防火阀。排烟支管上和排烟风机入口处的总管上，应设置当烟气温度超过 280℃ 时能自行关闭的排烟防火阀。当火灾确认后，同一排烟系统中着火的防烟分区中的排烟口（阀）应呈开启状态，排烟风机应联锁自动启动，其他防烟分区的排烟口应呈关闭状态。排烟区域所需补风系统应与排烟系统联动开停。排烟系统如图 5-17 所示。

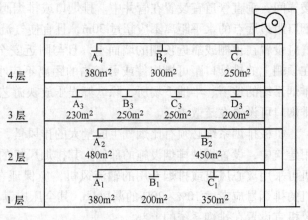

图 5-17 排烟系统示意图

机械排烟系统与通风、空气调节系统宜分开设置。当合用时，必须采取可靠的防火安全措施，系统管道、风口、阀件和风机等均应满足排烟系统的要求，管道保温应采用不燃材料。

5.3.2.3 加压防烟

加压防烟是利用风机将一定量的室外空气送入房间或通道内，使室内保持一定正压力，使门洞处有一定流速，以避免烟气侵入。建筑高度超过50m的一类公共建筑和建筑高度超过100m的居住建筑的不宜自然通风防烟楼梯间及其前室、消防电梯前室或合用前室等，人民防空工程避难走道的前室，不具备自然排烟条件的防烟楼梯间和消防电梯的前室或合用前室、高层建筑的封闭避难层（间）等场所，应设置独立的机械加压送风的防烟设施。另外，高层建筑防烟楼梯间及其前室、消防电梯间前室或合用前室，当裙房以上部分利用可开启外窗进行自然排烟，裙房部分不具备自然排烟条件时其前室或合用前室应设置局部正压送风系统。

在进行机械加压送风系统设计时，防烟楼梯间和合用前室的机械加压送风系统宜分别独立设置，塔式住宅设置一个前室的剪刀楼梯应分别设置加压送风系统。地上和地下部分在同一位置的防烟楼梯间需设置机械加压送风时，加压送风系统宜分别设置。人民防空工程避难走道的前室、防烟楼梯间及其前室或合用前室的机械加压送风系统宜分别独立设置，当需要共用系统时，应在支管上设置压差自动调节装置。建筑层数超过32层或建筑高度大于100m时，其送风系统及送风量应分段设计。

机械加压送风系统的全压，除计算的最不利环管道压头损失外，还应有余压。封闭楼梯间、防烟楼梯间的余压值应为40~50Pa，防烟楼梯间前室或合用前室、消防电梯前室、封闭避难层（间）的余压值应为25~30Pa，人民防空工程避难走道的前室与走道之间的压差应为25~30Pa。加压送风系统的余压值超过上述规定较多时，宜根据实际情况设置泄压阀或是旁通阀等装置调节。避难走道的前室的机械加压送风量应按前室入口门洞风速不小于1.2m/s计算确定，而封闭避难层（间）的机械加压送风量应按避难层净面积每平方米不小于30m³/h计算。

机械加压送风防烟系统的加压送风量应经计算确定。常用的基本计算方法如下所述。

（1）压差法。当疏散通道门关闭时，加压部位保持一定的正压值所需送风量。

$$L_y = 0.827A\Delta P^{1/n} \times 1.25 \times 3600 \tag{5-13}$$

式中 L_y—— 加压送风，m^3/h；

0.827——漏风系数；

A——门、窗缝隙的总有效漏风总面积，m^2；门缝宽度：疏散门 0.002~0.004m，电梯门 0.005~0.006m；

ΔP——压力差，Pa；疏散楼梯间取 40~50Pa；前室、消防电梯前室、合用前室取 25~30Pa；

n——指数（一般取2）；

1.25——不严密处附加系数。

（2）开启着火层疏散门时，为保持门洞处风速所需的送风量：

$$L_v = \frac{nFv(1+b)}{a} \times 3600 \tag{5-14}$$

式中 L_v——加压送风量，m^3/h；

　　F——疏散门开启的断面积，m^2；

　　v——开启门洞处的平均风速，m/s，取 0.7~1.2m/s；

　　a——背压系数，根据加压间密封程度取 0.6~1.0；

　　b——漏风附加率，取 0.1~0.2；

　　n——同时开启门的计算数量，对于多层建筑和20层以下的高层建筑取2，20层及
　　　　20层以上取3。

应注意：

1）当前室有2个或2个以上门时，其风量按计算数值乘以 1.50~1.75 确定，开启门时，通过门的风速不应小于 0.7m/s。

2）在多层建筑中，若地下仅有一层疏散楼梯间，按上述公式计算时，公式中 n 取1，通过门洞处的风速 v 应适当加大，宜取 0.9~1.2m/s。计算数值直接取用（不与表5-10比较）。

表 5-10　机械加压送风量

序号	条件和部位		加压送风量/$m^3 \cdot h^{-1}$		图　例
			<20层	20~32层	
1	对防烟楼梯间加压（前室不送风）	高层	25000~30000	35000~40000	
		非高层	25000		
2	前室或合用前室自然排烟（防烟楼梯间不具备自然排烟条件）对防烟楼梯间加压	高层	25000~30000	35000~40000	
		非高层	25000		
3	防烟楼梯间及其合用前室分别加压送风	楼梯间 高层	16000~20000	20000~25000	
		楼梯间 非高层	16000	—	
		合用前室 高层	12000~16000	18000~22000	
		合用前室 非高层	13000		
4	消防电梯前室	高层	15000~20000	22000~27000	
		非高层	15000		
5	防烟楼梯间自然排烟前室或合用前室加压	高层	22000~27000	28000~32000	
		非高层	22000		

注：1. 表5-10的风量数值系按开启宽×高= 1.6m×2.0m 的双扇门为基础的计算值。当采用单扇门时，其风量宜按表列数值乘以 0.75 确定；当前室有2个或2个以上门时，其风量应按表列数值乘以 1.50~1.75 确定。开启门时，通过门的风速不宜小于 0.7m/s。2. 风量上下限选取应按层数、风道材料、防火门漏风量等因素综合比较确定。

根据式（5-13）和式（5-14）分别算出的风量，取其中的大值，再与表5-10规定的数值相比较，取其中大值作为系统计算加压送风量。

民用建筑防烟楼梯间的加压送风口宜每隔2或3层设置一个，合用一个风道的剪刀楼梯应每层设置一个，而每个风口的有效面积应按风口数量均分系统总风量确定。前室或合用前室的加压送风口应每层设置一个，每个送风口的有效面积，通常按火灾着火层及其上下相邻两层的3个风口均分计算确定（开启门时，通过门的风速不宜小于0.7m/s），也可设定为火灾时着火层及其上一层的2个风口均分计算确定。需注意机械加压送风口不宜设置在被门挡住的部位。防烟楼梯间的加压送风口可采用自垂百叶式或常开百叶式风口，并应在加压风机压出段上设置防回流装置或电动调节阀。采用机械加压送风的场所不应设置百叶窗，不宜设置可开启外窗。

而防烟系统和补风系统的室外进风口宜布置在室外排烟口的下方，且高差不宜小于3.0m，而水平布置时的水平距离不宜小于10m。

5.3.3 通风空调系统的防火

供暖、通风和空气调节系统应采取防火措施。甲类、乙类厂房内的空气不应循环使用，且它们的排风设备应独立布置。丙类厂房内含有燃烧或爆炸危险粉尘、纤维的空气，在循环使用前应经净化处理，并应使空气中的含尘浓度低于其爆炸下限的20%。民用建筑内空气中含有容易起火或爆炸危险物质的房间，应设置自然通风或独立的机械通风设施，且其空气不应循环使用。当空气中含有比空气轻的可燃气体时，水平排风管全长应顺气流方向向上坡度敷设。可燃气体管道和甲类、乙类、丙类液体管道不应穿过通风机房和通风管道，且不应紧贴通风管道的外壁敷设。

5.3.3.1 供暖系统的防火

目前，我国供暖的热媒温度范围一般为130~70℃、110~70℃和95~70℃，散热器表面的平均温度分别为100℃、90℃和82.5℃。若热媒温度为130℃或110℃，对于有些易燃物质，例如赛璐珞（自燃点为125℃）、三硫化二磷（自燃点为100℃）、松香（自燃点为130℃），有可能与采暖的设备和管道的热表面接触引起自燃，还有部分粉尘积聚厚度大于5mm时，也会因融化或焦化而引发火灾，如树脂、小麦、淀粉、糊精粉等。

为防止散发可燃粉尘、纤维的厂房和输煤廊内的供暖散热器表面温度过高，导致可燃粉尘、纤维与采暖设备接触引起自燃。在散发可燃粉尘、纤维的厂房内，散热器表面平均温度不应超过82.5℃。输煤廊的散热器表面平均温度不应超过130℃。散热器表面的平均温度不应高于82.5℃，相当于供水温度95℃、回水温度70℃，这时散热器入口处的最高温度为95℃，与自燃点最低的100℃相差5℃，具有一定的安全余量。对于输煤廊，如果热煤温度低，容易发生供暖系统冻结事故，考虑到输煤廊内煤粉在稍高温度时不易引起自燃，故将该场所内散热器的表面温度放宽到130℃。

甲类、乙类厂房（仓库）内严禁采用明火和电热散热器供暖。生产过程中散发的可燃气体、蒸气、粉尘或纤维与供暖管道、散热器表面接触能引起燃烧的厂房，和生产过程中散发的粉尘受到水、水蒸气的作用能引起自燃、爆炸或产生爆炸性气体的厂房等，应采用不循环的热风供暖。

供暖管道与可燃物之间应保持一定距离，当供暖管道的表面温度大于100℃时，两者之间不应小于100mm或采用不燃材料隔热；当供暖管道的表面温度不大于100℃时，则不应小于50mm或采用不燃材料隔热。为防止火势沿着管道的绝热材料蔓延到相邻房间或整个防火区域，对于甲类、乙类厂房（仓库）的建筑内供暖管道和设备的绝热材料应采用不燃材料，对于其他建筑，宜采用不燃材料，不得采用可燃材料。当采用难燃材料时，还要注意选用热分解毒性小的绝热材料。

5.3.3.2　通风和空气调节系统的防火

通风和空气调节系统，横向宜按防火分区设置，且竖向不宜超过5层。当管道设置防止回流设施或防火阀时，管道布置可不受此限制。竖向风管应设置在管井内。空气中含有易燃、易爆危险物质的房间，其送、排风系统通常应采用防爆型的通风设备。排除有燃烧或爆炸危险气体、蒸气和粉尘的排风系统，不应布置在地下或半地下建筑（室）内，应设置除静电的接地装置，应采用金属管道，并应直接通向室外安全地点，不应暗设。

住宅建筑中的排风管道内采取的防止回流方法，可参见图5-18所示的做法。具体做法有：

（1）增加各层排风支管高度到穿越2层楼板，图5-18（a）所示。

（2）把排风竖管分成大小两个管道，竖向干管直通屋面，排风支管分层与竖向干管连通，如图5-18（b）所示。

（3）将排风支管顺气流方向插入竖向风道，且支管到支管出口的高度不小于600mm，如图5-18（c）所示。

（4）在支管上安装止回阀。

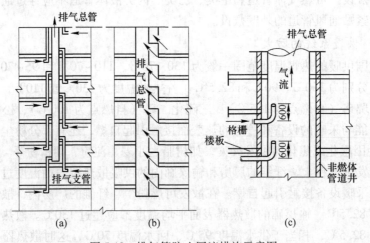

图5-18　排气管防止回流措施示意图

含有燃烧和爆炸危险粉尘的空气，在进入排风机前应采用不产生火花的除尘器进行处理。对于遇水可能形成爆炸的粉尘，严禁采用湿式除尘器。处理有爆炸危险粉尘的除尘器、排风机的设置应与其他普通型的风机、除尘器分开设置，并宜按单一粉尘分组布置。净化有爆炸危险粉尘的干式除尘器和过滤器宜布置在厂房外的独立建筑内，建筑外墙与所属厂房的防火间距不应小于10m。具备连续清灰功能，或具有定期清灰功能且风量不大于15000m³/h、集尘斗的储尘量小于60kg的干式除尘器和过滤器，可布置在厂房内的单独房间内，但应采用耐火极限不低于 3.00h 的防火隔墙和 1.50h 的楼板与其他部位分隔。净化或输送有爆炸危险粉尘和碎屑的除尘器、过滤器或管道，均应设置泄压装置。净化有爆炸危险粉尘的干式除尘器和过滤器应布置在系统的负压段上。

通风、空气调节系统的风管在穿越防火分区处，穿越通风、空气调节机房的房间隔墙和楼板处，穿越重要或火灾危险性大的场所的房间隔墙和楼板处，穿越防火分隔处的变形缝两侧（见图 5-19），和竖向风管与每层水平风管交接处的水平管段上等部位应设置公称动作温度为 70℃ 的防火阀。当建筑内每个防火分区的通风、空气调节系统均独

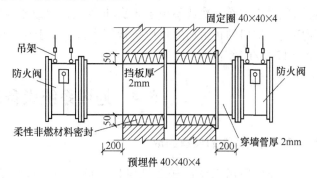

图 5-19 变形缝处的防火阀

立设置时，水平风管与竖向总管的交接处可不设置防火阀。公共建筑的浴室、卫生间和厨房的竖向排风管，应采取防止回流措施，并宜在支管上设置公称动作温度为 70℃ 的防火阀。公共建筑内厨房的排油烟管道宜按防火分区设置，且在与竖向排风管连接的支管处应设置公称动作温度为 150℃ 的防火阀。设置防火阀时，防火阀宜靠近防火分隔处设置。当防火阀暗装时，应在安装部位设置方便维护的检修口，如图 5-20 所示。

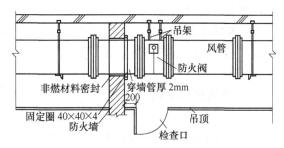

图 5-20 防火阀检修口设置示意图

排出和输送温度超过 80℃ 的空气或其他气体以及易燃碎屑的管道，与可燃或难燃物体之间的间隙不应小于 150mm，或采用厚度不小于 50mm 的不燃材料隔热；当管道上下布置时，表面温度较高者应布置在上面。

通风、空气调节系统的风管应采用不燃材料，而接触腐蚀性介质的风管和柔性接头可采用难燃材料。风管穿过防火隔墙、楼板和防火墙时，穿越处风管上的防火阀、排烟防火阀两侧各 2.0m 范围内的风管及其绝热材料应采用不燃材料。此外，体育馆、展览馆、候机（车、船）建筑（厅）等大空间建筑，单层、多层办公建筑和丙类、丁类、戊类厂房内等通风、空气调节系统的风管，当不跨越防火分区且在穿越房间隔墙处设置防火阀时，可采用难燃材料。

设备和风管的绝热材料、用于加湿器的加湿材料、消声材料及其黏结剂，宜采用不燃材料，确有困难时，可采用难燃材料。风管内设置电加热器时，电加热器的开关应与风机的启停联锁控制。电加热器前后各 0.8m 范围内的风管和穿过有高温、火源等容易起火房间的风管，均应采用不燃材料。目前，不燃绝热材料、消声材料有超细玻璃棉、玻璃纤维、岩棉、矿渣棉等。难燃材料有自熄性聚氨酯泡沫塑料、自熄性聚苯乙烯泡沫塑料等。

此外，厂房内有爆炸危险场所的排风管道，严禁穿过防火墙和有爆炸危险的房间隔墙。甲类、乙类、丙类厂房内的送、排风管道宜分层设置。当水平或竖向送风管在进入生

产车间处设置防火阀时，各层的水平或竖向送风管可合用一个送风系统。

燃油或燃气锅炉房应设置自然通风或机械通风设施。燃气锅炉房应选用防爆型的事故排风机。当采取机械通风时，机械通风设施应设置导除静电的接地装置。燃油锅炉房的正常通风量应按换气次数不少于 3 次/h 确定，事故排风量应按换气次数不少于 6 次/h 确定。而燃气锅炉房的正常通风量应按换气次数不少于 6 次/h 确定，事故排风量应按换气次数不少于 12 次/h 确定。

5.4　通风系统设备及附件

5.4.1　通风系统的设备组成

完整的通风系统由送、排风口（除尘罩、排烟罩）、风管、风机及其他设备和附件（除尘设备、防排烟阀门）等组成。

5.4.1.1　风机

风机是为通风系统中的空气流动提供动力的机械设备。在工业与民用建筑的通风空调工程中，按风机作用原理和构造的不同，风机的类型可分为离心式风机、轴流式风机和贯流式风机等。

A　风机型号表示

通风机型号的表示方法如图 5-21 所示。

（1）通风机用途简写法见表 5-11。

（2）传动方式，基本结构形式见表 5-12。

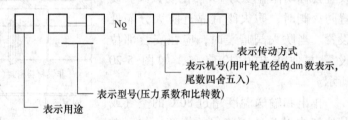

图 5-21　通风机型号表示框图

表示传动方式
表示机号(用叶轮直径的dm数表示，尾数四舍五入)
表示型号(压力系数和比转数)
表示用途

表 5-11　风机汉语拼音代号表

用途	代号		用途	代号	
	汉字	汉语拼音简写		汉字	汉语拼音简写
排尘通风	排尘	C	矿井通风	矿井	K
输送煤粉	煤粉	M	电站锅炉引风	引风	Y
防腐蚀	防腐	F	电站锅炉通风	锅炉	G
工业炉吹风	工业炉	L	冷却塔通风	冷却	LE
耐高温	耐温	W	一般通风换气	通风	T
防爆炸	防爆	B	特殊风机	特殊	E

表 5-12　基本结构形式

形式	A 型	B 型	C 型
特点	叶轮装在电机轴上	叶轮悬臂、皮带轮在两轴承中间	叶轮悬臂，皮带轮悬臂
形式	D 型	E 型	F 型
特点	叶轮悬臂，联轴器直连传动	叶轮在两轴承中间，皮带轮悬臂传动	叶轮在两轴承中间，联轴器直连传动

B 风机的分类

风机分为以下几类:

(1) 离心式通风机。离心式风机主要由叶轮、机壳、风机轴、进风口、电动机等部分组成,有旋转的叶轮和蜗壳式外壳,叶轮上装有一定数量的叶片。风机在启动之前,机壳中充满空气,风机的叶轮在电动机的带动下转动时,由进风口吸入空气,在离心力的作用下空气被抛出叶轮甩向机壳,获得了动能与压力能,由出风口排出。空气沿着叶轮转动轴的方向进入,与从转动轴成直角的方向送出,由于叶片的作用而获得能量。把进风口与出风口方向相互垂直的风机称为离心式风机。

(2) 轴流式通风机。轴流式风机主要由叶轮、机壳、风机轴、进风口、电动机等部分组成。它的叶片安装于旋转的轮鼓上,叶片旋转时将气流吸入并向前方送出。风机的叶轮在电动机的带动下转动时,空气由机壳一侧吸入,从另一侧送出。这种空气流动与叶轮旋转轴相互平行的风机称为轴流式风机。

轴流式风机按其用途可分为一般通风换气用轴流式风机、防爆轴流式风机、矿井轴流式风机、锅炉轴流式风机和电风扇等。

(3) 贯流式通风机。贯流式通风机是将机壳部分地敞开使气流径向进入通风机,气流横穿叶片两次后排出。它的叶轮一般是多叶式前向叶型,两个端面封闭。它的流量随叶轮宽度增大而增加。贯流式通风机的全压系数较大,效率较低,其进出口均是矩形的,易与建筑配合。

C 风机的基本性能参数

风机的基本性能参数如下:

(1) 风量。通风机在标准状况下工作时,在单位时间内所输送的气体体积,称为风机风量,以符号 L 表示,单位为 m^3/h 或 L/s。

(2) 全压。通风机在标准状况下工作时,$1m^3$ 气体通过风机以后获得的能量,称为风机全压,以符号 H 表示,单位为 Pa。

(3) 功率和效率。通风机的功率是单位时间内通过风机的气体所获得的能量,以符号 N 表示,单位为 kW,风机的这个功率称为有效功率。

电动机传递给风机转轴的功率称为轴功率,用符号 N_x 表示,轴功率包括风机的有效功率和风机在运转过程中损失的功率。

通风机的效率是指风机的有效功率与轴功率的比值,以符号 η 表示,即可写成式 (5-15):

$$\eta = \frac{N}{N_x} \times 100\% \tag{5-15}$$

通风机的效率是评价风机性能好坏的一个重要参数。

(4) 转速。通风机的转速指叶轮每分钟的转数,以符号 n 表示,单位为 r/min。通风机常用转速为 2900r/min、1450r/min、960r/min。选用电动机时,电动机的转速必须与风机的转速一致。

选择通风机时,必须根据风量 L 和相应于计算风量的全压量 H,参阅厂家样本或有关设备选用手册来选择,确定经济合理的台数。

5.4.1.2 空气净化处理设备

在工业生产中，可能会产生大量的含尘气体或有害气体，危害人体健康，影响环境。为了防止大气污染，当排风中的有害物浓度超过卫生标准所允许的最高浓度时，必须使用除尘器或其他有害气体净化设备对排风处理，达到规范允许的排放标准后才能排入大气。

A　除尘器性能指标

除尘设备的工作状况常用以下几个概念来说明：

（1）除尘全效率 η。全效率是指在一定的运行工况下除尘器除下的粉尘量与进入除尘器的粉尘量的百分比。其计算在现场只能用进出口气流中的含尘浓度和相应的风量按式（5-16）计算：

$$\eta = \frac{M - M_0}{M} \times 100\% = \frac{Vc - V_0 c_0}{Vc} \times 100\% \tag{5-16}$$

式中 η——除尘器全效率，%；

   M，M_0——分别为进入除尘器和穿透的粉尘量，g/s；

   V，V_0——除尘器入口、出口风量，m^3/s；

   c，c_0——除尘器入口、出口空气含尘浓度，g/m^3。

（2）穿透率 p。在除尘效率差别不大时，如果从排出气体的含尘量来看，两者的差别却很大，为说明这一问题，引入穿透率 p 这一概念。其定义为：除尘器出口粉尘的排出量与入口粉尘的进入量的百分比。

$$p = \frac{M_0}{M} \times 100\% = \frac{V_0 c_0}{Vc} \times 100\% \tag{5-17}$$

B　除尘器种类

除尘器一般根据主要除尘机理不同可分为重力、惯性、离心、过滤、洗涤、静电等六大类；根据气体净化程度的不同可分为粗净化、中净化、细净化与超净化等四类；根据除尘器的除尘效率和阻力可分为高效、中效、粗效和高阻、中阻、低阻等几类。常用的除尘净化设备有以下几种：

（1）重力沉降室。重力沉降室是借助于重力使尘粒分离。含尘气流进入突然扩大的空间后，流速迅速下降，其中的尘粒在重力作用下缓慢向灰斗沉降。为加强效果还可在沉降室中设挡板。其结构形式如图 5-22 所示。

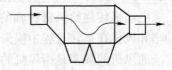

图 5-22　重力沉降室图

（2）惯性除尘器。惯性除尘器是使含尘气流方向急剧变化或与挡板、百叶等障碍物碰撞时，利用尘粒自身惯性力从含尘气流中分离尘粒的装置。其性能主要取决于特征速度、折转半径与折转角度。除尘效率优于沉降室，可用于收集大于 $20\mu m$ 粒径的尘粒。进气管内流速一般取 10m/s 为宜。其结构形式如图 5-23 所示。

（3）旋风除尘器。旋风除尘器是利用离心力从气流中除去尘粒的设备。这种除尘器结构简单、没有运动部件、造价便宜、维护管理方便，除尘效率一般可达 85% 左右，高效旋风除尘器的除尘效率可达 90% 以上。这类除尘器在我国中小型锅炉烟气除尘中得到广泛应

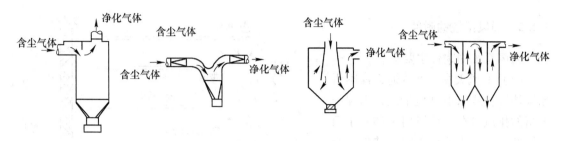

图 5-23 惯性除尘器

用。其结构形式如图 5-24 所示。

（4）湿式除尘器。湿式除尘器主要是通过含尘气流与液滴接触，在相互碰撞、滞留，细微尘粒的扩散、相互凝聚等净化机理的共同作用下，使尘粒分离出来。该除尘器结构简单，投资低，占地面积小，除尘效率高，能同时进行有害气体的净化，但不能干法回收物料，泥浆处理比较困难，有时需要设置专门的废水处理系统。湿式除尘器适用于处理有爆炸危险或同时含有多种有害物的气体。其结构形式如图 5-25 所示。

图 5-24 旋风除尘器

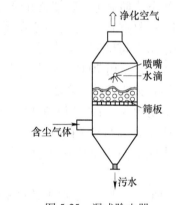

图 5-25 湿式除尘器

（5）过滤式除尘器。过滤式除尘器是通过多孔过滤材料的作用从气固两相流中捕集尘粒，并使气体得以净化的设备。按照过滤材料和工作对象的不同，可分为袋式除尘器、颗粒层除尘器、空气过滤器 3 种。过滤式除尘器除尘效率高，结构简单，广泛应用于工业排气净化及进气净化，用于进气净化的除尘装置称作空气过滤器。其结构形式如图 5-26 所示。

（6）电除尘器。电除尘器又称静电除尘器，其原理如图 5-27 所示。它是利用电场使尘粒荷电靠静电力从气流中分离的，是一种干式高效过滤器。在国外电除尘器已广泛应用于火力发电、冶金、化学和水泥等工业部门的烟气除尘和物料回收。

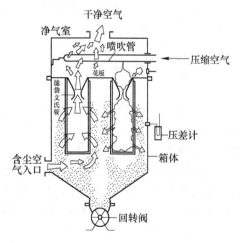

图 5-26 过滤式除尘器

5.4.2　通风系统的附件

通风系统的附件主要有：

（1）避风天窗。在普通天窗附近加设挡风板或采取其他措施，以保证天窗的排风口在任何风向下都处于负压区的天窗称为避风天窗。常见的有矩形避风天窗、下沉式避风天窗、曲（折）线形避风天窗等形式。

（2）避风风帽。它是一种在自然通风房间的排风口处，利用风力造成的抽力来加强排风能力的装置。

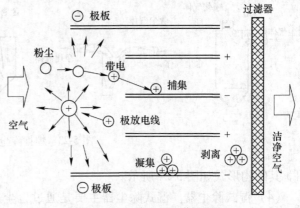

图 5-27　电除尘器工作原理图

（3）防排烟阀门。通风和空气调节系统的风管是建筑内部火灾蔓延的途径之一，各种类型的防排烟阀门是风管中最常见的用于控制烟火蔓延的装置。防火阀门根据其作用和使用特点又可分为防火类、防烟类和防排烟等三大类。

1）防火类阀门。用于通风空调系统风管内，防止烟火沿风管蔓延。常见的形式有防火阀、防烟防火阀和防火调节阀。

①防火阀。采用 70℃ 熔断器自动关闭（防火），可输出联动信号。用于通风空调系统风管内，防止火势沿风管蔓延。

②防烟防火阀。靠感烟火灾探测器控制动作，用电信号通过电磁铁关闭（防烟），还可采用 70℃ 熔断器自动关闭（防火）。用于通风空调系统风管内，防止烟火蔓延。

③防火调节阀。70℃ 时自动关闭，手动复位，0°~90° 无级调节，可以输出关闭电信号。

2）防烟类阀门。用于加压送风系统的风口，防止外部烟气进入。常见的形式是加压送风口。

3）加压送风口。靠感烟火灾探测器控制，电信号开启，也可手动（或远距离缆绳）开启，可设 70℃ 熔断器重新关闭装置，输出电信号联动送风机开启。用于加压送风系统的风口，防止外部烟气进入。

4）排烟类阀门。用于排烟系统风管上。常见的形式有排烟阀、排烟防火阀和排烟口。

①排烟阀。电信号开启或手动开启，输出开启电信号联动排烟机开启，用于排烟系统风管上，如图 5-28 所示。

②排烟防火阀。电信号开启，手动开启，输出动作电信号，用于排烟风机吸入口管道或排烟支管上。采用 280℃ 温度熔断器重新关闭。

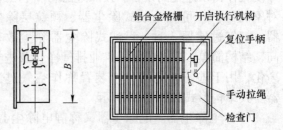

图 5-28　排烟阀、排烟防火阀（在排烟阀上不设温度熔断器）

③排烟口。电信号开启，手动（或远距离缆绳）开启，输出电信号联动排烟机，用于

排烟房间的顶棚或墙壁上。采用280℃关闭装置，如见图5-29所示。

（4）排烟风机。可采用离心风机或排烟专用的轴流风机，应保证在280℃时能连续工作30min以上。

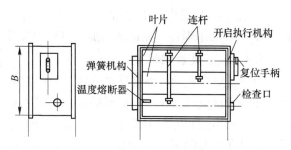

图5-29 多叶排烟口、防火多叶排烟口

5.4.3 通风管道常用板材

在通风空调工程中，管道及部件主要用普通薄钢板、镀锌钢板制成，有时也用铝板、不锈钢板、硬聚氯乙烯塑料板以及砖、混凝土、玻璃、矿渣石膏板等制成。本节介绍常用的板材。

5.4.3.1 普通薄钢板

薄钢板指厚度不大于4mm的钢板，包括普通薄钢板（如普通碳素钢板、花纹薄钢板及酸洗薄钢板等）、优质薄钢板和镀锌薄钢板等。

（1）普通薄钢板（黑铁板）。它是由钢坯经轧制回火处理后制成。此板由于未经防腐处理，所以遇有潮湿或腐蚀气体时，易生锈腐蚀。普通薄钢板生产方便，价格便宜，耐蚀性差，多用于通风的排气、除尘系统中。

（2）镀锌薄钢板。它是由普通薄钢板镀锌而成，其表面有锌层保护，起防腐作用，故一般不用刷漆。因镀锌薄钢板是银白色，所以又称为白铁皮。由于镀锌薄钢板具有较好的耐腐蚀性能，因而在空调工程的送风、排风、净化系统中得到了广泛的应用。

（3）冷轧钢板。它具有表面平整、光滑和力学性能好等优点，它受潮后虽然也易腐蚀生锈，但由于表面光洁，只要及时涂刷防腐油，就可以延长使用寿命。此种薄钢板价格高于黑铁板，低于镀锌板，故在一般空调通风工程中应用很广。

5.4.3.2 不锈钢板

常用的不锈钢板有铬镍钢板和铬镍钛钢板等。不锈钢板不仅有良好的耐腐蚀性，而且有较高塑性和良好的力学性能。由于不锈钢对高温气体及各种酸类有良好的耐腐蚀性能，所以常用来制作输送腐蚀性气体的通风管道及部件。

不锈钢能耐腐蚀的主要原因是铬在钢的表面形成一层非常稳定的钝化保护膜，如果保护膜受到破坏，钢板也会被腐蚀。根据不锈钢板这一特点，在加工运输过程中应尽量避免使板材表面损伤。

不锈钢板的强度比普通钢板要高，所以当板材厚度大于0.8mm时要采用焊接，厚度小于0.8mm时可采用咬口连接。当采用焊接时，可采用氩弧焊，这种焊接方法加热集中，热影响区小，风管表面焊口平整。当板材厚度大于1.2mm时，可采用普通直流电焊机，选用反极法进行焊接。不锈钢板一般不采用气焊，以防止降低不锈钢的耐腐蚀性能。

5.4.3.3 铝板

铝板的种类很多，可分为纯铝板和合金铝板两种。铝板表面有一层细密的氧化铝薄膜，可以阻止外部的进一步腐蚀。铝能抵抗硝酸的腐蚀，但容易被盐酸和碱类所腐蚀。由99%的纯铝制成的铝板，有良好的耐腐蚀性能，但强度较低，可在铝中加入一定数量的铜、镁、锌等炼成铝合金。常用的铝材有纯铝板和经退火后的铝合金板。

　　当采用铝板制作风管或部件时，厚度小于 1.5mm 时可采用咬口连接，厚度大于 1.5mm 时可采用焊接。在运输和加工过程中要注意保护板材表面，以免产生划痕和擦伤。

5.4.3.4　复合钢板

　　由于普通钢板的表面极易被腐蚀，为使钢板受到保护，防止腐蚀，可用电镀或喷涂的方法使普通钢板表面涂上一层保护层，就成了复合钢板，这样既保持了普通钢板的机械强度，又具有不同程度的耐腐蚀性。一般常见的复合钢板除镀锌钢板外，还有塑料复合钢板，它是在普通薄钢板表面喷上一层 0.2~0.4mm 厚的塑料层，常用于防尘要求较高的空调系统和 −10~70℃ 温度下耐腐蚀系统的风管。这种风管在加工时注意不要破坏塑料层，它的连接方法只能采用咬口和铆接，不能采用焊接。

5.4.3.5　硬聚氯乙烯塑料板

　　硬聚氯乙烯塑料由聚氯乙烯树脂加上稳定剂和少量的增塑剂，经热塑加工而成。其具有良好的化学稳定性，对各种酸类、碱类和盐类的作用均为稳定，但对强氧化剂如浓硝酸、发烟硫酸和芳香族碳氢化合物与氯化碳氢化合物是不稳定的。它的热稳定性较差，一般使用温度为 −10~60℃。使用温度升高，强度则急剧下降，而在低温时，塑料性脆且易裂纹。但它具有较高的强度、弹性和良好的耐腐蚀性，便于成型加工，因此在通风工程中常使用聚氯乙烯塑料板卷制风管和制造风机，用以输送含有腐蚀性气体。

　　常用硬聚氯乙烯塑料板的厚度为 2~6mm。制造圆形风管可通过加热成型，然后采用塑料焊；制造方型风管可直接用木锯切断，然后进行焊接。风管与风管及部件的连接可采用法兰螺栓连接。

习　　题

5-1　什么是通风，建筑通风的主要任务是什么？

5-2　建筑通风有哪些类型？试说明各自的主要特点和适用场合。

5-3　什么是风压和热压，建筑物上的热压分布的主要特点是什么？

5-4　试说明机械通风系统的主要组成设备及作用。

5-5　什么是全面通风和局部通风，各有什么优缺点？

5-6　什么是通风房间的空气平衡和热平衡？

5-7　风机的主要性能参数有哪些？试说明它们的物理意义。

5-8　地下停车场排风口的设置需要注意什么问题？

5-9　已知某房间散发的余热量为 160kW，一氧化碳有害气体为 32mg/s，当地通风室外计算温度为 31℃，如果要求室内温度不超过 35℃，一氧化碳浓度不得大于 1mg/m³，试确定该房间所需要的全面通风量。

5-10　在高层建筑中，影响烟气流动的因素有哪些？

5-11　什么是防火分区和防烟分区，两者有什么异同点，为什么要引入防烟分区的概念？

5-12　民用建筑有哪些自然排烟形式？

5-13　民用建筑中的通风空调系统设计应当考虑哪些防火排烟措施？

5-14　什么是防火阀和排烟防火阀，两者有什么异同点？

6 空 气 调 节

6.1 空气调节系统组成及分类

6.1.1 空调系统的组成

空气调节技术是采用人工方法，创造并维持一定温度、湿度、气流速度、洁净度等参数要求的室内空气环境的科学技术。空气调节系统根据服务对象的不同分为工艺性空调和舒适性空调两类。工艺性空调主要是指为工业生产、科研、医药卫生等行业服务的空调系统，在设计参数选取及系统设置时，主要按照生产工艺或科研的要求确定，同时兼顾人体舒适性的要求。舒适性空调则是要创造一个满足人体热舒适的室内空气环境。空调系统通常由空调区域、空气的输送和分配设施（风管、阀门、送回风口等）、空气处理设备（温度、湿度处理设备及空气品质处理设备）及冷热源（锅炉房、冷冻站、冷水机组）等组成，如图6-1所示。

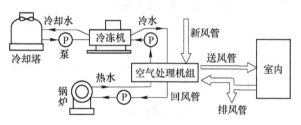

图6-1 空调及冷热源系统图

6.1.2 空调系统的分类

空调系统按其特点有很多分类方法。本节主要介绍一些比较典型的空调系统分类方式，见表6-1。

表6-1 空调系统的分类

分 类		系统特征	适 用 性	应用类型
按空气处理设备的设置情况分	集中式空气调节系统	空气处理设备集中设置在空调机房内，集中进行空气的处理、输送和分配	（1）房间面积较大或多层、多室热湿负荷变化情况类似； （2）新风量变化大； （3）室内温度、湿度、洁净度、噪声、振动等要求严格的场合； （4）全年多工况节能； （5）高大空间的场合	定风量式系统、变风量式系统、单风道、双风道、一次回风式系统、二次回风式系统
	分散式系统	空气处理、输送设备及冷热源都集中在一个箱体内分散在各个房间进行空气调节	（1）空调房间布置分散； （2）要求灵活控制空调使用时间； （3）无法设置集中式冷热源	单元式空调机组房间空调器、多台机组型空调器

续表 6-1

分 类		系统特征	适 用 性	应用类型
按空气处理设备的设置情况分	半集中式空气调节系统	集中处理部分风量,空调房间内还有空气处理设备对空气进行补充处理	(1) 室内温度、湿度控制要求一般的场合; (2) 各房间可单独进行调节的场所; (3) 房间面积大且风管不易布置; (4) 要求各室空气不串通	风机盘管+新风式系统、诱导器式系统、辐射板加新风系统、水(地)源热泵空调机组
按承担室内空调负荷输送介质分	全空气系统	室内空调负荷全部由处理过的空气负担	(1) 建筑空间大,易于布置风道; (2) 室内温度、湿度、洁净度控制要求严格; (3) 负荷大或潜热负荷大的场合	定(变)风量式系统、单风道、双风道全空气诱导器系统
	空气—水系统	室内空调负荷由空气和水共同负担	(1) 室内温度、湿度控制要求一般的场合; (2) 层高较低的场合; (3) 冷负荷较小,湿负荷也较小的场合	风机盘管+新风系统、空气—水诱导器系统、辐射板+新风系统
	全水系统	室内空调负荷全部由水来负担	(1) 建筑空间小,不易于布置风道的场所; (2) 不需通风换气的场所	风机盘管系统(无新风)、辐射板系统(无新风)
	制冷剂系统	空调房间负荷由制冷剂直接负担	(1) 空调房间布置分散; (2) 要求灵活控制空调使用时间; (3) 无法设置集中式冷热源	单元式空调机组房间空调器、多台机组型空调器
按空调系统处理空气来源分	封闭式	处理的空气为室内循环空气	无人或很少有人进入的场所	再循环空气系统
	混合式	处理的空气一部分为室内回风气,一部分为室外新风	既要满足卫生要求,又要系统经济的空调房间	一次回风系统、二次回风系统
	直流式	处理的空气全部为室外新风	不允许采用回风的场合,如散发有害物的空调房间	全新风系统

6.1.2.1 按空气处理设备的设置情况分类

空调系统按照空气处理设备的集中程度可分为以下 3 种:

(1)集中式系统。空气处理设备(过滤器、加热器、冷却器、加湿器及送风机等)集中设置在空调机房内,空气经处理后,由风道送入各房间,如图 6-2 所示。

(2)分散式系统,也称局部式系统。

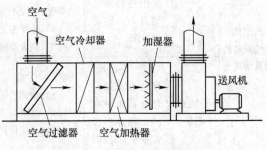

图 6-2 组合式空气处理器示意图

它是将整体组装的空调器（热泵机组、带冷冻机的空调机组、不设集中新风系统的风机盘管机组等）直接放在空调房内或放在空调房间附近，每台机组只供一个或几个小房间，或者一个房间内放几台机组。

（3）半集中式系统，也称混合式系统。它是集中处理部分或全部风量，然后送往各房间（或各区）再进行处理。包括集中处理新风，经诱导器（全空气或另加冷热盘管）送入室内或各有风机盘管的系统（即风机盘管与风道并用的系统），也包括分区机组系统等。

6.1.2.2　按承担空调负荷的输送介质分类

空调系统按照承担空调负荷的输送介质分类可分为 4 种，见表 6-1。

（1）全空气系统。房间的全部冷热负荷均由集中处理后的空气负担。属于全空气系统的有定风量或变风量的单风道或双风道集中式系统、全空气诱导系统等。

（2）空气—水系统。空调房间的负荷由集中处理的空气负担一部分，其他负荷由水作为介质在送入空调房间时，对空气进行再处理（加热、冷却等）。属于空气—水系统的有再热系统（另设有室温调节加热器的系统）、带盘管的诱导系统、风机盘管机组和风道并用的系统等。

（3）全水系统。房间负荷由集中供应的冷热水负担，如风机盘管系统、辐射板系统等。

（4）制冷剂系统。室内冷热负荷由制冷和空调机组组合在一起的小型设备负担。直接蒸发机组按冷凝器冷却方式不同可分为风冷式、水冷式等，按安装组合情况可分为窗式（安装在窗式墙洞内）、立柜式（制冷和空调设备组装在同一立柜式箱体内）和组合式（制冷和空调设备分别组装、联合使用）等。

6.1.2.3　按空调系统处理空气来源分类

按空调系统处理空气来源可分为 3 种，见表 6-1。

（1）封闭式系统。处理的空气为室内循环空气。

（2）混合式系统。处理的空气一部分来自室内回风，一部分来自室外新风

（3）直流式系统：处理的空气全部为室外新风。

6.1.3　空调系统的特点

6.1.3.1　集中式空调系统

A　一次回风系统

一次回风系统是全空气空调方式中最基本、最常用的系统，如图 6-3 所示。

该系统的优点是：

（1）可充分进行换气，室内卫生条件好。

（2）如有回风机时，在过渡季节可增加新风量，甚至可全新风运行，制冷机可少开或停开。

（3）由于空气处理设备是最集中的，设备系统简单，初投资较省，维护管理方便。

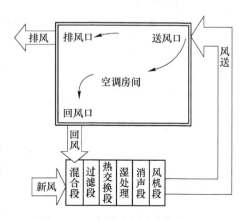

图 6-3　一次回风空调系统原理图

其缺点是：风道断面大，占用建筑空间；当一个集中式系统供给多个房间，而各房间负荷变化不一致时，无法进行精确调节；由于常为定风量系统，在负荷变动时，往往产生过热或过冷。当空调面积大的建筑物采用这种方式时，为减小风道占用空间，多采用按朝向分区或按功能时段分系统的方式。

一般一次回风集中式空调系统冬季供热，夏季供冷，因此多为单风道，冬夏共用一个送风管道。图 6-3 是单风道空调系统示意图。该系统主要由集中式空气处理设备、风道、送风口、回风口等组成。夏天，室外新风与循环风（回风）混合经过滤器、冷却器处理后由风道送入室内。冬天，新风与循环风按比例混合，经过滤器、加热器处理后送入室内。室内温度由室内温度自动调节器控制冷却器或加热器的阀门来保证。

单风道集中式系统适用于空调房间较大，各房间负荷变化情况相类似，如恒温、恒湿、无尘、无噪声等场合；也可用于负荷变化较均匀的场合，如办公楼的内区、餐厅等；还可用于负荷变化虽不够均匀，但人员停留时间短、不需严格控制温度的场合，如建筑物的公用部分（门厅、走廊等）、展览厅、商场等。

集中式空调系统的空气处理器一般采用组合式空气处理器。处理器由各功能段组成，可根据空调设计要求选择。组合式空调机组按照安装形式还可以分为卧式、立式、吊顶式等。

卧式组合式空气处理器如图 6-4 所示。

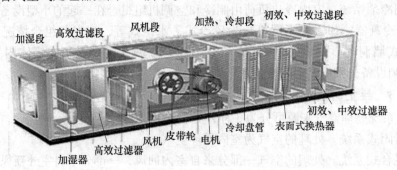

图 6-4 卧式组合式空调机组

组合式空调机组的代号见表 6-2，如 ZKB10-WT，表示组合式玻璃钢的卧式空调机组，额定风量 10000m³/s。

表 6-2 组合式空调机组的代号

序　号	形　　式		代　号
1	结构形式	立式	L
		卧式	W
		双重卧式	S
		吊挂式	D
2	箱体材料	金属	J
		玻璃钢	B
		复合	F
		其他	Q

序　号	形　　式		代　号
3	用途特征	通用机组	T
		新风机组	X
		变风量机组	B
		净化机组	J
		其他	Q

组合式空调机组的型号表示方法如图 6-5 所示。

B　变风量空调系统

当空调负荷变化时，空调系统可通过改变送入房间的风量，来维持室内温度和湿度。该系统的优点：系统送风量和

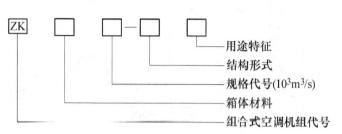

图 6-5　组合式空调机组的型号表示方法

选用的设备，是按瞬时送风量确定的，考虑了系统同时负荷率；设备容量和风道尺寸比较小，可减少 20%~30%；采用全年变风量运行，可节约风机运行的能耗，约节省一半（末端变风量的周边地区）；在部分负荷时减少送风量，可完全或最大限度地减少冷热风混合损失和再热损失；在过渡季节可利用新风；空调机组集中，便于集中空气净化和噪声处理，也便于与热回收系统、热泵系统结合起来。

其缺点是：对散湿量大的房间相对湿度难以保持；风量过小时，新风量难以保证；克服以上缺点需增加系统风量以及最小新风量控制，但自控系统较复杂，造价较贵。

变风量的末端设备有旁通型、节流型和诱导型（见图 6-6），节能效果较好的是节流型。变风量系统也可分为单风道系统和双风道新系统。单风道系统适用于同时供冷或同时供暖，各个空调房间的负荷变化幅度较小，热湿比较接近，室内相对湿度要求较严的地方。双风道系统适用在室内负荷变化大，各房间同时要求供冷、供热或室内相对湿度要求严格的地方。变风量系统可用于大型建筑物的内区等。变风量空调系统组成及控制原理如图 6-7 所示。

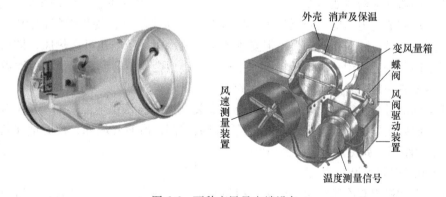

图 6-6　两种变风量末端设备

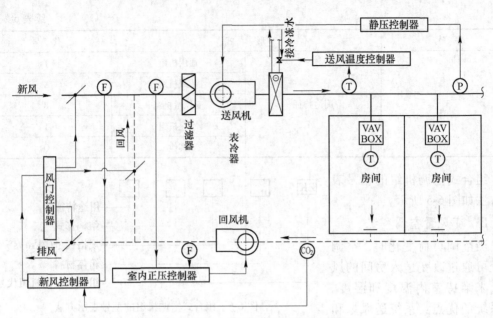

图 6-7　变风量空调系统组成及控制原理图

6.1.3.2　局部式空调系统

在空调系统中，并不是任何时候都采用集中式的空调系统。例如，在一个较大的建筑物中，只有少数房间需要空调，或者要求空调的房间虽然多，但却很分散，彼此距离又很远，这时设置局部式系统就较经济、合理。

局部式空调系统由空气处理设备、风机、冷冻机和自动控制设备等组成，这种机组一般安装在需要空调的房间或相邻室内，就地处理空气。由于这种机组的服务面积小，处理空气量少，因此所有设备经常是装成一体，由工厂成批生产，现场安装。习惯上把装成一体的空调机组叫做空气调节器，如窗式空调器、立柜式空调等，它们可以不用风道，或只用很少的风道为空调房间服务。只有较大型的机组，才将空气处理设备和冷冻设备分开设置。

A　空气调节器

a　窗式空调器

窗式空调器外形构造如图 6-8（a）所示，它是一种利用室外空气冷却的人工气候调节装置，能自动调节室内温度、降低湿度、循环和过滤室内空气，提供较舒适的空气环境，由于在管路中装设了四通换向阀，不但夏季能送冷风，而且冬季还可送热风，即所谓的热泵型窗式空调器。适用于一般生活场所，招待所、小型会议室、商店、住宅、医院手术室以及对温湿度有一定要求的小型车间、实验室、计量室等。

窗式空调器可装在窗口上或墙壁开洞处，安装高度距离该层地面 1~1.5m；应安装在无阳光直接照射之处，一般安装在建筑物的北侧或东侧，后面（墙外）离其他建筑物必须有 1m 以上的距离，如图 6-8（b）所示。

b　立柜式空调机组

立柜式空调机组有冷风机组、热泵式机组及恒温恒湿式机组等。根据其冷凝方式的不同分为空冷热泵和水冷热泵两类。空冷热泵适用于冷热负荷相差不大的场合，对室外空气

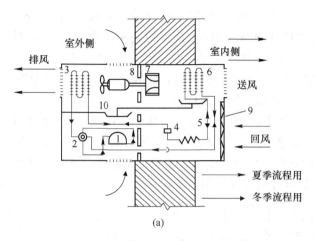

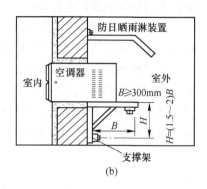

图 6-8 热泵型窗式空调器原理及安装示意图

（a）热泵型窗式空调器原理；（b）窗式空调器安装示意图

1—全封闭式压缩机；2—四通换向阀；3—外侧盘管；4—制冷剂过滤器；5—流毛细管；6—室内侧盘管；

7—风机；8—电动机；9—空气过滤器；10—凝结水盘

温度的变化范围有要求，当室外温度较低时，其供热的 COP 值大幅度下降。

目前国产的家用空调机组多为直接蒸发式，即用冷冻机的蒸发器直接冷却空气，冷凝器热量散发到室外空气中，称为风冷式机组。有的机组做成热泵式，即冷冻设备可以转换使用，夏季用来降温，冬季用来供暖。图 6-9 是一种风冷式冷风机组。将冷凝器设置在机组柜外，装置在带有排风扇的、分开设置的室外机内，并有制冷剂的液管和气管与机组连接。冷凝器内高压高温的制冷剂蒸汽被室外空气冷却，排出热量的冷凝剂蒸汽被室外空气冷却，排出热量后冷凝成高压液体又回到机组。风冷冷凝器通常安装在室外靠近机组的背阳处。

有的热泵机组配置电加热器或蒸汽加热器、电加湿器或蒸汽加湿器以及自动控制仪表，称为恒温恒湿机组。恒温恒湿机组如图 6-10 所示，适用于精密机械、光学仪器、电

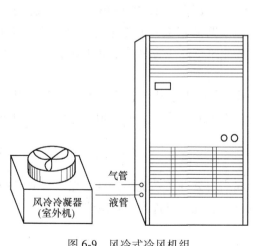

图 6-9 风冷式冷风机组

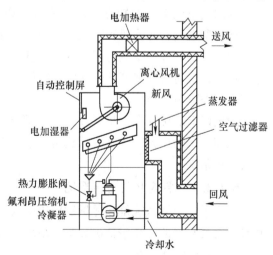

图 6-10 水冷式恒温恒湿空调机组

子仪器车间、电子计算机房、科学研究、国防工业等部门，可使房间温度保持在 18~25℃，温度控制精度在±1℃；相对湿度保持在 40%~70%，湿度控制精度为±10%，并可保证室内空气的新鲜和洁净。

　　水冷热泵（又称水源热泵）根据水源又可分为地表水和地下水两种，如果保证一定的水温，这一装置的制冷系统和供热系统的 COP 值始终能保持较好。

　　水源热泵具有节能（能把建筑内部的部分区域的热移至需要供热的区域）、供热能效比高（与空冷热泵相比较）、满足多工况要求、施工方便、节省空间、运行可靠、便于管理等优点。但也有电耗大、初投资较高的缺点。使用于公寓、宾馆、出租办公楼或商业建筑。水源热泵系统原理如图 6-11 所示。该部分内容详见第 7 章。

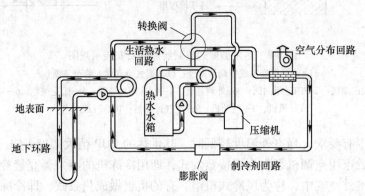

图 6-11　水源热泵系统原理图

　　B　局部式空调系统的特点

　　局部式空调系统是为了克服集中式空调系统的缺点而产生的，它与集中式空调系统相比较有以下优点：不需要空调机房，不用风道或用很短而简单的风道；安装简单，能迅速建成并投入使用；使用方便，可按要求随时调节；空调房间之间无风道相通，有利于防火、防毒和隔声。

　　局部式空调系统的缺点：机组分散，难以管理和维修；初投资高，多房间同时使用时，运行费也高；冷冻机和通风机直接设置在空调房或邻室内，所以噪声较大，震动较大，而又难以处理；空调房间内的冷媒管路、电源线路的施工、维修比较麻烦；新风较难送入室内，若通过外墙开孔吸入室外新风，既破坏建筑整体又容易使房间进入灰尘，还可能带来室外噪声。

　　根据以上的优缺点分析可以看出，局部式空调系统只适用于空调房间少、空调面积小、工期较短的地方。在已有的建筑内增设空调，为了减少施工上的麻烦，尽可能采用局部式空调系统。

　　6.1.3.3　半集中式空调系统

　　半集中式空调系统是在尽量发挥集中式和局部式两类空调系统的优点、克服其缺点的基础上发展起来的，它包括诱导空调系统和风机盘管系统，也称为混合系统。

　　A　诱导空调系统

　　诱导器加新风的混合式空调系统，称为诱导空调系统，如图 6-12 所示。该系统的新风来自集中式空气处理机房，新风经风道送入设置在空调房的诱导器，再由诱导器最高速喷出，同时吸入一部分室内空气，这两部分空气在诱导器内混合后再送入空调房间。该系统可分为两类：

（1）全空气诱导机组方式。将一次风（冷风）用高速送入诱导机组，由喷嘴喷出，将周围空气（室内空气或吸收了照明器具的热量后回入顶棚的空气）诱导进来，再送入室内。由室内恒温器对一次空气（冷风）或两次诱导空气进行调节，保持室内所需温度。该系统风道占用空间小，可用于中等规模以上的建筑物内部区域。

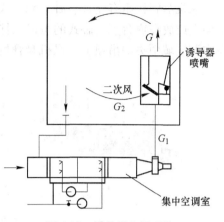

图 6-12　诱导器空调系统

（2）空气—水诱导机组方式。经过热湿处理的一次风经下部喷嘴喷出（风速 20～30m/s），诱导经过盘管的室内空气（二次风），混合后送入室内。

诱导机组方式的优点是：一次风的新风空气仅满足卫生要求，如用高速送风（15～20m/s），风道面积仅为普通系统的 1/3，节省建筑空间；空气—水系统，一部分室内负荷由二次盘管承担，一次风系统较小；无回转部件，使用寿命长。

其缺点是：高速送风时，风机耗能大，室内有噪声；各房间冷、热量不易个别调节。设备价格贵，初投资较多，易积灰尘，需定期清理；水的管路较复杂，维修工作量较大。该系统可用于需要单独调节控制的房间和大型建筑物的外区。

B　风机盘管空调系统

风机盘管机组加新风系统的混合式空调系统称为风机盘管空调系统。该系统是集中式和局部式的混合型式，室外新风通过单独设置的集中空气处理机组处理后，经管道直接送入各房间，也可以经过风机盘管送入各房间。风机盘管主要是由风机和盘管换热器所组成的机组，大体可分为风机段和盘管段。风机将周边空间内的空气不断吸入机组，经盘管及送风口按一定方向吹出，空气经机组过滤器改善了室内环境，也使电机及盘管不会很快被尘土及纤维堵塞。一般情况下都用机组吸入室内回风。其结构如图 6-13 所示。

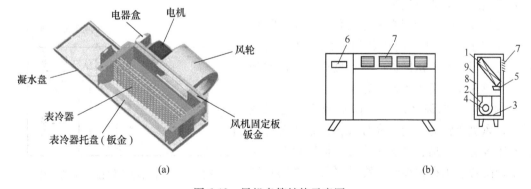

(a) (b)

图 6-13　风机盘管结构示意图

（a）卧式风机盘管结构图；（b）立式风机盘管机组简图

1—盘管；2—风机；3—过滤器；4—电机；5—凝结水盘；6—控制；7—送风口；8，9—箱体

　　风机盘管机组有立式、卧式和卡式 3 种形式，如图 6-14 所示。立式的可以沿墙设置在地面上或放在窗台下；卧式的可以悬挂在天花板下或者安装在天棚里。卡式一般直接装设在空调区域中央的吊顶上。风机盘管机组型号的表示方法如图 6-15 所示。

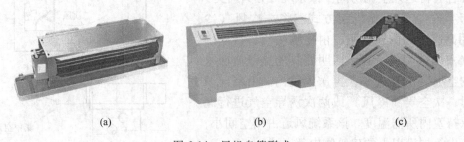

图 6-14　风机盘管形式
（a）卧式暗装；（b）立式明装；（c）卡式暗装

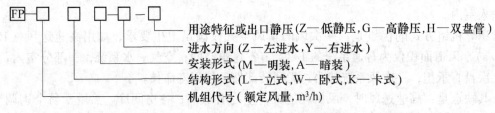

图 6-15　风机盘管机组型号的表示方法

　　风机盘管系统根据新风获取方式的不同，可分为以下几种：

　　（1）渗入新风和排风。初投资、建筑空间和运行费用省，新风量无法控制，新风洁净度无法保证，室内卫生要求难以保证。该方式适用于要求不高、旧建筑加装空调，或因地位限制无法布置机房和风道的建筑物等。

　　（2）墙洞引入新风。初投资省，节约建筑空间；噪声、雨水、污物容易进入室内，机组易腐蚀；室内空气量平衡易受破坏，温度和湿度不易保证，有风压的影响，高层建筑有烟囱效应的影响，室内新风不理想。该方式只适用于低层部分，或相邻楼房、墙壁构成的避风建筑或改造的旧建筑。

　　（3）由内部区空调系统兼供周边区新风。该系统省去了单独的周边新风系统，通风效果好，可适当去湿，初投资、运行费用、占用空间等均比单独设立新风系统节省。

　　（4）独立新风系统。初投资较大，通风效果好，风机盘管的冷量可充分发挥。该系统可用于旅馆客房、公寓、医院病房等，同时可与变风量系统配合使用在大型建筑物外区等，如图 6-16 所示。

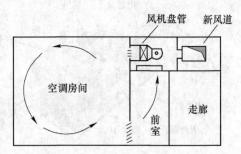

图 6-16　风机盘管加独立新风系统

　　风机盘管机组中用来冷却或加热空气的盘管要通以冷水或热水。因此，机组的水系统至少应装设供、回水管各一根，即做成双管系统。若采用冷媒、热媒管路分开供应，可做成三管或四管式系统。

风机盘管空调系统的特点更接近于局部式空调系统，但它需要集中供应冷媒、热媒。它也像空气—水诱导器的空调系统一样，能用一套设备将采暖和空调结合起来。风机盘管系统的主要缺点是目前设备的价格偏高，此外，风机盘管空调器适用于半集中式空调系统，特别是有变负荷特性、性能优异的风机盘管，通常适用于宾馆、公寓、饭店、医院、办公楼等高层建筑场所。该系统的主要优点是：布置灵活，各房间能单独调节温度甚至关闭，不影响其他房间；节省运行费用，与单风道相比可降低 20% ~ 30%；可承担 80% 的室内负荷，与全空气系统相比，节省空间；机组定型化，规格化，易于选择安装。

风机盘管空调系统的缺点是：机组分散设置，维护管理不便；过渡季节不能使用全新风；小型机组气流分布受限制，适用于进深 6m 内的房间。风机产生的噪声对有较高要求的房间难以处理。某个房间内风机盘管机组的风机虽然能够关掉，但集中供应的冷热媒如果相应减少，就应配套相应的变流量的冷冻水供应系统和能够调节冷量的制冷机组。否则，在一定程度上将会继续消耗冷量或热量。

6.1.4　空调系统的选择

空调系统的形式宜经过技术经济比较后按下列原则选择：

（1）根据建筑物的用途、规模、使用特点、负荷变化情况、参数要求、所在地区气象条件和能源状况，以及设备价格、能源预期价格等，经过技术经济比较确定。

（2）功能复杂、规模较大的公共建筑，宜进行方案对比并优化确定。

（3）干热地区应考虑其气候特征的影响。

（4）符合下列情况之一的空调区，宜分别设置空调风系统；需要合用时，应对标准要求高的空调区做处理：

1）使用时间不同。

2）温湿度基数和允许波动范围不同。

3）空气洁净度标准要求不同。

4）噪声标准要求不同，以及有消声要求和产生噪声的空调区。

5）需要同时供冷供热的空调区。

空调区中存在较大需常年供冷的区域时，应根据房间进深、朝向、分隔等划分需常年供冷的区域和夏季供冷冬季供热的区域，并分别设置空调系统或末端装置。

（5）空气中含有易燃易爆或有毒有害物质的空调区，应独立设置空调系统。

（6）下列空调区，宜采用全空气定风量空调系统：空间较大、人员较多，能设置独立的空调系统（例如商场、影剧院、展览厅、餐厅、多功能厅、体育馆等）；当各房间温湿度参数、洁净度要求、使用时间、负荷变化等基本一致时，可合用空调系统。人员密集场所单台空气处理机组风量较大时，风机宜采用变速控制。温湿度允许波动范围小；噪声或洁净标准高。

（7）全空气空调系统宜采用单风道系统；允许采用较大送风温差时，应采用一次回风式系统；送风温差较小、相对湿度要求不严格时，可采用二次回风系统；除温湿度波动范围要求严格的空调区外，同一个空调处理系统中，不应有同时加热和冷却过程。当不同季节的新风量变化较大、其他排风措施不能适应风量的变化要求；回风系统阻力较大时，均应设置回风风机。

（8）服务于单个空调区，且部分负荷运行时间较长时；服务于多个空调区，各空调区负荷变化较大、部分负荷运行时间较长，且需要分别调节室内温度，卫生标准要求较高的建筑，如高档写字楼和用途多变的其他建筑物，尤其是需全年送冷的空调区域等，可采用有变风量末端装置的全空气变风量空调系统。

全空气变风量空调系统设计应根据建筑模数、负荷变化情况等经经济技术比较确定；变风量末端装置，宜选用压力无关型；空调区和系统的最大送风量，应根据空调区和系统的夏季冷负荷确定；空调区的最小送风量，应根据负荷变化情况、气流组织等确定；应采取保证最小新风量要求的措施；风机应采用变速调节。

（9）空调房间较多、房间内的人员密度不大、建筑层高较低、各房间温度需单独调节时，可采用风机盘管加新风系统。厨房等空气中含有较多油烟的房间，不宜采用风机盘管。风机盘管加新风系统设计，新风宜直接送入人员活动区域；空气质量标准要求高时，新风宜负担空调区的全部散湿量。低温送风系统设计，应符合相关要求；宜选用出口余压低的风机盘管机组。

（10）全空气变风量系统或采用温湿度需要独立控制的直流式新风系统等送风温度恒定的空调系统，有低温冷媒可利用时，可采用低温送风空调系统。对要求保持较高空气湿度或需要较大换气量的房间，不应采用低温送风系统。

1）空气冷却器的出风温度与冷媒的进口温度之间的温差不宜小于3℃，出风温度宜采用4~10℃，直接膨胀式蒸发器出风温度不应低于7℃。

2）空调区送风温度，应计算送风机、风管以及送风末端装置的温升。

3）空气处理机组的选型，应经技术经济比较确定。空气冷却器的迎风面风速宜采用1.5~2.3m/s，冷媒通过空气冷却器的温升宜采用9~13℃。

4）空气处理机组、风管及附件、送风末端装置等应严密保冷，保冷层厚度应经计算确定。

5）送风末端装置应符合相关规范要求。

（11）空调区内震动较大、油污蒸汽较多以及生产电磁波或高频波等场所，不宜采用多联机空调系统。多联机空调系统设计，空调区负荷特性相差较大时，宜分别设置多联机空调系统；需要同时供冷和供热时，宜设置热回收型多联机空调系统；室内、外机之间以及室内机之间的最大管长和最大高差，应符合产品技术要求；系统冷媒管等效长度应满足对应制冷工况下满负荷的性能系数不低于2.8；当产品技术资料无法满足核算要求时，系统冷媒管等效长度不宜超过70m；室外变频设备，应与其他变频设备保持合理的距离。

（12）空调区散湿量较小且技术经济合理时，宜采用温湿度独立控制系统。其温度控制系统，末端设备应负担空调区的全部显热负荷，并根据空调区的显热热源分布状况等，经技术经济比较确定；湿度控制系统，新风应负担空调区的全部散湿量，其处理方式应根据夏季空调室外计算湿球温度和旅店温度、新风送风状态点要求等，经技术经济比较确定；当采用冷却除湿处理新风时，新风再热不应采用热水、电加热等；采用转轮除湿机或溶液除湿处理新风时，转轮或溶液再生不应采用电加热；应对室内空气的露点温度进行监测，并采取确保末端设备表面不结露的自动控制措施。

（13）夏季空调室外设计露点温度较低的地区，经技术经济比较合理时，宜采用蒸发冷却空调系统。空调系统形式，应根据夏季空调室外计算湿球温度和露点温度以及空调区显热负荷、散湿量等确定；全空气蒸发冷却空调系统，应根据夏季空调室外计算湿球温度、空调区散湿量和送风状态点要求，经技术经济比较确定。

（14）当卫生或工艺要求采用直流式（全新风）空调系统，夏季空调系统的回风焓值高于室外空气焓值，空调区排风量大于按负荷计算出的送风量，室内散发有害物质，及防火防爆等要求不允许空气循环使用时，应采用直流式（全新风）空调系统。

（15）对于小型独立建筑物，建筑物内面积较小、布置分散的空调房间，设有集中冷源的建筑物中，少数因使用温度或使用时间要求不一致的房间、住宅等可采用分散设置、有独立冷源的单元式空调机组。

6.2 空调房间热工要求及空调负荷

6.2.1 空调房间热工要求

在夏季由于室内外温差的影响，空调房间的围护结构成为传递热量的通道，为了保持空调室内温度的恒定，需要维持空调房间的热平衡。因此，围护结构传递热量的多少直接影响空调系统的能耗，所以要求围护结构具有良好的保温性能。根据围护结构的类别和空调房间的类型，国家有关规范对此作了规定。舒适性空调建筑围护结构的各项热工指标应符合下列规定：

（1）严寒和寒冷地区、夏热冬冷地区、夏热冬暖地区的居住建筑和公共建筑围护结构的传热系数、透明屋顶和外窗（包括透明幕墙）的遮阳系数、外窗和透明幕墙的气密性能，应符合现行建筑节能设计国家标准的有关规定。

（2）围护结构的热工指标还应符合现行地方建筑节能标准的有关规定。

（3）空调建筑的外窗和透明屋顶的面积不宜过大，每个朝向的建筑窗墙面积比（包括透明幕墙）以及屋顶透明部分与屋顶总面积之比，应符合各项标准的有关规定。

（4）夏热冬冷地区、夏热冬暖地区的公共建筑以及寒冷地区的大型公共建筑，外窗（包括透明幕墙）宜设置外部遮阳。外部遮阳的遮阳系数应符合《公共建筑节能设计标准》（GB 50189—2015）和现行地方标准的有关规定。

（5）相对湿度大于等于80%的潮热房间的围护结构，应采取避免内表面和结构内部结露的措施。

（6）舒适性空调区人员出入频繁的外门应符合下列要求：

1）宜设置门斗、旋转门或弹簧门等，且外门应避开冬季最大频率风向；当不可避免时，应采取设热风幕或冷热风幕等防风渗透的措施，或在严寒、寒冷地区设置散热器、立式风机盘管机组、地板辐射采暖等下部供热设施。

2）建筑外门应严密，当门两侧温差大于或等于7℃时，应采用保温门。

（7）舒适性空调房间宜保持一定的正压，正压值宜取5~10Pa。

工艺性空调建筑围护结构的各项热工指标应符合下列规定：

（1）工艺性空调区围护结构传热系数，应符合国家现行节能设计标准的有关规定，并不应大于表6-3中的规定值。

表 6-3　工艺性空调围护结构最大传热系数 K 值　　$[W/(m^2 \cdot K)]$

围护结构名称	室温波动范围/℃		
	±0.1~0.2	±0.5	±1.0
屋顶	—	—	0.8
顶棚	0.5	0.8	0.9
外墙	—	0.8	1.0
内墙和楼板	0.7	0.9	1.2

注：表中内墙和楼板的有关数值，仅适用于相邻空调区域的温差大于3℃时。

（2）工艺性空调区，当室温波动范围小于或等于±0.5时，其围护结构的热惰性指标 D 值，不宜小于表 6-4 的数值。

表 6-4　工艺性空调围护结构最小热惰性指标 D 值

围护结构名称	室温波动范围/℃	
	±0.1~0.2	±0.5
屋顶	—	3
顶棚	4	3
外墙	—	4

（3）工艺性空调的外墙、外墙朝向和所在楼层，可按表 6-5 确定。

表 6-5　对外墙、外墙朝向和层次的要求

室温允许波动范围/℃	外墙	外墙朝向	楼层层次
±0.1~0.2	不应有	—	宜底层
±0.5	不宜有	如有外墙，宜北向	宜底层
≥±1.0	宜减少	宜北向	避免顶层

注：1. 室温波动范围小于或等于±0.1~0.2的空调区，宜布置在室温允许波动范围较大的空调区之中，当布置在单层建筑内时，宜设通风屋顶。

　　2. 表中的北向适用于北纬 23.5°以北的地区，对于 23.5°及其以南的地区，可相应地采用南向。

（4）工艺性空调区的外窗，应符合表 6-6 规定。

表 6-6　工艺性空调区的窗户的要求

室温允许波动范围/℃	外窗	外窗朝向
≥±1.0	尽量减少外窗	≥±1℃时尽量朝北
		<±1℃时不应有东西向
<±0.5	不宜有外窗	如有外窗，应向北
±0.1~0.2	不应有外窗	—

（5）工艺性空调区的门和门斗，应符合表6-7的要求。

表6-7　门和门斗的设置要求

室温允许波动范围/℃	外门和门斗	内门和门斗
≥±1.0	不宜有外门，如有经常开启的外门，应设门斗	门两侧温差≥7℃时，宜设门斗
±0.5	不应有外门，必须有外门时，必须设门斗	门两侧温差>3℃时，宜设门斗
±0.1~0.2	严禁有外门	内门不宜通向室温基数不同或室温允许波动范围>±1.0℃的邻室

注：门两侧温差≥7℃，应采用保温门。

（6）医院手术室及其附属用房的正压和负压要求应符合《医院洁净手术部建筑技术规范》（GB 50333—2013）的有关规定。

建筑及布置在顶层的空调房间应设吊顶，并应将保温层设置在吊顶上。吊顶上部的空间，应设置可启闭的通风窗，以便夏季开启，冬季关闭。空调房间的地面及楼面，宜按以下原则处理：

（1）与相邻非空调房间之间的楼板，与相邻不经常使用的空调房间之间的楼板，温差大于或等于7℃的相邻空调房间之间的楼板，应作保温处理。

（2）室温允许波动范围不大于±0.5℃、有外墙的空调房间，室温允许波动范围为±1℃、面积小于30m²、有两面外墙的空调房间，夏季炎热或冬季严寒地区、工艺对地面温度有严格要求的空调房间，距外墙1m以内的地面应作局部保温。

6.2.2　空调负荷

6.2.2.1　空调负荷计算

A　空调冷负荷

空调系统向室内供给的冷量应与房间的热量的总和相等，这样空调房间才能维持温度的稳定。空调系统在室内外设计温度下，单位时间需向室内供给的冷量称为空调系统的设计冷负荷。

除在方案设计或初步设计阶段可采用热负荷和冷负荷指标进行必要的估算外，施工图阶段应对空调区冬季热负荷和夏季逐项逐时冷负荷进行计算。空调区的夏季计算得热量，应根据通过围护结构传入的热量，通过透明围护结构进入的太阳辐射热量，人体散热量，照明散热量，设备、器具、管道及其他内部热源的散热量，食品或物料的散热量，渗透空气带入的热量，伴随各种散湿过程产生的潜热量等因素确定。

空调冷负荷的计算由于室外空气温度的波动、太阳辐射热的不同、围护结构蓄热能力等的影响，其传热过程是一个非稳态过程，在计算时一般按照逐时的计算方法计算，过程较为复杂。空调区的夏季冷负荷，应根据各项得热量的种类和性质以及空调区的蓄热特性，分别进行计算。下列各项得热量形成的冷负荷，应按不稳定传热方法进行计算：

$$LQ = Q_w + Q_r + Q_d + Q_x + Q_{sh} + Q_q \tag{6-1}$$

式中　LQ——空调冷负荷，kW；

　　　　Q_w——通过围护结构的传热量及太阳辐射热量，kW；

　　　　Q_r——人体散热量，kW；

　　　　Q_d——照明散热量，kW；

　　　　Q_x——食物、设备及各种热表面的散热量，kW；

　　　　Q_{sh}——人体、设备及室外空气等散湿过程产生的潜热量，kW；

　　　　Q_q——其他因素产生的热量，kW。

不应将上述得热量的逐时值直接作为各相应时刻冷负荷的即时值。

下列各项得热量形成的冷负荷，可按稳定传热方法进行计算：

（1）室温允许波动范围不小于±1℃的舒适性空调区，通过非轻型外墙进入的传热量。

（2）空调区与邻室的夏季温差大于3℃时，通过隔墙、楼板等内围护结构进入的传热量。

（3）人员密集场所、间歇供冷场所的人体散热量。

（4）全天使用的照明灯具、设备散热量，间歇供冷空调场所的照明和设备散热量。

（5）新风带来的热量。

B　空调湿负荷

空调区对于空气湿度有要求，因此，需要通过对空气中水蒸气的处理来达到室内环境湿度的要求。空调室内由于人员、工艺过程、建筑性质及布置的影响，会有水蒸气扩散到空气中来，因此，空调系统为满足舒适或工艺要求，承担着去除或增加空气中水蒸气含量的任务，则称为湿负荷。

空调区夏季散湿量，应考虑散湿源的种类、人员群集系数、同时使用系数以及通风系数等，根据人体散湿量、渗透空气带入的湿量、化学反应过程的散湿量、非围护结构各种潮湿表面、液面或液流的散湿量、食品或气体物料的散湿量、备散湿量、围护结构散湿量等确定。

6.2.2.2　空调冷负荷的确定

空调冷负荷的计算，应考虑不同用途的空调房间的实际使用时间、人员的群集情况以及设备与照明的同时使用率，按空调系统的具体布置合理选用以下空调冷负荷的计算值。

A　房间冷负荷

房间冷负荷用以确定空调房间的送风量和设备规格。空调区的夏季冷负荷，应按各项逐时冷负荷的综合最大值确定。同时应根据所服务区的同时使用情况、空调系统的类型及调节方式，按各空调区逐时冷负荷的综合最大值或各空调区夏季冷负荷的累计值确定，并应计入各项有关的附加冷负荷。空调房间的夏季冷负荷应按下列规定确定：

（1）舒适性空调区，夏季可不计算通过地面传热形成的冷负荷；工艺性空调区有外墙时，宜计算距外墙2m范围内地面传热形成的冷负荷。

（2）计算人体、照明和设备等冷负荷时，应考虑人员的群集系数、同时使用系数、设备功率系数和通风保温系数等。

（3）一般空调房间应以房间逐时冷负荷的综合最大值作为房间冷负荷。

（4）高大空间采用分层空调时，可按全室空调逐时冷负荷的综合最大值乘以小于1的经验系数，作为空调区的冷负荷。房间逐时冷负荷的综合最大值为房间冷负荷。

B　空调系统整体冷负荷

空调系统的夏季冷负荷应包括以下各项，并应按下列要求确定：

（1）末端设备设有温度自控时，宜按所服务各空调区逐时冷负荷的综合最大值确定。

（2）末端设备不设温度自控时，整体冷负荷宜按所服务各空调区逐时冷负荷各自最大小时冷负荷的累计值确定。

（3）应计入新风冷负荷、再热负荷以及各项有关的附加冷负荷。

（4）在确定空调系统的夏季冷负荷时，应考虑各空调房间在使用时间上的不同，采用小于1的同时使用系数。

确定整体冷负荷时，应考虑空调系统在使用时间上的不同，建议用以下同时使用率：中小会议室为80%；中宴会厅为80%；旅馆客房为90%。

（5）空气通过风机、风管的温升引起的附加冷负荷，当回风管敷设在非空调空间时，应考虑漏入风量对回风参数的影响；风管漏风引起的附加冷负荷也应计入。

（6）冷水通过水泵、管道、水箱温升引起的附加冷负荷。

C　空调冷源冷负荷

空调冷源的容量应为空调系统的夏季冷负荷与冷水通过水泵、管道、水箱等部件的温升引起的附加冷负荷总和。可采用以下附加率：

（1）风机散热和风管得热附加率。

（2）送风管道漏风的附加率：漏风的附加率还应加到送风机的风量中。送回风管均在空调室内时，不计此项。

（3）回风管在非空调空间时，应考虑混入风量对回风参数的影响。

（4）制冷装置和冷水系统的冷损失附加率。

D　冬季空调热负荷

冬季空调热负荷由通过围护结构的传热量、室内没有正压时由于渗透空气的侵入散失的热量、加热新风所需的热量等组成。

以上各项均按稳定传热法计算，计算方法详见有关手册。

6.2.2.3　空调冷负荷的估算

在空调制冷工程方案或初步设计阶段，如果资料不全，可以根据经验数值进行概略估算。以下提供一些数据仅供参考。

按建筑物空调房间面积估算冷负荷：

$$LQ = F \cdot q_f，\ kW/m^2 \tag{6-2}$$

其中，q_f 为单位空调面积下的冷负荷，见表6-8。

表 6-8　冷负荷指标的统计值　　　　　　　　（W/m²）

序号	建筑类型	房间名称	冷负荷指标	序号	建筑类型	房间名称	冷负荷指标
1	旅游旅馆	客房标准层	70~100	32	医院	诊断、治疗、注射、办公	75~140
2		酒吧、咖啡厅	80~120	33		高级病房	80~120
3		西餐厅	100~160	34		一般病房	70~110
4		中餐厅、宴会厅	150~250	35		洁净手术室	180~380
5		商店、小卖部	80~110	36		X光、CT、B超、核磁共振	90~120
6		大堂、接待	80~100	37		一般手术室、分娩室	100~150
7		中庭	100~180	38		大厅、挂号	70~120
8		小会议室（允许少量吸烟）	140~250	39	商场百货大楼	营业厅（首层）	160~280
9		大会议室（不允许吸烟）	100~200	40		营业厅（中间层）	150~200
10		理发、美容	90~140	41		营业厅（顶层）	180~250
11		健身房	100~160	42	超市	营业厅	160~220
12		保龄球	90~150	43		营业厅（鱼肉副食）	90~160
13		弹子房	75~110	44	影剧院	观众席	180~280
14		室内游泳池	160~260	45		休息厅（允许吸烟）	250~360
15		舞厅（交谊舞）	180~220	46		化妆室	80~120
16		舞厅（迪斯科）	220~320	47		大堂、洗手间	70~100
17		KTV	100~160	48	体育馆	比赛厅	100~140
18		棋牌、办公	70~120	49		观众休息厅（允许吸烟）	280~360
19		公共洗手间	80~100	50		观众休息厅（不允许吸烟）	160~250
20	银行	营业大厅	120~160	51		贵宾室	120~180
21		办公室	70~120	52		裁判、教练、运动员休息室	100~140
22		计算机房	120~160	53		展览厅、陈列室	150~240
23	写字楼	高级办公室	120~160	54		会堂、报告厅	160~200
24		一般办公室	90~120	55		多功能厅	180~250
25		计算机房	100~140	56		图书阅览室	100~160
26		会议室	150~200	57	图书馆	大厅、借记、登记	90~110
27		会议室	180~260	58		书库	70~90
28		大厅、公共洗手间	70~110	59		特藏（善本）	100~150
29	住宅公寓	多层建筑	88~150	60	餐馆	营业大厅	200~280
30		高层建筑	80~120	61		包间	180~250
31		别墅	150~220				

注：此表中的面积为空调面积；表内数字中人员密度小和照明冷负荷高者代表标准较高的建筑。应考虑节能要求及围护结构热工性能提高，表中数据可取中间值和下限值；繁华商业区商场的人员密度可再增加20%。办公室内还应根据办公自动化程度的高低考虑计算机、复印机等用电设备的冷负荷。

6.3 空调房间气流组织与效果

经过处理的空气由送风口进入空调房间中，与室内空气进行热质交换后，经回风口排出。空气的进入和排出，会引起室内空气的流动，空气流动状况的不同，会产生不同的空调效果。合理地组织室内空气的流动，使室内空气的温度、湿度、流速、室内噪声标准和室内空气质量等能更好地满足工艺要求和符合人们的舒适感觉，这才能达到空气调节的目的，完成气流组织的任务。同时气流组织应与建筑装修有较好的结合，气流应均匀分布，避免产生短路和死角。

例如：在恒温精度要求高的计量室，应使工作区具有较为稳定和均匀的空气温度，区域温差小于一定值；体育馆的乒乓球赛场，除有温度要求外，还希望空气流速不超过某一定值；在净化要求很高的集成电路生产车间，则应组织车间的空气平行流动，把产生的尘粒压至工件的下风侧并排除掉，以保证产品质量。

由此可见，气流组织直接影响空调效果，是关系着房间工作区的温湿度基数、精度及区域温差、工作区的气流速度及清洁程度和人们舒适感的重要因素。因此，在工程设计中，除了考虑空气的处理、输送和调节外，还必须注意空调房间的气流组织。

室内空气分布与很多因素有关：送风口形式和位置、回风口位置、送风射流参数（主要指送风温差、送风口直径、送风速度等）、房间几何形状以及热源位置等。上述诸因素的相互关系比较复杂，以目前的国内外水平而论，还难以把它们综合起来进行纯理论计算。在以上诸因素中，送风口、回风口的形状、位置和送风射流参数是影响气流组织的主要因素。

6.3.1 送风口、回风口的形式

6.3.1.1 送风口的形式

由前述可知，空调房间气流流型主要取决于送风射流。而送风口形式将直接影响气流的混合程度、出口方向及射流断面形状，对送风射流具有重要作用。根据空调精度、气流形式、送风口安装位置以及建筑装修的艺术配合等方面的要求，可以选用不同形式的送风口。送风口的种类繁多，按送出气流形式可分为 4 种类型。

（1）辐射形送风口。送出气流呈辐射状向四周扩散，如盘式散流器、片式散流器等。

（2）轴向送风口。气流沿送风口轴线方向送出。这类风口有格栅送风门、百叶送风口、喷口、条缝送风口等。

（3）线形送风口。气流从狭长的线状风口送出，如长宽比很大的条缝形送风口。

（4）面形送风口。气流从大面积的平面上均匀送出，如孔板送风口。

几种常见的送风口形式及特点见表6-9。

表 6-9　送风口形式及特点

送风口类型	送风口名称	型　式	特点及适用范围	备　注
侧送风口	格栅送风口		叶片可调格栅，可根据需要调节上下倾角或扩散角，不能调节风口风量，用于要求不高的一般空调工程	叶片固定的格栅可作为回风口和新风进风口

续表 6-9

送风口类型	送风口名称	型　式	特点及适用范围	备注
侧送风口	单层百叶送风口		叶片可横装（V型）或竖装（H型），可调节竖向仰角、俯角和水平扩散角。均带有对开式风量调节阀，可调节风量，用于一般精度的空调工程	与过滤器配套使用可作为回风口
	双层百叶送风口		外层和内层百叶横装或竖装，均带有对开式风量调节阀，可调节风量，也可装配可调试导流片，用于公共建筑的舒适性空调，以及精度较高的工艺性空调	叶片调节吹出角度范围为0°~180°
	条缝型百叶送风口		长宽比大于10、叶片横装可调的格栅风口或与对开式风量调节阀组装在一起的条缝百叶风口，可调节角度和风量，用于一般空调和风机盘管出口	
散流器	直片式散流器	$A \cdot B$	圆形扩散圈为三层锥形面，方形可形成不同的送风方向，拆装方便，可与单开阀板式或双开阀板式风量调节阀配套使用，用于公共建筑的舒适性空调和工艺性空调	
	圆盘形散流器		拆装方便，可与单开或双开阀板风量调节阀配套使用，可形成下送和平送贴附射流，用于公共建筑的舒适性空调和工艺性空调	
	流线形散流器	ϕD	气流呈下送流线型，采用密集布置，可调节风量，用于净化空调	
喷射式送风口	圆形喷口		出口带有较小的收缩角度，属于圆射流，不能调节风量，用于公共建筑和高大厂房的一般性空调	
	球形喷口		带有较短的圆柱喷口与转动球体相连接，属于圆射流，既能调节气流方向，又能调节送风量，用于空调和通风的岗位送风	
旋流风口		4　1　3　2　(a)　(b)	（a）旋流吸顶散流器：可调出吹出流型和贴附流型 （b）地板送风旋流风口：1—起旋器；2—旋流叶片；3—集尘器；4—出风格栅 用于公共建筑和工业厂房的一般型舒适空调，适宜在送风温差大、层高低的空间中应用	
置换送风风口		ϕD	风口靠墙置于地上，风口的周边开有条缝，空气以很低的速度送出，形成置换送风的流型，可在90°、180°和360°范围内送风，用于采用置换通风的空调房间	

6.3.1.2 回风口形式及布置方式

房间内的回风口是一个汇流的流场，风速的衰减很快，它对房间气流的影响相对于送风口来说比较小，因此风口的形式也比较简单。上述送风口中的活动百叶风口、固定叶片风口、格栅风口等都可以作为回风口。此外，还有网板风口、算孔或孔板风口等，也可与粗效过滤器组合在一起使用。

回风口布置时应注意以下几点：

（1）除了高大空间或面积大而有较高区域温差要求的空调房间外，一般可仅在一侧布置回风口。

（2）对于侧送方式，一般设在送风口同侧下方。下部回风易使热风送下，如果采用孔板和散流器送风形成单向流流型时，回风应设在下侧。

（3）高大空间上部有一定余热量时，宜在上部增设排风口或回风口排除余热量，以减少空调区的热量。

（4）有走廊的、多间的空调房间，如对消声、洁净度要求不高，室内又无有害气体时，可在走廊端头布置回风口集中间风；而在各空调房间内，在与走廊邻接的门或内墙下侧，也设置可调百叶栅口，走廊两端应设密闭性能较好的门。

（5）影响空调区域的局部热源，可用排风罩或排风口形式进行隔离，如果排出空气的焓低于室外空气的焓，则排风口可作为回风口，接在回风系统中。

6.3.2 典型的气流组织形式

气流组织的流动模式取决于送风口和回风口位置、送风口形式、送风量等因素。其中送风口（位置、形式、规格、出口风速等）是影响气流组织的主要因素。下面介绍几种常见的风口布置方式的气流组织模式。

6.3.2.1 侧送风的气流组织

侧送风是空调房间中最常用的一种气流组织方式。一般以贴附射流形式出现，工作区通常是回流。对于室温允许波动范围有要求的空调房间，一般能够满足区域温差的要求。图 6-17 给出了 7 种侧送风的室内气流组织模式。

图 6-17（a）为上侧送风，同侧的下部回风，适宜用于恒温恒湿的空调房间。图 6-17（b）为上侧送风，对侧下部回风。工作区在回流和涡流区中，回风的污染物浓度低于工作区的浓度。图 6-17（c）为上侧送风，同侧上部回风。图 6-17（d）、（e）的模式适用于房间宽度很大、单侧送风射流达不到对侧墙时的场合。对于高大空间，可采用中部侧送风、下部回风、上部排风的气流组织，如图 6-17（f）所示。当送冷风时，射流向下弯曲。这种送风方式在工作区的气流组织模式基本上与图 6-17（d）相类似。房间上部区域温湿度不需要控制，但可进行部分排风，尤其是在热车间中，上部排风可以有效排除室内的余热。图 6-17（g）是典型的水平单向流的气流组织模式。这种气流组织模式用于洁净空调室中。

喷口侧送风（见图 6-18）是大型体育馆、礼堂、剧院、通用大厅以及高大空间等建筑中常用的一种送风方式。由高速喷口送出的射流带动室内空气进行强烈混合的侧送方式，使射流流量成倍增加，室内形成大的回旋气流，工作区一般是回流区。由于这种送风方式

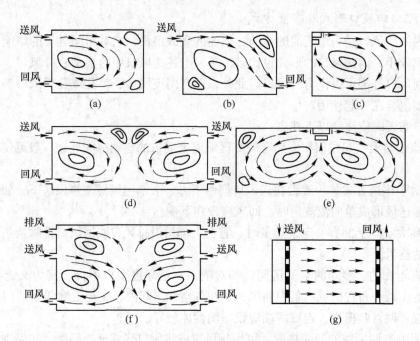

图 6-17　侧送风的室内气流组织

（a）上侧送风，同侧下回风；（b）上侧送风，对侧下回风；（c）上侧送风，上回风；（d）双侧送风，双侧下回风；
（e）上部两侧送风，上回风；（f）中侧送风，下回风，上排风；（g）水平单向流

具有射程远、系统简单、投资较省的特点，一般能够满足工作区舒适条件，在高大空间中常用。

6.3.2.2　顶送风的气流组织

图 6-19 是 4 种典型的顶送风的室内气流组织模式。图 6-19（a）为散流器平送，顶棚回风的模式。顶棚上的回风口应远离散流器。图 6-19（b）为散流器向下送

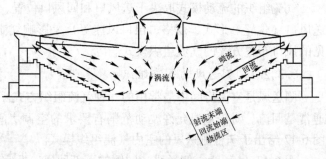

图 6-18　喷口侧送风

风，下侧回风的室内气流组织，所用的散流器具有向下送风的特点。散流器出口的空气以夹角口 20°~30°喷射出。图 6-19（c）为典型的垂直单向流。送风与回风都有起稳压作用的静压箱。送风顶棚可以是孔板，下部是格栅地板，从而保证气流在横断面上速度均匀，方向一致。图 6-19（d）为顶棚孔板送风，下侧部回风。与图 6-19（c）不同的是取消格栅地板，改为一侧回风。因此不能保证完全是单向流，气流在下部偏向回风口。喷口也可用于顶送风。

条缝送风也是一种常用的顶送风方式。条缝送风属于扁平射流，与喷口送风相比，射程较短，温差和速度衰减较快。对于一些散热量大的且只要求降温的房间，以及民用建筑中宜采用这种送风方式。在一些高级民用和公共建筑中，还可与灯具配合布置应用条缝送风的方式。

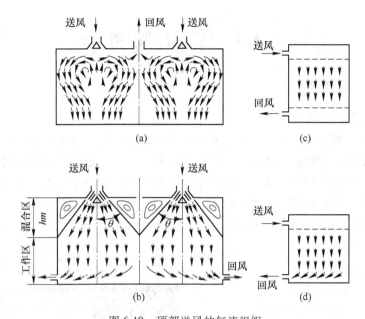

图 6-19 顶部送风的气流组织

（a）散流器平送，顶棚回风；（b）散流器向下送风，下侧回风；

（c）垂直单向流；（d）顶棚孔板送风，下侧回风

6.3.2.3 下部送风的气流组织

图 6-20 为两种典型的下部送风的气流组织图。图 6-20（a）为地板送风模式。地面需架空，下部空间用于布置送风管，或送风静压箱，把空气分配到地板送风口。送出的气流可以是水平贴附射流或垂直射流。可保持工作区内有较高的空气品质，但不适合于送热风的场合。图 6-20（b）是下部低速侧送的室内气流组织，送风口速度很低，一般约为 0.3m/s。

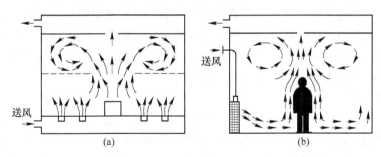

图 6-20 下部送风的气流组织形式

（a）地板送风；（b）下部低速侧送风（置换通风）

下部送风的垂直温度梯度都较大，设计时应校核温度梯度是否满足要求，另外，送风温度也不应太低，避免足部有冷风感。下部送风适宜用于计算机房、办公室、会议室、观众厅等场合。

下部送风除了上述两种模式外，还有座椅送风方案，即在座椅下或椅背处送风。这也是下部送风的气流组织模式，通常用于影剧院、体育馆的观众厅。

6.4 空气处理设备

6.4.1 空气冷、热处理设备

6.4.1.1 喷水室及其构造

喷水室是由喷嘴向流动空气中均匀喷洒细小水滴，让空气与水在直接接触条件下进行热湿交换。它的特点是能够实现多种空气处理过程、具有一定空气净化能力、结构上易于现场加工构筑、节省金属耗量等，是应用最早而且相当普遍的空气处理设备。但是，由于它对水质要求高、占地面积大、水系统复杂、运行费用较高等缺点，除在一些以湿度调控为主要目的的场合（如纺织厂、卷烟厂等）还大量使用外，一般建筑已不常使用。

A　喷水室构造

喷水室是由喷嘴、供水排管、挡水板、集水底池和外壳等组成，底池还包括有多种管道和附件，如图 6-21 所示。

图 6-21 是应用比较广泛的单级卧式低速喷水室构造示意图。这种喷水室的横截面积应根据通过风量和 $v = 2 \sim 3 \text{m/s}$ 的流速条件来确定，长度则取决于喷嘴排数、排管布置和喷水方向。喷水室中

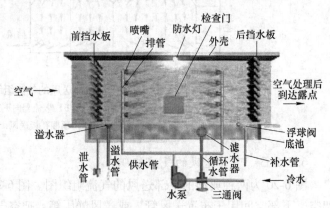

图 6-21　喷水室结构图

通常设置 1~3 排喷嘴，喷水方向根据与空气流动方向相同与否分为顺喷、逆喷和对喷等形式，单排多用逆喷，双排多用对喷，在喷水量较大时才宜采用 3 排（1 顺 2 逆）。

喷嘴的作用是使水雾化并均匀喷散在喷水室中，一般采用铜、不锈钢、尼龙和塑料等耐磨、耐腐蚀材料制作，它布置的原则是保证喷出水滴能均匀覆盖喷水室横断面。喷嘴的喷水量、水滴直径、喷射角度和作用距离与其构造、直径及喷嘴前水压有关。实验证明，喷嘴直径小、喷水压力高，可得到细喷，适用于空气加湿处理；反之，可得到粗喷，适用于空气的冷却干燥。

挡水板主要起分离空气中夹带水分，以减少喷水室"过水量"的作用，前挡水板还可起到使空气均匀流动的作用。挡水板过去主要使用镀锌钢板或玻璃板条加工制作成多折形，现在则多改用各种塑料板制成波形和蛇形挡水板，这更有利于增强挡水效果和减少空气流通阻力。

喷水室的外壳和底池在工厂定型产品中多用钢板和玻璃钢加工，现场施工时也可采用砖砌或用混凝土浇制，制作过程应处理好保温和防水。底池的集水容积一般可按 3%~5% 的总喷水量考虑，它本身还和以下 4 种管道相连：

（1）循环水管。将底池中的集水经滤水器吸入水泵重复使用。

（2）溢水管。经溢水器（设水封罩）排除底池中的过量集水。

（3）补水管：补充因耗散或泄漏等造成底池集水量的不足。

（4）泄水管。用于设备检修、清洗或防冻需要时排空池中积水。

为便于观察和检修，喷水室应设防水照明灯和密闭检修门。

B　喷水室处理空气的过程

空气以一定速度流经喷水室时，它与水滴之间通过水滴表面饱和空气边界层不断地进行着对流热交换和对流质交换，其中显热交换取决于二者间的温差，潜热交换和湿（质）交换取决于水蒸气分压力差，而总热交换则是以焓差为推动力。这一热湿交换过程其实也可看成是一部分与水直接接触的空气与另一部分尚未与水接触的空气不断混合的过程，空气自身状态因之发生相应变化。

假如空气与水接触处于水量无限大、接触时间无限长这一假想条件下，其结果全部空气都将达到具有水温的饱和状态点，即是说空气终状态将处于 i-d 图中的饱和曲线上，且终温也将等于水温。显然，一旦给定不同的水温，空气状态变化过程也就有所不同。对实际的喷水室来说，喷水量总是有限的，空气与水接触时间也不可能足够长，因而空气终状态很难达到饱和（双级喷水室属例外），水的温度也将不断变化。实践中，人们习惯于将空气经喷水处理后所达到的这一接近饱和但尚未饱和的状态点称为"机器露点"。

尽管喷水室中空气状态变化过程并非直线，但在实际工作中人们着重关注的是空气处理结果，而不在中间过程，所以可用连接空气初、终状态点的直线来近似表示这一过程。

6.4.1.2　表面式换热器

表面式换热器是利用各种冷热介质，通过金属表面（如光管、肋片管）使空气加热、冷却甚至减湿的热湿处理设备。表面式换热器包括两大类型：通常以热水或蒸汽做热媒，对空气进行加热处理的称为表面式空气加热器；以冷水或制冷剂做冷媒，对空气进行冷却、去湿处理的称为表面式空气冷却器（简称表冷器），它又可分为水冷式和直接蒸发式两类。

与喷水室比较，表面式换热器需耗用较多的金属材料，对空气的净化作用差，热湿处理功能也十分受限。但是，它在结构上十分紧凑，占地较少。水系统简单且通常采用闭式循环，故节约输水能耗，对水质要求也不高，便于设计选用、施工安装及维护管理等。因此，它在空调工程中得到最为广泛的应用。

A　表面式换热器的构造

表面式换热器构造上分光管式和肋管式两种。光管式表面换热器构造简单，易于清扫，空气阻力小，但其传热效率低，已经很少应用。肋管式表面换热器主要由管子（带联箱）、肋片和护板组成，如图6-22所示。为使表面式换热器性能稳定，应保证其加工质量，力求使管子与肋片间接触紧密，减小接触热阻，并保证长久使用后也不会松动。

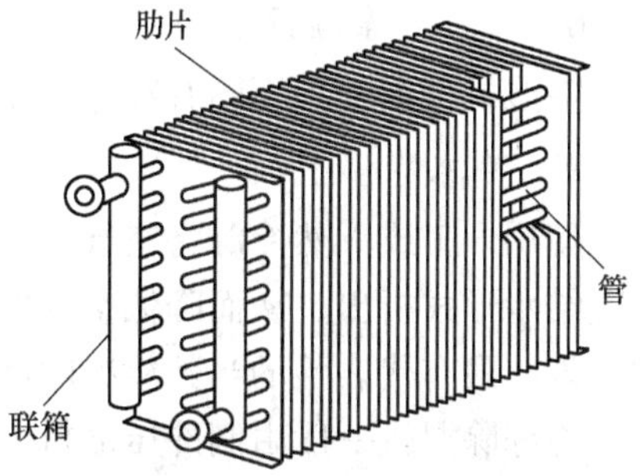

图6-22　表面式换热器

根据加工方法的不同，肋片管可分为绕片管、串片管和轧片管等类型，肋片也有平片、波纹形片、条缝形片和波形冲缝片等不同形式。

表面式换热器可以垂直、水平和倾斜安装。在空气流动方向上可以并联、串联或者既有并联又有串联。一般处理空气的风量大时采用并联，需要空气温升（或温降）大时采用串联。在冷热媒管路上也有串并联之分，但使用蒸汽作热媒时只能并联。其他热媒通常的做法是：相对于空气通路为并联的换热器，其水管路也应并联；空气管路串联的水管路也串联。串联管路可提高流速、增大传热系数，但阻力大。

B　表面式换热器处理空气的过程

按照传热传质理论，表面式换热器的热湿交换是在主体空气与紧贴换热器外表面的边界层空气之间的温差和水蒸气分压力差作用下进行的。根据主体空气与边界层空气的参数不同，表面式换热器可以实现 3 种空气处理过程——等湿加热、等湿冷却和减湿冷却过程。

（1）等湿加热与等湿冷却。换热器工作时，当边界层空气温度高于主体空气温度时，将发生等湿加热过程；当边界层空气温度虽低于主体空气温度，但尚高于其露点温度时将发生等湿冷却过程或称干冷过程（干工况）。由于等湿加热和冷却过程中，主体空气和边界层空气之间只有温差，并无水蒸气分压力差，所以只有显热交换。对于只有显热传递的过程，表面式换热器的换热量取决于传热系数、传热面积和两交换介质间的对数平均温差。当其结构、尺寸及交换介质温度给定时，对传热能力起决定作用的则是传热系数。

（2）减湿冷却。换热器工作时，当边界层空气温度低于主体空气的露点温度时，将发生减湿冷却过程或称湿冷过程（湿工况）。在稳定的湿工况下，可以认为在整个换热器外表面上形成一层等厚的冷凝水膜，多余的冷凝水不断从表面流走。冷凝过程放出的凝结热使水膜温度略高于表面温度，但因水膜温升及膜层热阻影响较小，计算时可以忽略水膜存在对其边界层空气参数的影响。

湿工况下，由于边界层空气与主体空气之间不但存在温差，也存在水蒸气分压力差，所以通过换热器表面不但有显热交换，也有伴随湿交换的潜热交换。由此可知，表面式空气冷却器的湿工况比干工况应当具有更大的热交换能力。

6.4.2　除湿设备与加湿设备

6.4.2.1　除湿设备

除湿机根据原理不同有冷冻除湿机、三甘醇液体除湿机、转轮除湿机等形式。

A　冷冻除湿机

使用人工或天然冷源将空气冷却到露点温度以下，超过饱和含湿量的那部分水蒸气会以凝结水形式析出，从而降低空气的含湿量。这类冷却除湿设备除喷水室和表面式空气冷却器外，最有代表性的当数冷冻除湿机（或称冷冻减湿机）。

冷冻除湿机一般由制冷压缩机、蒸发器、冷凝器、膨胀阀以及风机、风阀等部件所组成。它将制冷系统和通风系统结合为一体，其工作原理如图 6-23 所示。由图可知，潮湿空气先经蒸发器冷却减湿，再经冷凝器加热升温，最终将变成一种高温、干燥的空气。空气经蒸发器处理后的相对湿度一般可按 95% 计算。除湿机的除湿量与制冷量成正比。

冷冻除湿机有立式和卧式、固定式和移动式、带风机和不带风机等形式，品种、规格都较齐全。国内产品的除湿能力约为 0.3~1kg/h。

冷冻除湿机具有效果可靠、使用方便、无需热源等优点，但其使用条件受限，不宜用于环境温度过低或过高的场合，维护保养也较麻烦。

B 液体或固体吸湿

某些盐类及其水溶液对空气中的水蒸气具有强烈的吸收作用。这些盐水溶液中，由于盐类分子的存在而使得水分子浓度降低，溶液表面上饱和空气层中的水蒸气分子数也相应减少。因此，与同温度的水相比，溶液表面上饱和空气层中的水蒸气分压力必然要低些。盐水溶液一旦与水蒸气分压力较高的周围空气相接触，空气中的水蒸气就会向溶液表面转移，或者为后者所吸收。基于这种吸收作用而吸湿的盐水溶液称为液体吸湿剂（吸收剂）。

工程中使用较多的液体吸湿剂有氯化钙（$CaCl_2$）、氯化锂（$LiCl$）和三甘醇等水溶液，也有某些固态吸收剂，比如氯化钙、生石灰，它们在吸收空气中的水分后，自身将潮解成为各自

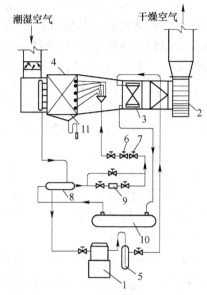

图 6-23 冷冻除湿机原理图
1—压缩机；2—送风机；3—冷凝器；4—蒸发器；
5—油分离器；6，7—节流装置；8—热交换器；
9—过滤器；10—储液器；11—集水器

的水溶液，因而可称之为固体液化吸收剂。在前述液体吸湿剂中，氯化钙溶液对金属有较强的腐蚀作用，但其价格便宜，所以有时也采用；氯化锂溶液吸湿能力强，化学稳定性好，对金属也有一定腐蚀性，其应用最为广泛；三甘醇无腐蚀性，吸湿能力也较强，有一定的发展前途。其原理如图 6-24 所示。

C 转轮除湿机

氯化锂转轮除湿机是以氯化锂为吸湿剂的一种干式动态吸湿设备。它利用一种特制的吸湿纸来吸收空气中的水分。吸湿纸常用玻璃纤维滤纸为载体，将氯化锂等吸湿剂和保护加强剂等液体均匀地黏附在滤纸上烘干而成。吸湿纸内所含氯化锂等晶体吸收水分后生成结晶水而不变成盐水溶液。常温时吸湿纸上水蒸气分压力比空气中水蒸气分压力低，

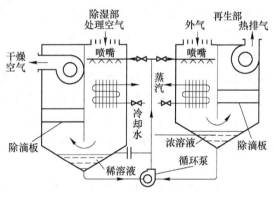

图 6-24 液体吸收除湿法原理图

所以能从空气中吸收水蒸气；而高温时吸湿纸上水蒸气分压力高于空气中水蒸气分压力，因此，又可将吸收的水蒸气释放出来。如此反复循环使用，便可达到连续进行完全除湿的目的。

转轮除湿机通常应包括吸湿系统、再生系统和控制系统 3 部分。图 6-25 是氯化锂转轮除湿机的工作原理图。这种除湿机主要由吸湿转轮、传动机构、外壳、风机、再生用电加热器（或以蒸汽作热媒的空气加热器）及控制器件所组成。转轮是由交替放置的平的或压

成波纹状的吸湿纸卷绕而成，在纸轮上形成许多蜂窝状通道，从而提供了相当大的吸湿面积。转轮以每小时数转的速度缓慢旋转，潮湿空气由转轮一侧的3/4部分进入吸湿后，再生空气则从另一侧1/4部分进入再生区。此两区以隔板分割，其界面用弹性材料密封，以防两区间空气相互流窜。

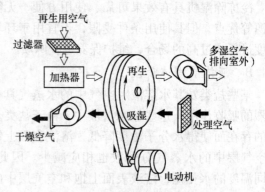

图 6-25 转轮除湿机原理图

6.4.2.2 加湿设备

根据加湿的原理，加湿过程可以分为等温加湿和等焓加湿两类。

A 干蒸汽加湿

将锅炉中产生的蒸汽从管子的小孔中喷射出来，进行加湿。其加湿效率接近100%，且容易控制，但也存在一些问题，如钢制锅炉的蒸汽中含清洁剂，以及铸铁锅炉会因此缩短自身寿命等。其加湿器构成如图6-26所示。在空气中直接喷蒸汽，这是一个近似等温的加湿过程。如果蒸汽直接经喷管的小孔喷出，由于蒸汽在管内流动过程中被冷却而产生凝结水，喷出蒸汽将夹带凝结水，从而导致细菌繁殖、产生气味等缺点。应保证最终喷出的蒸汽为干蒸汽。自动调

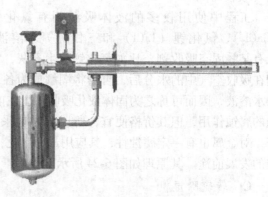

图 6-26 干蒸汽加湿器

节阀可以根据空气中的湿度调节开度，控制喷蒸汽量（100~300kg/h）。干蒸汽加湿器适用的蒸汽压力范围为 0.02~0.4MPa（表压）。蒸汽压力大，噪声大，因此宜选用较低压力的蒸汽。干蒸汽加湿器加湿迅速、均匀、稳定、不带水滴，加湿量易于控制，适用于对湿度控制严格的场所，但也只能用于有蒸汽源的建筑物中。

B 高压喷雾

利用水泵将水加压到 0.3~0.35MPa（表压）下进行喷雾，可获得平均粒径为 $30\mu m$ 的水滴，在空气中吸热汽化，是一个接近等焓的加湿过程。高压喷雾优点是加湿量大（6~600kg/h），噪声低，消耗功率小，运行费用低；缺点是有水滴析出，有带菌现象，使用未经软化处理的水会出现"白粉"现象（钙、镁等杂质析出）。这是目前空调机组中应用较多的一种加湿方法。也可以将水雾喷射到加热盘管上，使其汽化。其装置及安装方式如图6-27所示。

C 湿膜加湿

湿膜加湿又称淋水填料层加湿。利用湿材料表面向空气中蒸发水汽进行加湿。可以利用玻璃纤维、金属丝、波纹纸板等做成一定厚度的填料层，材料上淋水或喷水使之湿润，

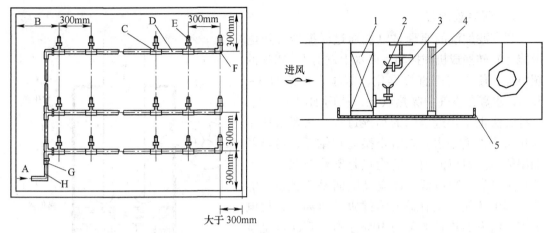

图 6-27 高压喷雾加湿结构及安装示意图

A—接主机出口；B—大于 300mm；C—三通接头体；D—喷杆；E—喷头；
F—弯头；G—锁线式直通接头体；H—高压尼龙管；
1—表冷器；2—逆向喷雾；3—垂直喷雾；4—挡水板（湿膜式）；5—接水盘

空气通过湿填料层而被加湿，如图 6-28 所示。这个加湿过程与高压喷雾一样，是一个接近等焓的加湿过程。这种加湿方法的优点是设备结构简单，体积小，填料层有过滤灰尘作用，填料还有挡水功能，空气中不会夹带水滴。缺点是湿表面容易滋生微生物，用普通水的填料层易产生水垢，另外填料层很易被灰尘堵塞，需定期维护。

D 透湿膜加湿

透湿膜加湿是利用化工中的膜蒸馏原理的加湿技术。水与空气被疏水性的微孔湿膜（透湿膜，如聚四氯乙烯微孔膜）隔开，在两侧不同的水蒸气分压差的作用下，水蒸气通过透湿膜传递到空气中，加湿了空气（见图 6-29）；水、钙、镁和其他杂质等则不能通过，这就不会有"白粉"现象发生。透湿膜加湿器通常是由用透湿膜包裹的水片层及波纹纸板叠放在一起组成，空气在波纹纸板间通过。这种加湿设备结构简单，运行费用低，节能，实现干净加湿（无"白粉"现象）。

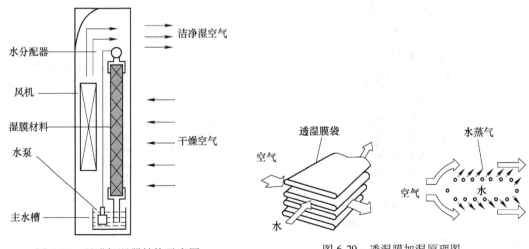

图 6-28 湿膜加湿器结构示意图

图 6-29 透湿膜加湿原理图

E　超声波加湿

超声波加湿的原理是电能通过激振器（压电换能片）转换成机械振动，向水中发射 1.7MHz 的超声波，使水表面直接雾化，雾粒直径约为 3～5μm，水雾在空气中吸热汽化，从而加湿了空气，这种方法也是接近等焓的加湿过程。它要求使用软化水或去离子水，以防止换能片结垢，而降低加湿能力。超声波加湿的优点是雾化效果好，运行稳定可靠，噪声低，反应灵敏而易于控制，雾化过程中还能产生有益人体健康的负离子，耗电不多，约为电热式加湿的 10% 左右。其缺点是价格贵，对水质要求高。目前，国内空调机组尚无现成的超声波加湿段，但可以把超声波加湿装置直接装于空调机组中。其原理如图 6-30 所示。

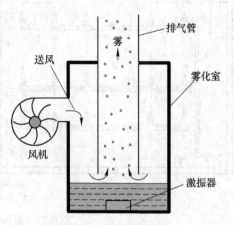

图 6-30　超声波加湿器原理图

F　其他加湿方法

其他加湿方法有电热式（见图 6-31）或电极式加湿（见图 6-32）、红外线加湿、离心式加湿（见图 6-33）等。前 3 种都是以电能转变热能使水汽化，因此耗电大，运行费用高，在组合式空调机组中很少使用。电热（极）式目前主要用于带制冷机的空调机中。红外线加湿是利用红外线灯作热源，产生辐射热，使水表面受辐射热而汽化。产生的蒸汽无污染微粒，适宜用于净化空调系统中。有些进口空调机中带有这种加湿器。

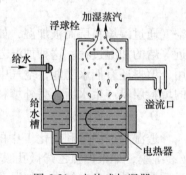

图 6-31　电热式加湿器

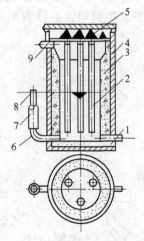

图 6-32　电极式加湿器

1—进水管；2—电极；3—保温层；4—外壳；5—接线柱；
6—溢水管；7—橡皮短管；8—溢水嘴；9—蒸汽出口

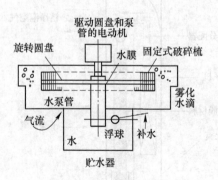

图 6-33　离心式加湿器

6.4.3 空气净化设备

空气净化装置主要为空气过滤器，空气过滤器可分为初效过滤器、中效过滤器和高效过滤器。其形式及主要特性见表 6-10。

表 6-10 空气过滤器的形式及主要特性

分类	过滤器形式和材料	有效的捕集尘粒直径 /μm	适当的含尘浓度	压力损失 /Pa	除尘效率/%		容尘量 /g·m⁻²	用途
					质量法	计数或钠焰法		
粗效过滤器	玻璃纤维过滤器（干/浸油）、网状过滤器（干/浸油）、泡沫塑料块状过滤器、滤材自动卷绕过滤器	>5	中~大	30~200	70~90	计数：20~80 ($d \geqslant 5\mu m$)	500~2000	作新风过滤器和高效、亚高效、中效过滤器前的预过滤
中效过滤器	滤材折叠（或袋式）的中细孔泡沫塑料、无纺布、玻璃纤维过滤器	>1	中	80~250	90~96	计数：20~70 ($d \geqslant 1\mu m$)	300~800	在净化空调系统中作中间过滤，保护高效，在一般空调中作终端过滤器
亚高效过滤器	超细石棉玻璃纤维滤纸（或合成纤维滤布）过滤材料做成多折形	<1	小	150~350	>99	计数：95~99.9 ($d \geqslant 0.5\mu m$) 钠焰：90~99	70~250	在净化空调系统中作中间过滤，在一般净化空调中作终端过滤器
高效过滤器	超细石棉、玻璃纤维滤纸类过滤材料做成多折形	≥0.5	小	250~490	无法鉴别	钠焰：≥99.97	50~70	在净化空调系统中作终端过滤器，用于生物洁净室

注：1. 含尘浓度：大 0.4~7.0mg/m³，中 0.1~0.6 mg/m³，小 0.3mg/m³ 以下。

2. 过滤器容尘量是指当过滤器的阻力（额定风量下）达到终阻力时，过滤器所容纳的尘粒量。

3. 摘自《空气过滤器》（GB/T 14295—2008）。

过滤器使用的滤料可分为聚氨酯泡沫塑料、无纺布、金属网格浸油、玻璃纤维、棉短绒纤维滤纸、超细玻璃和超细石棉做成的纸。新型过滤材料还有活性炭和纳米材料等。一些过滤器的形式如图 6-34~图 6-39 所示。

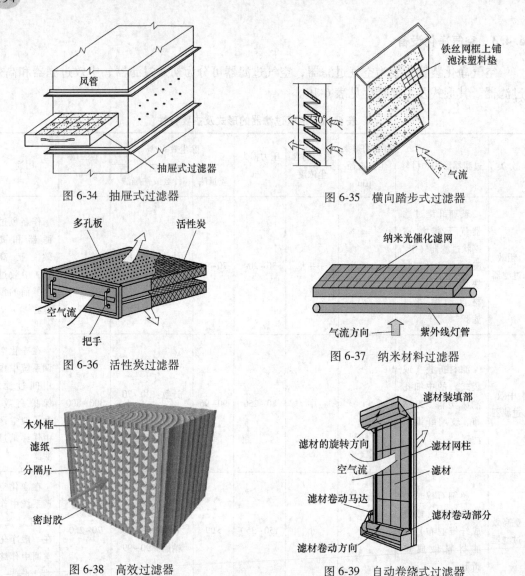

图 6-34　抽屉式过滤器

图 6-35　横向踏步式过滤器

图 6-36　活性炭过滤器

图 6-37　纳米材料过滤器

图 6-38　高效过滤器

图 6-39　自动卷绕式过滤器

6.4.4　消声设备

消声器根据其消声原理不同可分为阻性消声器、抗性消声器、共振消声器和复合式消声器等。消声器是可使气流通过而降低噪声的装置。降低气流噪声主要依靠安装各种类型的消声器或消声室。性能良好的消声器不仅要求有较好的消声频率特性、较小的空气阻力损失，还要求结构简单、施工方便、使用寿命长、体积小且造价低，其中消声量是评价消声器性能优劣的重要指标。

目前应用的消声器种类很多，但根据其消声原理，大致可分为阻性消声器、抗性消声器和共振式消声器三大类。为了扩大控制噪声的范围，可以将上述两类消声器结合起来，形成阻抗复合式消声器。本节仅对各类消声器作简要描述。

6.4.4.1　阻性消声器

阻性消声器的原理是：利用布置在管内壁上的吸声材料或吸声结构的吸声作用，使沿管道传播的噪声迅速随距离衰减，从而达到消声的目的，其作用类似于电路中的电阻，对中高频噪声的消声效果较好。阻性消声器的种类很多，按气流通道的几何形状可分为直管式、片式、折板式、迷宫式、蜂窝式、声流式和弯头式等，如图6-40所示。

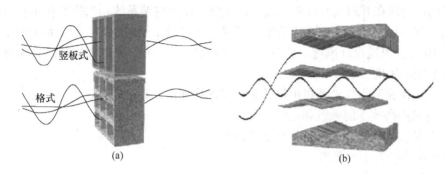

图 6-40　阻性消声器（可有内贴管、竖板式、格式、波纹式、折板式等形式）

（a）竖板式和格式；（b）波纹式和折板式

6.4.4.2　抗性消声器

抗性消声器不使用吸声材料，它又分为扩张室消声器和共振消声器。前者主要是借助于管道截面的突然扩张和收缩达到消声目的；后者则是借助共振腔，利用声阻抗失配，使沿管道传播的噪声在突变处发生反射、干涉等现象，以达到消声目的，适宜控制低中频噪声。常用的形式有干涉式、膨胀式和共振式等，如图6-41、图6-42所示。

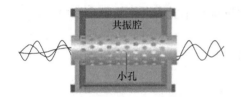

图 6-41　共振式消声器

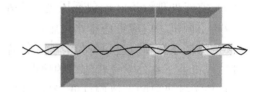

图 6-42　扩张室消声器

在消声性能上，阻性消声器和抗性消声器有着明显的差异。前者适宜消除中高频噪声，而后者适宜消除中低频噪声。但在实际中，宽频带噪声是很常见的，即低频、中频、高频的噪声都很高。为了在较宽的频率范围内获得较好的消声效果，通常采用宽频带的阻抗复合式消声器，它将阻性与抗性两种消声原理，通过结构复合起来而构成，如图6-43所示。

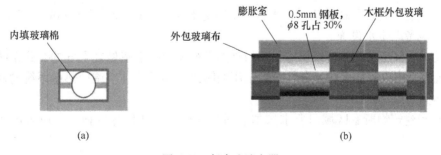

图 6-43　复合式消声器

（a）横截面；（b）纵剖面

6.4.5　空调机房布置原则

空调机房的布置原则有：应合理布置和划分风系统的服务区域，风道作用半径不宜过大；高层民用建筑在其层高允许的情况下，宜分层设置空调系统；当需要在垂直方向设置空调系统（如新风系统）时，应符合防火要求；当层数不受限制时，每个系统所辖层数也不宜超过 10 层；风道设计风速不应过大，可根据空调区域的噪声要求确定；应合理选用空调通风系统的风机：

（1）风机压头和空气处理机组机外余压应计算确定，不应选择过大。

（2）应采用高效率的风机和电机。

（3）有条件时宜优先选用直联驱动的风机。

空调机房应符合下列要求：

（1）空调机房宜邻近所服务的空调区。

（2）空调机房的面积和净高应根据系统负荷、设备大小确定，应保证有适当的操作空间、检修通道和设备吊装空间。

（3）无窗的空调机房，宜有通风措施。

（4）空调机房不宜与空调房间共用一个出入口，机房应根据邻近房间的噪声和振动要求，采取相应的隔声、吸声措施；通风机等转动设备应设减振装置。

（5）空调机房的外门和窗应向外开启；大型空调机房应有单独的外门及搬运设备的出入口；设备构件过大不能由门出入时，应预留安装孔洞。

（6）空气处理设备（不包括风机盘管等小型设备）不宜安装在空调房间内。

（7）空调机房内应考虑排水设施。

（8）空调系统新风进口的位置，应符合下列要求：

1）风口处于室外空气较洁净的地点。

2）位于排风口的上风侧且低于排风口。

3）进风口的底部距室外地坪不少于 2m（位于绿化地带时，可减至 1m）。

4）位于建筑物背阴处。

空调管道或与其他管道共同敷设于管道层时，管道层应符合下列要求：

（1）净高不应低于 1.8m；当管道层内有结构梁时，梁下净高不应低于 1.0m；层高不大于 2.2m 的管道层内不宜安装空气处理机组及其他需要经常维修的空调通风设备。

（2）应设置人工照明，宜有自然通风。

（3）隔墙上安装各种管道后，人行通道净宽不应小于 0.7m，净高不应低于 1.2m。

（4）应考虑排水设施。

除设蓄冷蓄热水池等直接供冷供热的蓄能系统及用喷水室处理空气的开式系统外，空调水系统宜采用以膨胀水箱或其他设备定压的闭式循环系统。空调冷热水系统的制式，应符合下列原则：

（1）当建筑物所有区域只要求按季节同时进行供冷和供热转换时，应采用两管制水系统。

（2）当建筑物内一部分区域的空调系统需全年供应空调冷水、其他区域仅要求按季节进行供冷和供热转换时，可采用分区两管制水系统。

（3）当空调水系统的供冷和供热工况转换频繁或需同时使用时，宜采用四管制水系统。

空调机房所占用的建筑面积，随系统形式、设备类型等有很大差异。全空调建筑的通风、空调、制冷机房所占用的建筑面积，一般可占建筑总面积的空调机房面积的3%～8%。其中，风管与管道井约占1%～3%；制冷机房约占0.5%～1.2%。空调机房所占面积也可按式（6-3）计算：

$$A_\mathrm{K} = 0.0086A \qquad (6\text{-}3)$$

式中　A——建筑面积，m^2。

风管竖井的建筑平面尺寸还可以按式（6-4）计算：

$$x = 2a + \sum_{i=1}^{n} x_i + b(n-1) \qquad (6\text{-}4\mathrm{a})$$

$$y = a + \sum y_i + b(n-1) + c \qquad (6\text{-}4\mathrm{b})$$

管道井的平面尺寸可按式（6-5）计算：

$$x = 2a + \sum_{i=1}^{n} d_i + b(n-1) \qquad (6\text{-}5\mathrm{a})$$

$$y = a + \sum d_i + b(n-1) + c \qquad (6\text{-}5\mathrm{b})$$

式中　d_i——管道外径，mm；

　　a, b——间距（不包含绝热层厚度），mm；

　　　　c——操作空间，不宜小于600mm。

通常空调机房面积随着总建筑面积的增加而减小。空调机房的层高则随着总建筑面积的增加而增加，表6-11给出了各类空调机房的层高和面积的大致范围。

表 6-11　各类空调机房的估算指标

总空调建筑面积 /m^2	空调机房占总建筑面积的百分比/%			空调机房的层高 /m
	分层机组	分机盘管加新风系统	集中式系统	
<10000	7.5～5.5	4.0～3.7	7.0～4.5	4～4.5
10000～25000	5.0～4.8	3.7～3.4	4.5～3.7	5～6
30000～50000	4.7～4.0	3.0～2.5	3.6～3.0	6.5

习　题

6-1　什么是空气调节，一个空调系统通常由哪几部分组成？

6-2　试说明集中式、半集中式和分散式空调系统的主要特点和适用场合。

6-3　常用的空气加热设备有几种？简述其主要特点和适用场合。

6-4　常用的空气冷却设备有几种？简述其主要特点和适用场合。

6-5　常用的空气加湿设备有几种？简述其主要特点和适用场合。

6-6　什么是空调房间的气流组织，影响空调房间气流组织的主要因素是什么？

6-7　什么是等温自由射流、非等温自由射流、贴附射流和受限射流，它们的流动规律有什么不同？

6-8　空调房间常见的送风口形式有哪些，适用于什么场合？

6-9　常见的气流组织形式有哪几种? 简述各自的主要特点和适用场合。

6-10　风机盘管空调系统有哪几种新风供应方式, 各有何特点?

6-11　什么是噪声, 空调系统主要有哪些噪声源?

6-12　消声器的种类和主要特点是什么?

6-13　什么是振动传递率, 是否装了减振器就可达到隔振的目的?

7 空气调节用制冷技术

制冷的本质是把热量从某物体中提取出来，使该物体的温度降低到或维持在环境温度以下，即所谓的"冷"是指比环境温度更低。空调系统的冷源根据其获得途径可以分为天然冷源和人工冷源。

（1）天然冷源。天然冷源主要包括自然界中存在的深井水、山洞水、温度较低的河水、天然冰等。这些温度较低的水可直接利用水泵抽取供给空调系统中的喷水室、表冷器等空气处理设备，吸收空气中的热量，使空气降温降焓，实现空调的目的。但天然冷源存在与否完全取决于自然环境条件，有很强的局限性，不可能随时随地满足空调工程的需要，因而目前绝大多数空调工程所使用的冷源均为人工冷源。

（2）人工冷源。人工冷源，即人工制冷，是指借助机械设备及相关介质获得冷量。19世纪中叶，第一台制冷装置诞生，标志着人工冷源时代的开始。随着科学技术的发展和人类对室内环境要求的提高，空调耗冷占人工制冷总量的份额越来越大。至 20 世纪 70 年代，空调所消耗的制冷量已达总人工制冷量的 60%。

7.1 空气调节用制冷系统的原理及分类

由热力学第一定律（能量守恒定律）可知，从被冷却物中提取的热量不会消失，因此制冷过程实际上是一个能量从被冷却物向周围环境转移的过程。根据热力学第二定律（熵增定律），不可能不花费代价地把热量从低温物体转移至高温物体，因而制冷过程的热量转移必须要消耗高品位的能量。根据所消耗的高品位能量的形式不同，将空调用制冷系统划分为蒸气压缩式制冷和溴化锂吸收式制冷两种常见形式。二者均是利用液体气化过程需要吸收气化潜热的原理实现制冷的，但液体气化后重新液化实现循环使用的方式不同，所消耗的高品位能量的形式也不同，系统的设备构成及循环方式也存在相应差异。

7.1.1 蒸气压缩式制冷系统的构成及原理

蒸气压缩式制冷系统由制冷压缩机、蒸发器、冷凝器和膨胀阀（或其他节流装置）四大主要部件组成，并由管道连接，构成一个封闭的循环系统，如图 7-1 所示。

制冷剂在制冷系统中经历蒸发、压缩、冷凝和节流四个主要热力过程。低温低压的液态制冷剂在蒸发器中吸收被冷却介质（如水）的热量，产生相变，气化为低温低压的制冷剂蒸气。单位时间内制冷剂在蒸

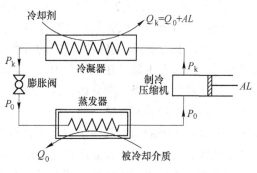

图 7-1　蒸气压缩制冷工作原理图

发器中的吸热量称为冷机的制冷量，记为 Q_0。来自蒸发器的低温低压制冷剂蒸气被压缩机吸入，经压缩过程后，温度和压力上升，形成高温高压的过热蒸气，经压缩机排气管送入冷凝器。制冷剂蒸气在压缩机中的压缩过程需消耗机械功，单位时间的耗功量记为 AL。过热的制冷剂蒸气进入冷凝器后，在冷却剂（常见的如水、空气等）的作用下冷却、冷凝形成高压的制冷剂液体，同时释放热量，单位时间的放热量称为冷凝热，记为 Q_k。液化后的高压制冷剂液体经膨胀阀节流后温度、压力降低，重新生成低温低压的制冷剂液体，进入蒸发器重复气化吸热制冷过程。一个蒸气压缩式制冷系统的工作过程，正是依靠制冷剂在四大部件中周而复始地重复这四个热力过程来实现的。由热力学第一定律可知，制冷量、冷凝热和耗功量三者间存在 $Q_k = Q_0 + AL$ 的关系。从热力学第二定律的角度可以理解为：以制冷系统为工具，将 Q_0 的热量从低位热源转移至高位热源，需消耗 AL 的机械功为代价，即来自低位热源的热量 Q_0 和压缩机消耗的机械功 AL 最终转化为数值为 Q_k 的冷凝热汇入高位热源。

7.1.2　溴化锂吸收式制冷系统的构成及原理

溴化锂吸收式制冷和蒸气压缩式制冷同属于液体气化法制冷的范畴，但二者的能量补偿方式不同，吸收式制冷不是靠消耗机械功来实现热量从低温物体向高温物体的转移，而是靠消耗热能来完成这种非自发的过程。相应的，两种系统的主要设备也存在差异，溴化锂吸收式制冷系统的主要设备及工作原理如图 7-2 所示。

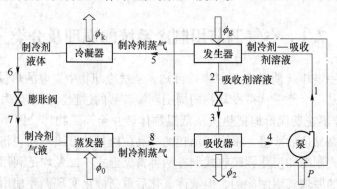

图 7-2　吸收式制冷系统原理图

与蒸气压缩式制冷系统相比，吸收式制冷在系统构成上，由发生器、吸收器和溶液泵3 个装置共同取代了压缩式制冷系统的压缩机。吸收器相当于压缩机的吸入侧，发生器相当于压缩机的压出侧。低温低压液态制冷剂在蒸发器中气化吸收气化潜热实现制冷，气化后的低温低压制冷剂蒸气被吸收器中的液态吸收剂吸收，形成制冷剂—吸收剂溶液，经溶液泵升压后进入发生器。在发生器中，该溶液被加热、沸腾，其中沸点较低的制冷剂形成高压制冷剂蒸气，与吸收剂分离，进入冷凝器液化，而后经节流进入蒸发器重复气化吸热过程。通常吸收剂并不是单一的物质，而是以二元溶液的形式参与循环。吸收剂溶液与制冷剂—吸收剂溶液的差别仅在于前者所含沸点较低的制冷剂数量较后者少，或前者所含制冷剂浓度较后者低。吸收式制冷目前常用的工质对有两种：一种是溴化锂—水溶液，其中水是制冷剂，溴化锂为吸收剂，蒸发温度在 0℃ 以上；另一种是氨—水溶液，其中氨是制冷剂，水是吸收剂，制冷温度可低于 0℃。

吸收式制冷可将低位热能（如 0.05MPa 的蒸汽或 80℃ 以上的热水）用于空调制冷，因此具有可利用余热或废热的优势。由于吸收式制冷机的系统耗电量仅为离心式制冷机的 1/5 左右，可视为是一种相对节电的制冷产品（不一定节能），在供电紧张的地区可视情况选择使用。

7.2 制冷剂与载冷剂

7.2.1 制冷剂

制冷剂是制冷装置中进行循环制冷的工作物质，又称"工质"或"雪种"。最早的人工制冷采用乙醚作为制冷剂，继而使用 CO_2、NH_3、SO_2、CH_4 等天然制冷剂，直至 1928 年人工合成制冷剂诞生。20 世纪 50 年代后，先后出现了共沸混合制冷剂、非共沸混合制冷剂。由于当前使用的制冷剂多少都存在制冷效率低、易燃易爆、剧毒、对设备承压能力或密封性要求高、温室效应强、破坏大气臭氧层等问题，因此诸多学者仍在从事环保高效型制冷剂的创新研发工作。

7.2.1.1 热工方面的要求

热工方面的要求如下：

（1）压力。在使用温度下冷凝压力 $P_k \leq 12 \sim 15$bar；蒸发压力 $P_0 \geq 1$bar；压缩比（P_k/P_0）适中。冷凝压力高，则制冷装置的承压要求高，对设备的密封性能、使用的材料性能、厚度等的要求都随之提高。蒸发压力若低于大气压，即系统中部分区域存在真空度，则空气可能渗入，将系统中渗入的空气分离并排除需要花费代价，因而应尽可能使蒸发器在正压条件下工作。

（2）单位容积制冷量。对于大型制冷系统，选择单位容积制冷量大的制冷剂可以有效地减小压缩机的规模，削减成本。但当所需制冷量小，设备因体积过小加工制造困难时，也可能优先选用单位容积制冷量较小的制冷剂。

（3）制冷效率。在选择制冷剂时，制冷效率的高低是非常重要的一个衡量标准。选择制冷效率高的制冷剂有利于减小制冷系统工作能耗，降低运行费用。

（4）排气温度。排气温度高，会导致压缩机的容积效率降低，并容易引起制冷剂及润滑油的高温分解，生成酸、水，使润滑恶化、设备腐蚀磨损，且可能在机件上形成积炭。

（5）导热系数、放热系数。制冷剂的导热系数、放热系数高有助于降低蒸发器、冷凝器、回热器、再冷却器等制冷系统中换热设备的面积，减少金属材料耗量。

7.2.1.2 物理化学性质要求

物理化学性质要求如下：

（1）黏度。黏度小的制冷剂在管道设备内流动过程中阻力损失小，可降低能量消耗或减小管道直径。

（2）与润滑油的互溶性。制冷剂与润滑油溶解性状态可分为两种：

1）完全互溶。制冷剂与润滑油充分混合，形成均匀溶液，无分层现象，从任意位置取出的混合溶液制冷剂和润滑油所占比例相同。制冷剂与润滑油完全互溶时，润滑油可随制冷剂渗透到压缩机的各个部件，润滑效果好，且不会形成油膜，对于换热有利。但制冷剂中溶解有润滑油时，其热物性会发生迁移，影响制冷效果。对于采用与润滑油完全互溶的制冷剂的制冷系统，系统启动时可能引发润滑油"起泡"，需在压缩机启机前使用油加热器加热曲轴箱中的润滑油制冷剂混合液，使制冷剂提前析出，以保证压缩机启动时的良好润滑。

2）不完全互溶。制冷剂和润滑油在容器中呈现明显的分层现象，分为贫油层和富油层，制冷剂和润滑油密度大者沉于下层，密度小者浮于上层。使用不完全互溶的制冷剂与润滑油时，制冷系统要设置相应的润滑油分离与回收系统，使系统中的润滑油及时回流至压缩机，从而保证换热设备的良好性能及压缩机的充分润滑。

值得注意的是，即使对两种特定的制冷剂和润滑油而言，其相互溶解性也可能在完全互溶和不完全互溶间转化，与二者的百分比浓度、温度、压力等因素有关。

（3）水溶性。氟利昂制冷剂的水溶性较差，制冷剂温度降至0℃以下时，析出的水易产生"冰堵"（"冰塞"）现象，因此需在节流装置前安装干燥器滤除水分。氟利昂中含有水分时还会发生分解，生成酸性物质，腐蚀金属构件，在轴承表面、吸排气阀等铁质表面上产生"镀铜"现象。氨液中含水时，会导致制冷能力下降，同时对金属有腐蚀作用，一般要求氨液中含水量不得超过0.12%。总之，制冷剂的含水量应严格控制。

（4）与金属、有机材料的相容性。制冷剂对金属和橡胶、塑料等材料应无腐蚀、侵蚀作用，否则会给运输和使用过程增加很多麻烦。如R22制冷剂对天然橡胶、树脂材料有很好的溶解性，并会使一般高分子化合物变软、膨胀和起泡，故而必须采用耐腐蚀的氯丁橡胶、尼龙和氟塑料等材料作为密封、绝缘材料。

（5）可燃性。当使用可燃性强的制冷剂（如NH_3）时，制冷机房需考虑事故排风，其风机要选用防爆型，日常运行要保证通风良好，并应设置氨气浓度报警器、紧急泄氨器等仪器设备。

7.2.1.3　环保特性要求

制冷剂的环境友好性能用消耗臭氧层潜值、全球变暖潜值、大气寿命、变暖影响总当量等参数来表示。

（1）消耗臭氧层潜值（ODP，Ozone Depression Potential）。以R11为参照，与所描述物质对臭氧层的破坏效应相当的R11的质量，单位Ib R11/Ib。

（2）全球变暖潜值（GWP，Global Warming Potential）。以CO_2为参照，与所描述物质的温室效应相当的CO_2的质量，单位kg CO_2/kg。

（3）大气寿命（Atmospheric Life）。排放到大气层中的制冷剂，其中一半的量被分解所需要的时间。

（4）变暖影响总当量（TEWI，Total equivalent Warming Impact）。为全面反映制冷剂对全球变暖造成的影响，人们提出变暖影响总当量（TEWI）指标。该指标综合考虑了制冷剂对全球变暖的直接效应DE和制冷机消耗能源而排放的CO_2对全球变暖的间接效应IE。

7.2.1.4　经济性

应优先选择价格低廉、来源广泛、容易获取的制冷剂。

7.2.1.5　其他要求

制冷剂应对人体健康无毒害、少异味、无刺激。

常用制冷剂及其特性见表 7-1。

表 7-1 常用制冷剂及其特性

种类及表示方法	名称及符号	特点及适用性		备 注
无机化合物 R7（圆整后的相对分子质量）	氨（NH_3）R717	在 -15~40℃温度范围内饱和压力适中（2~15bar）；单位体积制冷量较大；黏性小，流动阻力小，传热性能好；易燃，易爆，有毒；难溶于润滑油；贮液器、蒸发器下部设排油；易溶于水，对 Cu 及 Cu 合金有腐蚀性。适用于工业用大型蒸气压缩式制冷系统或氨—水吸收式制冷系统		压缩机需为开启式
氟利昂 R（$m-1$）（$n+1$）（x）B（z）分子式：$C_m H_n F_x Cl_y Br_z$（$n+x+y+z=2m+2$）饱和碳氢化合物的氟、氯、溴衍生物的总称	二氟二氯甲烷（CF_2Cl_2）R12	用于小型冷冻装置，如家用冰箱、冷柜、小型商用冷冻陈列柜、组合冷库等；与 R717 和 R22 相比，相同温度下压力低；排气温度低；单位容积制冷量小；相对分子质量大，流动性比 R22 差，传热性能与 R22 基本相当		工作温度、压力范围宽；单位容积制冷量小；密度大，传热性能差，流动性差，绝热指数小，压缩机排气温度低；安全，不燃、不爆，对天然橡胶和塑料有侵蚀作用；难溶于水，有"冰塞"和"镀铜"现象，含水量 < 0.0025%，系统需装设干燥过滤器。用于中小型蒸气压缩式制冷系统，使用封闭式压缩机
	二氟一氯甲烷（CHF_2Cl）R22	饱和压力特性和单位容积制冷量与 R717 相当；排气温度低；无色、无味，不燃、不爆，毒性小，对金属无腐蚀；与水互溶性差，有限溶于润滑油		
	四氟乙烷（$C_2H_2F_4$）R134	对臭氧无破坏作用；排气温度低，传热性能好；溶水性强，对系统干燥要求高；与矿物油不相溶，与酯类油（POE）相溶；需使用专门的检漏仪		
烃类（碳氢化合物）	异丁烷（C_4H_{10}）R600a	R12 的自然替代工质；热力性质与 R12 有差异。压缩比高，单位容积制冷量小，排气温度低；在空气中可燃；与矿物油完全互溶，水溶性差		
混合工质	共沸混合物 R5xx 按使用先后顺序表示为 R500~R506	在给定压力下，其蒸发温度或冷凝温度为定值。可以像纯组分一样使用		两种或多种制冷剂按一定比例混合构成的二元或多元混合溶液
	非共沸混合工质 R4xx	R410A R32/125（50/50）	近共沸；与酯类油互溶；空调工况下单位容积制冷量与 R22 相当。低温工况下，单位容积制冷量高出约 60%；用于专门的压缩机	
		R407C R32/125/134a（23/25/52）	与 R22 沸点较接近；与酯类油互溶；空调工况下单位容积制冷量略低于 R22；低温工况下单位容积制冷量低得多	

7.2.2　载冷剂

将制冷装置的制冷量传递给被冷却物的媒介物称为载冷剂。

对载冷剂的物理化学性质要求：

（1）在使用温度范围内，不凝固，不气化。载冷剂在使用温度范围内应不发生相变，否则会对管路系统的设计及动力设备的使用带来麻烦。

（2）无毒、无刺激性气味，化学稳定性好，对金属不腐蚀。

（3）比热大，输送相同冷量需要的流量小。

（4）密度小，黏度小，以降低流动阻力，减小输送设备能耗。

（5）导热系数大，放热系数高，以减小换热设备的传热面积。

（6）来源充裕，价格低廉。

常用载冷剂及其性质见表7-2。

表7-2　常用载冷剂及其性质

类别	名称	性质及适用场合	备　注
	水	0℃以上场合	空调制冷常用水温7~12℃
无机盐水溶液	NaCl CaCl$_2$ MgCl$_2$	凝固温度较水低，适用于中低温制冷装置；但盐水有腐蚀性，可加入缓蚀剂：重铬酸钠 Na$_2$Cr$_2$O$_7$、氢氧化钠 NaOH	盐水溶液长期运转后，会吸收空气中的水分，导致浓度降低，因而需定期向盐水溶液中补盐
有机载冷剂	甲醇 乙醇水溶液	无腐蚀，可用于温度较低的场合；易挥发，可燃，停机时注意防火	
	乙二醇 丙二醇 丙三醇	乙二醇和丙二醇的黏度大；丙三醇无毒，极稳定，不腐蚀；多用于低温工程、蓄冰空调系统等	乙二醇和丙三醇特性相似，使用最为广泛

7.3　蒸气压缩式制冷系统的主要设备

7.3.1　制冷压缩机

制冷压缩机是蒸气压缩式制冷系统中最重要的设备，也称制冷机中的主机。压缩机的作用是：

（1）及时吸收蒸发器中气化产生的制冷剂蒸气，保证蒸发器内一定的低压，维持蒸发温度。

（2）对来自蒸发器的低温低压蒸气进行压缩使之升温升压，创造高温的冷凝条件。

（3）提供制冷剂在系统中循环流动的动力。

根据工作原理不同可以将压缩机分为容积型和速度型两大类。容积型压缩机是依靠工作腔容积的改变实现吸气、压缩和排气的过程。往复式压缩机和回转式压缩机均属于此类。速度型压缩机是依靠叶轮高速旋转提升制冷剂的流速，再依靠扩压器和蜗壳将制冷剂的动压转化为静压，从而实现对制冷剂蒸气的压缩作用。大型制冷系统中常用的离心式压缩机属于此类型。压缩机的类别隶属关系如图7-3所示。

（1）往复式压缩机。往复式压缩机依靠连杆将曲轴的旋转运动转变为活塞的往复运动，活塞在气缸中位置的变化引发气缸内制冷剂容积的变化，借此完成吸气、压缩、排气的过程。其主要构件如图7-4所示。往复式压缩机根据构造不同分为封闭式、半封闭式和开启式3种。封闭式压缩机与其电机一同被放置于一个封闭的空间，不需要设置轴封。驱动电机在气态制冷剂中运转，故电动机绕组需采用耐制冷剂腐蚀的绝缘材料。有爆炸危险的制冷剂不可采用封闭式。开启式压缩机与其驱动电机分开设置，压缩机曲轴穿出曲轴箱之外，用轴封密封，常用于氨制冷系统。

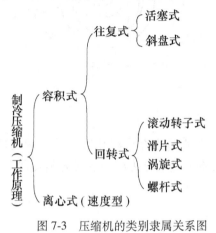

图7-3 压缩机的类别隶属关系图

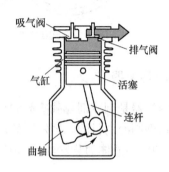

图7-4 往复式压缩机

（2）离心式压缩机。离心式压缩机的结构与泵或风机类似。如图7-5所示，离心式压缩机主要由叶轮、扩压器和蜗壳等部分组成，用于规模较大的制冷系统。

（3）螺杆式压缩机。螺杆式压缩机由阴、阳转子相互啮合旋转，在气缸内形成容积变化的工作腔，使制冷剂蒸气从吸气端压向排气端，如图7-6所示。螺杆式压缩机一般用于大中型制冷系统。

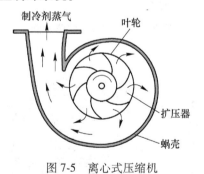

图7-5 离心式压缩机

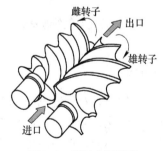

图7-6 螺杆式压缩机

（4）涡旋式压缩机。涡旋式压缩机的原理如图7-7所示，主要由静涡盘和动涡盘组成。驱动轴带动动涡盘做偏心旋转，借助动、静涡盘间的啮合改变工作腔容积，完成吸气、压缩、排气的过程。涡旋式压缩机近年来在小型（116kW以下）制冷设备中使用日趋广泛。

（5）滚动转子式压缩机。滚动转子式压缩机的构造如图7-8所示，偏心转子、气缸和滑片间的相互啮合构成两个体积变化的工作腔，完成制冷剂的压缩过程。滚动转子式压缩机噪声和振动小，成本低，可靠性高，但部件需要精密加工。一般用于家用冰箱、家用空调、汽车空调等。

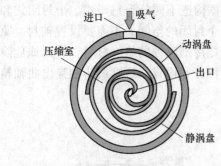

图 7-7　涡旋式压缩机

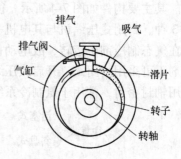

图 7-8　滚动转子式压缩机

7.3.2　蒸发器

蒸发器是制冷剂与载冷剂的换热器，液态制冷剂在蒸发器中气化吸收载冷剂的热量，从而达到制冷的目的。蒸发器的形式多样，按载冷剂的种类分为冷却空气的蒸发器（见图7-9）和冷却液体的蒸发器，如图7-10所示。

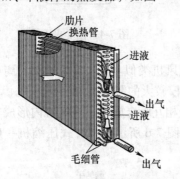

图 7-9　冷却空气的蒸发器

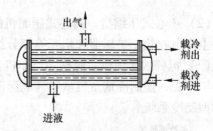

图 7-10　冷却液体的蒸发器

7.3.3　冷凝器

冷凝器的作用是对高温高压的压缩机排气进行冷却、冷凝使之液化，从而实现制冷剂的循环使用。根据冷却剂的种类不同，将冷凝器分为水冷、风冷、水—空气冷却［即蒸发式冷凝器（见图7-11）］等类型。

7.3.4　节流装置

常见的节流装置有膨胀阀、毛细管、U形管等。膨胀阀是依靠局部阻力对制冷剂进行节流降压。毛细管借助制冷剂在一段较细的管道内流动的沿程阻力损失来降低制冷剂的压力，实现节流。U形管是依靠两

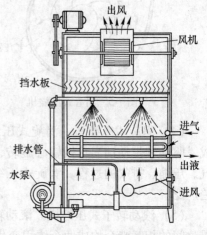

图 7-11　蒸发式冷凝器结构及原理图

侧液面高度差实现节流，常用于溴化锂吸收式制冷。

7.3.5 冷却塔

冷却塔的原理是借助水在空气中气化吸热带走热量而使未气化的水温度降低。因此，冷却塔冷却水的温度极限是室外湿球温度。其结构原理如图 7-12 所示。冷却水在冷机的冷凝器内吸热升温后经管路流向冷却塔，在冷却塔中降温，而后经冷却水泵加压后返回冷机冷凝器，循环使用。冷却水系统的工作原理如图 7-13 所示。

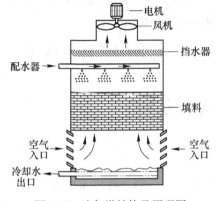

图 7-12 冷却塔结构及原理图

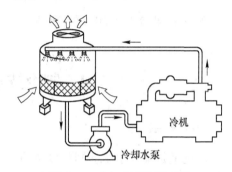

图 7-13 冷却水系统原理图

根据空气和水的流通路径之间的相对关系，可以将冷却塔分为横流式和逆流式；根据风机和塔身的相对位置，可分为吸入式和压出式；根据冷却水与大气直接接触与否，可分为开式和闭式。图 7-12 所示为逆流吸入开式冷却塔，在塔体内水流和空气流呈逆向换热（逆流式），空气先与水热湿交换后再经过风机排入环境（吸入式），冷却水经配水器直接送入塔体内洒落并与空气接触发生热质交换（开式）。图 7-14 所示的冷却塔为横流式冷却塔，空气流通方向与水流方向呈垂直关系。使用闭式冷却塔的制冷系统冷却水不直接与空气接触，如图 7-15 所示。冷却塔自身有自己独立的水循环回路，与盘管内的系统冷却水通过表面式换热器非接触换热。民用建筑空调系统的冷却塔多采用玻璃钢外壳，填料采用双面带凸点的点波片，风机采用低转速、低动压的机翼型玻璃钢叶片，传送带噪声小，传动效率高，遇水不打滑。此类设备适用于最冷月平均气温不低于-10℃的地区，气温过低使用时，应考虑管路及水槽的结冰问题，必要时在水槽内加电热管。该设备热水温度要求不超过65℃，如温度过高，应提出特殊要求，以便考虑选材。对有阻燃或难燃要求的，可控制玻璃钢的氧指数。对安装在民用建筑屋顶上的冷却塔，建议采用阻燃性玻璃钢。逆流式玻璃钢冷却塔属低噪声型，冷却塔水温降宜为3~8℃，适合于空调制冷等一般水温的冷却。超低噪声冷却塔是在低噪声冷却塔的基础上采取了一系列噪声控制措施。它适合于对噪声要求更高的宾馆、医院以及离居民区等较近的场合。工厂中工业型高温冷却塔，水温降可达到10~25℃，塔体直径大，风机风量大，塔身可为土建结构，风机需特制。逆流压出式冷却塔与吸入式冷却塔的区别在于压出式在冷却塔的侧面设风机，空气先经过风机后与水发生热质交换。其优点是风机的工作条件好，但塔体内气流的均匀度不及吸入式冷却塔。

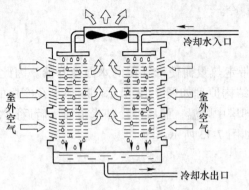

图 7-14 横流式冷却塔结构及原理

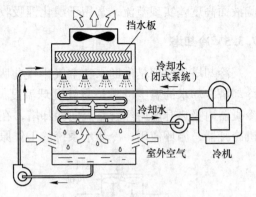

图 7-15 闭式冷却塔结构及原理

7.4 制冷技术在空调中的应用

7.4.1 冷水机组

冷水机组是集成了全套制冷设备的仪器设备组合体，用于制备冷冻水或冷盐水，是一种广泛使用的空调冷源。冷水机组按其制冷原理不同，分为蒸气压缩式冷水机组和吸收式冷水机组，二者的外观如图 7-16 和图 7-17 所示。

图 7-16 蒸气压缩式冷水机组

图 7-17 吸收式冷水机组

冷水机组的详细分类及其特性、用途见表 7-3。

表 7-3 冷水机组的分类、特性及用途

种类	分类方法		特性及用途	代号	适宜的单机容量 /kW
压缩式	按压缩机类型	离心式	通过叶轮离心力作用吸入并压缩气体。容量大、体积小、可实现多级压缩，从而提高制冷效率和改善调节性能，适用于大型空调制冷系统		703~4503
		螺杆式	通过转动的两个螺旋形转子相互啮合吸入和压缩气体，利用滑阀调节气缸的工作容积来调节负荷。转速高、允许的压缩比高、排气压力脉冲小、容积效率高。适用于大中型空调制冷系统和空气源热泵系统	双 LG 单 DG	112~2200

种类	分类方法		特 性 及 用 途	代号	适宜的单机容量/kW
压缩式	按压缩机类型	活塞式	通过活塞的往复运动吸入和压缩气体，适用于冷冻系统和中小容量的空调制冷及热泵系统		10~930
		涡旋式		W	56~169
	按压缩机结构形式	开启式	压缩机与电动机通过联轴器或皮带轮连接	省略	114~456
		半封闭式	压缩机与电动机密封在同一个壳体内，气缸盖可拆卸	B	48~930
		全封闭式	压缩机与电动机密封在同一个壳体内，壳体接缝处焊死	Q	10~358
	按冷凝器冷却方式	水冷式	分为 3 类： （1）卧式壳管式冷凝器，适用于任何制冷剂。结构紧凑、室内安装、传热系数大、冷却水耗量少。缺点是水质要求高，水流动阻力较大。 （2）立式壳管式冷凝器，适用于大中型氨制冷系统。垂直安装，无端盖，露天、室内均可安装，水质要求不高，可在运行中清洗水管。缺点是传热系数小、冷却水耗量多、体积大、灰尘易落入。 （3）套管式冷凝器，适用于小型氟利昂空调机组，且单机制冷量小于 25kW。实现理想逆流换热，套放在压缩机上，节省占地。缺点是后部积存凝结液体，传热面未充分利用；单位传热面积的金属消耗量大		
		风冷式	制冷剂在管内冷却并凝结，多为蛇形管式。适用于小型氟利昂制冷装置，如各种小型空气调节机组、窗式空调器、冰箱及冷藏车辆等制冷设备，适用于缺水地区或不便于使用水冷式冷凝器的场合。根据管外空气流动方式分自然对流和强迫对流两种	F	
		蒸发冷却式	制冷剂冷却和冷凝放出的热量同时被空气和水带走，制冷剂冷凝管组是光管或翅片管组成的蛇形管组，分为吸入式和压出式。在屋顶或室外安装，冷却水的用量少，利用水的气化潜热，理论上耗水量只是水冷式的 1/70~1/100。适用于缺水地区，尤其气候干燥地区。但管外易结水垢，易腐蚀，维修困难	Z	
吸收式	按驱动热源	蒸汽热水式	利用蒸汽或热水作为热源，以沸点不同但相互溶解的两种物质的溶液为工质，其中沸点高的作吸收剂，沸点低的作制冷剂。制冷剂在低压时吸收热量气化制冷，吸收剂吸收低温气态的制冷剂蒸气，在升压加热后将蒸气放出，而后将其冷却为高温高压的液体，形成制冷循环，在有废热和低位热源的场所应用较经济。适用于大中型容量且冷水温度较高的空调制冷系统	蒸汽单效：XZ； 蒸汽双效：SXZ； 热水：RXZ	170~3490
		直燃式	利用重油、煤气或天然气等的燃烧热作为热源。可一机实现供冷供热，设备利用率高。制冷原理与蒸汽—热水式相同。由于减少了中间环节的热能损失，效率提高		349~93020

7.4.2 热泵

热泵是一种以消耗高位能为代价，使热量从低位热源流向高位热源的装置。热泵的工作原理和冷机相同，不同的是工作温度范围，冷机工作的高位热源是环境，而热泵工作的低位热源是环境。按能量来源，可以将热泵分为空气源热泵、水源热泵、土壤源热泵、太阳能热泵等。热泵的其他分类及特点见表 7-4。

表 7-4　热泵的分类

分类		机 组 特 征	机组形式
依据	类型		
冷/热源	空气—水热泵机组	冬季利用室外空气为热源，依靠室外空气侧换热器吸取室外空气的热量，将之传输至水侧换热器，制备热水作为供暖热媒。夏季则利用空气侧换热器向外排热，水侧换热器制备冷水。制备的冷水、热水输送至末端设备。通过换向阀切换改变制冷剂流向来实现冬夏季工况的转换	整体式热泵冷热水机组、组合式热泵冷热水机组、模块式热泵冷热水机组
	空气—空气热泵机组	按制热工况运行时，室外机为蒸发器，制冷剂在蒸发器内从室外空气中吸收热量并气化，经压缩机升温升压后进入室内冷凝器将热量传输给室内空气	窗式空调器、家用定频、变频分体空调、商用分体式空调器、变制冷剂流量多联机组
	水/水热泵机组	蒸发器和冷凝器均为水/制冷剂换热器。热泵系统消耗高位能，将低温热源水中的热量提取和高位能一起送入低位热源水。水/水热泵适用于有温度适宜的充足水源的场合，多为中大型系统。通过切换水路来实现制冷/热泵工况间的切换	水源冷/热水机组

7.4.2.1 空气源热泵

以室外空气为低位热源，取之不尽用之不竭。但空气温度、湿度受地域和季节的影响，因此空气源热泵的制冷、制热能力和性能系数波动很大。夏季室外温度越高，空调系统需要的供冷量越大，而此时恰是空气源热泵制冷能力最低的时候；同样，冬季室外气温越低，空调系统需要的供热量随之越大，但机组的制热能力却处于低值。即空气源热泵的出力与建筑负荷特性呈逆向相关关系，这是其不利之处。此外，空气源热泵还存在一个致命的除霜问题，严重限制了其在一些地区的推广使用。当冬季室外换热器表面温度低于0℃且低于空气露点温度时，空气源热泵的室外换热器表面就会出现结霜，导致空气源热泵的制热量和制热系数显著降低。对于冬季室外空气含湿量大的地区而言，结霜本身导致的能效降低，加之除霜所带来的能量消耗，使得空气源热泵不再具备节能环保的优势。

7.4.2.2 水源热泵

水源热泵的低位热源水有地表水（江河湖海水）、地下水（深井水、泉水、地热水等）、生活污水、工业废水等。水源热泵机组是由水/水式蒸发器、压缩机、水/水式冷凝器及节流阀构成的制冷系统。热泵工况下，水源热泵机组利用蒸发器从源水中抽取热量，冷凝器制取空调或生活用热水；制冷工况下，水源热泵机组利用冷凝器向源水中释放热量，蒸发器制取空调冷冻水。水源热泵空调系统的特点见表7-5。

表 7-5　水源热泵空调系统的特点

优 缺 点		说　　明
优点	节能	能效比高；冬夏季工况下均能获得很高的效率
	环保	不向空气排放热量，缓解城市热岛效应；电耗量低，节能低碳
	多功能	可实现制冷、制热、制取生活热水等工作模式
	系统运行稳定	地下水全年水温稳定性好，系统运行时，主机运行工况波动较小
	运行费用低	耗电量少，运行费用可大大降低
	投资适中	在水源易获取、取水构筑物投资不突出的情况下，系统初投资适中
缺点	水处理复杂	当水源水质较差时，水处理比较复杂
	取水构筑物繁琐	地下水打井、地表水取水构筑物受地质条件约束较大，施工比较繁琐
	地下水回灌困难	地下水回灌需针对不同的地质情况，采用相应的保证回灌的措施

依据热泵/制冷工况切换方式的不同，可将水源热泵分为水路切换和制冷剂管路切换两种方式。水路切换方式的水源热泵通过合理设置水管路及阀门，控制阀门通断状态来调整运行工况。如图7-18所示，A组阀门夏关冬开；B组阀门夏开冬关。制冷剂管路切换是利用主阀、导阀组成的四通换向阀组改变制冷剂流向，切换换热器功能，从而实现工况改变，如图7-19所示。

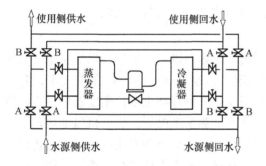

图 7-18　水管路工况切换系统

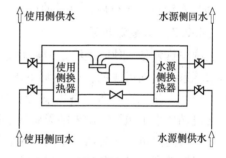

图 7-19　制冷剂管路工况切换系统

与空气源热泵相比，水源热泵结构紧凑，工况稳定，不存在结霜问题。但其使用必须以适当数量和质量的水源为前提，且使用水源热泵时要考虑对环境的影响问题。如采用深井水作为低位热源时，地下水的大量开采可能导致地面下沉，因此需考虑地下水的回灌问题。生活污水和工业废水从温度的角度而言，可以成为优良的热泵低位热源。但生活污水水质差，容易造成换热器结垢、腐蚀或堵塞，高效耐用的污水换热器是该技术的关键。工业废水作为热泵的低位热源是值得广泛研究开发的项目，但我国目前多数工业企业的高温废水热量回收利用情况欠佳。

井水源热泵空调系统的构成及工作原理如图7-20所示。选择采用地下水式水源热泵空调系统时，应注意以下几点：

（1）必须确保当地的水文地质条件（如水源的水量、水温、水质等）全部满足热泵机组的使用要求。

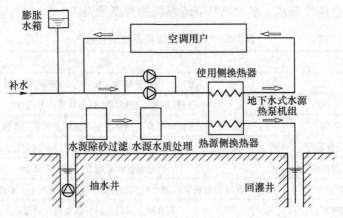

图 7-20　井水源热泵空调系统原理图

（2）对因取水构筑物和水源系统而增加的初投资和所带来的效益进行技术经济比较，确定空调系统的合理性。

（3）应符合当地的水资源管理政策并经水源主管部门批准。

（4）使用地下水作为水源时，应严格根据水文地质勘察资料进行设计。同时，必须采取可靠的回灌措施，确保置换冷量或热量后的地下水能全部回灌到同一含水层；不得对地下水资源造成浪费及污染。

（5）系统投入运行后，应对抽水量、回灌量及其水质进行有效的监测。

7.4.2.3　土壤源热泵

土壤源热泵是一种以土壤作为热源或热汇，由水源热泵机组、地埋管换热系统、建筑物内末端系统共同组成的供热空调系统。制冷工况下，地埋管内的传热介质（水或防冻液）通过水泵送入冷凝器，将热泵机组排放的热量带走并释放给土壤；蒸发器中产生的冷水，通过循环水泵送至空调末端设备对房间进行供冷。热泵工况下，热泵机组通过地下埋管吸收土壤的热量，冷凝器产生的热水，则通过循环水泵送至空调末端设备对房间进行供暖。在温度符合要求的条件下，夏季也可利用地下换热器出水直接进行供冷。土壤源热泵空调系统的特点见表 7-6。

表 7-6　地埋管地源热泵空调系统的特点

优缺点		说　　明
优点	可再生性	地源热泵利用地球地层作为冷热源，夏季向地层放热、冬季从地层取热，属可再生能源
	高效节能	地层温度稳定，夏季地温比大气温度低，冬季地温比大气温度高，供冷供热效率高，能耗低，在寒冷地区和严寒地区供热时与空气源热泵相比优势更为明显；末端如采用辐射供暖/冷系统，夏天较高的供水温度和冬季较低的供水温度，可提高系统的 COP 值
	环保	与地层只有热交换，无质交换，对环境没有污染；与燃油燃气锅炉相比，可降低污染物排放量
	寿命长	地埋管寿命可达 50 年以上

优缺点		说　明
缺点	占地面积大	需要有可利用的埋设地下换热器的空间，可埋设在道路、绿化带、停车场、建筑基础等的下方
	初投资较高	土方开挖、钻孔及地下埋设的塑料管管材和管件、专用回填料等费用较高
	地温迁移	当土壤源热泵供热、供冷工况向地下的取热、放热不平衡较严重时，随着使用年限的增长可能发生土壤温度累年升高或降低的状况，影响土壤源热泵的效率

土壤源热泵机组根据用户侧热媒不同分为两类，见表 7-7。

表 7-7　土壤源热泵机组的类型及特点

形　式	特　点	适用范围
水—水式土壤源热泵机组	热泵集中设置在专用机房内，用户侧以水为热媒进行换热	大中小型空调系统均适用
水—空气式土壤源热泵机组	小型机组分散布置在空调房间内，便于独立控制和计量	有独立控制和分户计量要求的中小型系统

地埋管换热器有水平和竖直两种埋设方式。水平地埋管换热器是在浅地层中水平埋设；竖直地埋管换热器是在地层中垂直钻孔埋设。通常采用竖直埋管方式；只有当建筑物周围有很多可利用的地表面积，浅层岩土体的温度与热物性受气候、降水、埋设深度影响较小时，或受地质构造限制时才采用水平埋管方式。

地源热泵与空调、供暖及热水供应系统间的连接关系如图 7-21 所示。

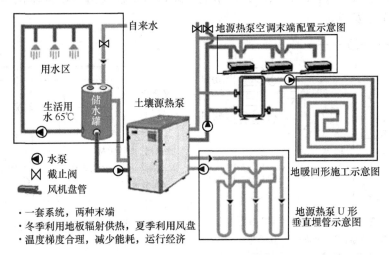

图 7-21　土壤源热泵与空调、供暖及供热水系统的连接关系图

7.4.2.4　太阳能热泵

太阳能热泵是利用高效的低温平板集热器与热泵系统联合供暖或供热水。太阳能属可再生的洁净能源，在太阳能丰富的地区可考虑采用太阳能热泵。但太阳能热泵的最大制约因素是投资过大，是否采用需进行经济技术比较确定。

7.4.3 多联机中央空调

多联机中央空调是用户中央空调的一个类型，俗称"一拖多"，指一台室外机通过配管连接两台或多台室内机。多联机属于变制冷剂流量的直接膨胀式制冷系统，实际运行中，通过改变制冷剂流量来适应各房间的负荷变化，压缩机根据需求调整运行台数及转速满足系统实时输气量需求。多联机的室外机包括压缩机、室外侧换热器、风机和其他制冷附件；室内机则包括直接蒸发式换热器、风机和电子膨胀阀等。室外机与多个室内机间通过制冷剂管道及分配器等相互连接。多联机中央空调的基本单元是一台室外机连接多台室内机，每台室内机可集中或就地控制启停。随着多联机技术的发展，又出现了多台室外机并联的系统，可以连接更多的室内机，但室外机台数不宜过多，系统不宜过大，否则效率将明显降低，控制难度也增加。

根据多联机的功能，可将多联机分为单冷型、热泵型和热回收型 3 类。单冷型多联机仅能实现空调夏季供冷，室外机始终为冷凝器，室内机始终为蒸发器，系统中无制冷剂换向装置。热泵型多联机由于引入了四通换向阀，可根据需求改变四通换向阀的流通方向，控制室内机供热或供冷，其原理如图 7-22 所示。热回收型多联机是借助制冷剂管路和阀门的通断来实现同时利用不同的室内机供冷供热。其与热泵型最主要的功能区别是：同一单元内部不同的室内机可同时分别按需求制冷或制热，室外换热器根据各台室内机冷热需求的总体状况确定需要向环境放热或从环境取热，其原理如图 7-23 所示。早期的多联机都是以室外空气作为热源或热汇，后来出现了水冷多联机。水冷多联机与风冷多联机的主要区别是室外机由套管式水—制冷剂换热器替代了传统的空气—制冷剂换热器。相对于风冷式机组，水冷式机组的安装位置更加灵活，设备体积小，可叠放安装，室内外均可安装。

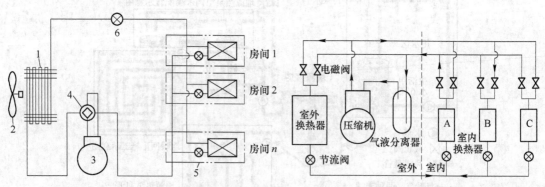

图 7-22　热泵型多联机中央空调原理图
1—室内换热器；2—风机；3—压缩机；
4—四通换向阀；5—室内机；6—节流阀

图 7-23　热回收型多联机中央空调原理图

多联机中央空调主要适用于办公建筑、饭店、学校、高档住宅、别墅等建筑，特别适合于房间数量多、区域划分细致的建筑。多联机中央空调在部分负荷条件下运行时效率高，因此在同时使用率较低的建筑中应用节能效果更加明显。近几年由于城市高层住宅室外机机位受限，选择多联机中央空调的家庭越来越多。该系统不宜用于振动较大、产生大量油污蒸气或腐蚀性气体的场所，对于变频机组还要尽量避免在有电磁波或高频波产生的场所使用。空调系统全年运行时，宜采用热泵型机组。系统各房间负荷差异大或空调要求高，需要在同一时间段向不同房间供冷和供热时，宜选择热回收型机组。

多联机中央空调属制冷剂直接膨胀式制冷系统，因此室内管道直径小，节省安装空间，系统设计及管路安装都相对简单，容易与室内装修形成良好配合。同一栋建筑的不同区域可根据需求分批安装使用，施工灵活。同一系统内的各台室内机可分别控制，更能适应用户对于空调使用时间和室内温度多样化的需求，易实现分户计量，管理控制方便，运行维护工作量小。但该空调形式初投资较高，且如需要有组织的新风引入，需单独设置新风系统。高层建筑使用风冷多联机时，各层室外机机位往往预留在同一条垂线上，此时上下层室外机间会产生相互干扰，影响局部空气温度场，降低多联机的运行效率。

7.4.4 冰蓄冷技术

近年来，空调耗电已成为我国夏季用电高峰和电力供应紧张问题出现的重要原因，拉闸限电现象在一些城市频繁上演。白天用电高峰期，电网电力供应不足；而夜晚用电低谷期，电网电力又有剩余。冰蓄冷技术的出现为解决这一用电矛盾提供了可行的思路。冰蓄冷空调系统在夜间用电低谷时段，采用电驱动冷机制冰，将冷量以冰的形式蓄存起来；而在白天用电高峰期，把蓄存的冷量释放出来满足建筑空调用冷，从而减小日间耗电量，增大夜间耗电量，实现所谓的"移峰填谷"。在一些城市，峰谷电价差异大，通过合理的系统设计，冰蓄冷空调系统可比常规空调系统节省空调运行电费。冰蓄冷空调系统的流程及原理如图 7-24 所示。

空调蓄冷技术按所使用的蓄冷材料不同可分为水蓄冷、冰蓄冷和共晶盐蓄冷等，

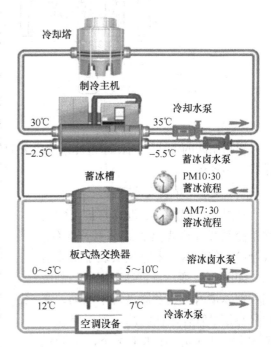

图 7-24 冰蓄冷空调系统流程及原理图

如图 7-25 所示。冰蓄冷是将水制备成冰储存，并在需要时融冰释放出冷量，主要依靠冰、水间相变过程蓄放冷量的潜热蓄冷方式。常压下，冰的固液相变温度为 0℃，相变潜热为 335kJ/kg，与借助水温差蓄能相比，采用蓄冰方式时单位体积可获得的蓄冷量要大得多，蓄存同等冷量时所需的蓄能容器体积要小得多。冰蓄冷系统的制冷机需提供低于 0℃的不冻液，因此，冷机的蒸发温度比常规的空调冷水机组低，必须使用专用的冰蓄冷制冷机组。目前的冰蓄冷工程多采用双工况主机来同时满足制冰工况和空调冷水工况的需求。冰蓄冷空调系统由制冷机组、蓄冷装置、空调末端设备、控制调节系统及辅助设备等部分通过管道和线路连接组成。空调用冰蓄冷技术常利用盐水或乙烯乙二醇水溶液（以下简称为乙二醇水溶液）作为载冷剂，系统可实现常规空调制冷、蓄冰制冷、融冰供冷等工作模式。空调末端设备可利用冷机空调工况冷冻水、融冰释冷所得冷冻水或二者联合供冷。

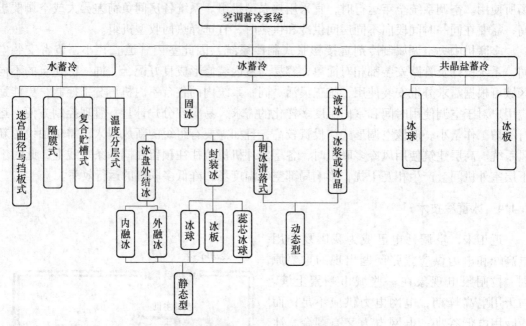

图 7-25　空调蓄冷系统的分类

根据制冰的方式不同，冰蓄冷系统可分为外融式、内融式、封装式、制冰滑落式、冰晶式等多种形式。

7.4.4.1　外融式冰蓄冷

外融式冰蓄冷系统也称直接蒸发式冰蓄冷系统或冷媒盘管式冰蓄冷系统，其制冷系统的蒸发器直接安装于蓄冰槽内，如图 7-26 所示。蓄冰工况下，制冷剂在蓄冰槽内的蒸发器盘管中流动，气化吸热使盘管外表面结冰，冰层厚度一般为 25～90mm。释冰工况下，空调设备的冷冻水回水进入蓄冰槽，在盘管外冰层表面流过并换热降温，冰层逐渐融化成低温冷冻水，携带冷量供给空调设备。为使冰槽内温度场均匀以获得均匀

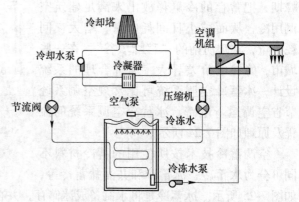

图 7-26　外融冰直接蒸发式冰蓄冷空调系统原理图

的蒸发器盘管结冰厚度，需在蓄冰槽内设置气泵或搅拌器。此方式由于冰层热阻较大，因而蓄冰工况下制冷效率较低，且由于冰槽为开式，腐蚀较强。常规的冰蓄冷空调系统很少采用此系统形式。

7.4.4.2　内融式冰蓄冷

内融式冰蓄冷又称完全冻结式冰蓄冷，由蓄冰槽及沉浸其中的换热盘管构成蓄冰设备，如图 7-27 所示。蓄冰工况时，冷机制备的冷量由载冷剂（乙二醇溶液或盐水等）携带进入蓄冰槽内的换热盘管，与蓄冰槽内的水换热。当蓄冰槽内的水完全结冰时，蓄冰量

达到最大值。释冰时，来自板式换热器的温度较高的乙二醇溶液在冰槽内的换热盘管中与冰换热降温实现空调系统的冷量供应。内融式冰蓄冷较外融式效率高，冰槽内的冰/水不进入系统循环，属闭式系统，系统腐蚀问题及静压问题都相对容易解决，因此在冰蓄冷空调工程中使用较多。

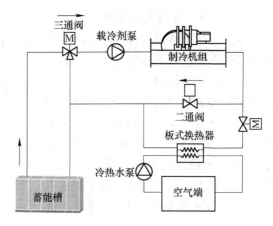

图 7-27 内融式冰蓄冷空调系统原理图

7.4.4.3 封装式冰蓄冷

封装式冰蓄冷系统按蓄冷单元容器的外形结构可分为冰球、冰板和蕊芯球 3 种，如图 7-28 所示。将充入水或无机盐溶液的蓄冷单元容器密集地码放在蓄冰槽中，冷机制备的低温冷媒（乙二醇溶液等）从外部略过蓄冷单元容器，使其内部的介质放热冻结实现蓄冷。融冰时，乙二醇溶液在板式换热器中制备空调用冷水，自身升温后回流至冰槽，同样从外部略过蓄冷单元容器，再度降温后送至板式换热器。其原理类似内融冰式冰蓄冷系统。

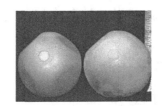

图 7-28 封装式冰蓄冷蓄冰单元：冰球、蕊芯冰球、冰板

7.4.4.4 制冰滑落式冰蓄冷

制冰滑落式冰蓄冷系统又称动态制冰机系统。冷机的蒸发器由若干块平行板组成，安装于蓄冰槽上方。循环水泵不断抽取蓄冰槽内的水喷洒在蒸发器上，水在蒸发器的作用下循环降温的同时，逐渐在蒸发器表面结冰。冰层累积至一定厚度时，冷机切换制冷剂流动方向，蒸发器变冷凝器，在加热作用下与换热器紧邻的一层冰层融化，冰块脱落进入蓄冰槽。此过程周而复始进行，直至蓄冰槽装满，蓄冰量达到最大值。融冰时过程类似外融冰式系统。空调冷冻水进入蓄冰槽，利用冰的冷量降温后供空调设备使用。制冰滑落式冰蓄冷系统的构成及原理如图 7-29 所示。

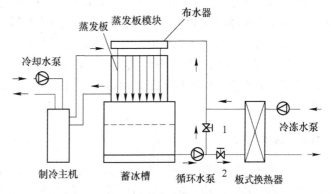

图 7-29 制冰滑落式冰蓄冷系统的构成及原理

7.4.4.5 冰晶式冰蓄冷

冰晶式冰蓄冷系统将乙二醇溶液降温至结晶点温度以下，使其产生冰晶颗粒，冰晶自结晶核向外三维生长，形成一种於浆状冰水混合物，可以用泵输送。该系统需使用专门的冷机和蒸发器。如图7-30所示，蓄冰时，蒸发器制冷产生冰晶进入蓄冰槽蓄存；释冰时，冰晶和水的混合溶液直接被送入空调设备或板式换热器，换热后送回冰槽。因冰水充分混合，冰晶制备和融化的速度快，制冷能效高。但冰水混合物

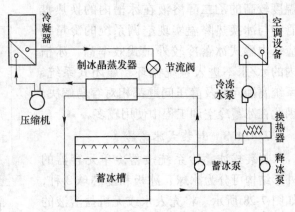

图 7-30   冰晶式冰蓄冷系统的构成及原理

输送能耗较纯水大得多，尤其含冰率过高时，阻力损失急剧增大。因此，冰晶式冰蓄冷技术仅适用于小型空调系统。

电力驱动冰蓄冷空调系统的适用条件如下：

（1）执行峰谷电价，且差价较大的地区。

（2）空调冷负荷高峰与电网高峰重合，且在电网低谷时段空调负荷较小的空调工程。

（3）一个周期内（如一昼夜），冷负荷最大值高出平均值较多，并常处于部分负荷运行的空调工程。

（4）电力容量或电力供应受到限制的空调工程。

（5）要求部分时段备用制冷量的空调工程。

（6）要求供低温冷水，或要求低温送风的空调工程。

（7）区域性集中供冷的空调工程。

7.5   制 冷 机 房

7.5.1   空调系统与其冷源的连接关系

图7-31所示为冷却塔+冷水机组+风机盘管空调系统各部分间的连接关系示意图，系统可视为3个循环回路的相互耦合。冷水机组的蒸发器以冷冻水为媒介向空调末端供给冷量，冷凝热通过冷却水系统借助冷却塔排向周围大气。

图7-32所示为风机盘管空调系统与其冷热源的连接关系图。冷水机组和燃气锅炉呈并联关系，夏季供冷时燃气锅炉支路借助阀门断开，冷水机组投入使用；冬季供暖工况下反之。

7.5.2   制冷机房

制冷机房内的主要设备包括：冷水机组，冷冻、冷却水泵，水处理设备，定压补水设备，分、集水器，相应的电气控制柜等。有的工程为精简设备用房面积，也将换热机组放置于制冷机房内，此时制冷机房可称为制冷换热机房或能源站。制冷机房的面积一般按建

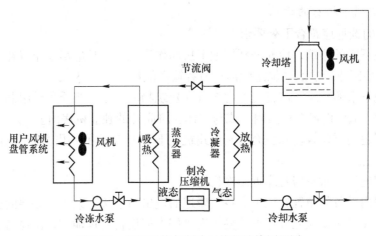

图 7-31　空调系统与制冷系统的连接原理图

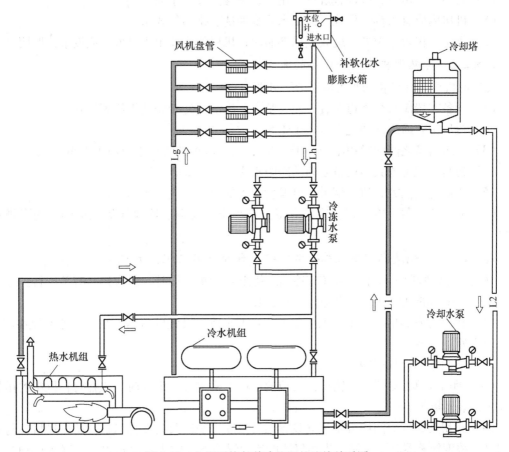

图 7-32　空调系统与其冷热源的连接关系图

筑面积的 1% ~ 2% 估算，此比例随建筑面积的增加而减小，但一般不应低于 $180m^2$。制冷机房的净高应能保证机组和连接管道的安装和吊装高度，一般净高不低于 4m，大型制冷机房净高要求 4.5m。

7.5.2.1　制冷机房的选址

制冷机房的选址应符合下列要求：

（1）有地下室的建筑，应充分利用地下房间作为机房，且应尽量布置在空调负荷中心部位，以尽可能减小冷热媒的输送距离，节省输送能耗。

（2）无地下室的建筑，应优先考虑布置在建筑物的一层；当受条件限制，无法设置在主体建筑内时，也可设置在裙房内，或与主体建筑脱开的独立机房内。

（3）对于超高层建筑，除应充分利用建筑地下室外，还可利用避难层的部分区域及屋面作为机房用地。

（4）变配电站及水泵房宜靠近制冷机房。

（5）机房内设备的布置，应考虑各类管道的进出与连接，减少不必要的交叉。

（6）机房布置时，应充分考虑并妥善安排好大型设备的运输和进出通道、安装与维修所需的起吊空间等。

（7）大中型机房内，应设置观察控制室、维修间及洗手间。

（8）机房内应有给排水设施，满足水系统冲洗、排污等要求。

（9）机房内仪表集中处，应设置局部照明；机房的主要出入口处，应设事故照明。

7.5.2.2　冷热源机房内部设备的布置

冷热源机房内部设备的布置应符合下列要求：

（1）设备布置应符合管道布置方便、整齐、经济、便于安装维修等原则。

（2）机房主要通道的净宽不应小于1.5m。

（3）机组与墙之间的净距不应小于1.0m，与配电柜的距离不应小于1.5m。

（4）机组与机组或其他设备之间的净距不应小于1.2m。

（5）机组与其上方管道、烟道、电缆桥架等的净距不应小于1.0m。

（6）对于蒸发器、冷凝器，应考虑留出不小于蒸发器、冷凝器等长度的清洗、维修距离。

7.5.2.3　燃气溴化锂吸收式冷水机组（或冷热水机组）的机房

燃气溴化锂吸收式冷水机组（或冷热水机组）的机房设计，除应遵守有关现行国家标准、规范、规程的规定外，还应符合下列要求：

（1）机房的人员出入口不应少于2个；对于非独立设置的机房，出入口必须至少有1个直通室外。

（2）设独立的燃气表间。

（3）烟囱宜单独设置；当需要两台或两台以上机组合并烟囱时，应在每台机组的排烟支管上加装闸板阀。

（4）机房及燃气表间应分别独立设置燃气浓度报警器及防爆排风机，防爆风机应与各自的燃气浓度报警器联锁控制，当燃气浓度达到爆炸下限的1/4时报警，并联锁启动防爆排风机排风。

（5）机组顶部距屋顶或楼板的距离不得小于1.2m。

7.5.2.4　制冷机房的通风

制冷机房内必须设置事故通风系统；事故通风量必须满足规范要求。由于多数制冷剂的密度都较空气大，一旦泄漏能很快地取代室内下部人员活动区的空气，导致人员窒息而死亡。因而，应依据制冷剂种类，选择采用相应的检漏报警装置，并将报警装置与机房内的事故通风系统联锁，测头应安装在制冷剂最易泄漏或汇聚的部位。制冷机组安全阀的泄流管应接至室外，以便超压泄流时将制冷剂引至室外上空释放，确保冷冻机房运行管理人员的人身安全。

7.5.2.5　区域供冷

建筑容积率大、空调冷负荷密度高、冷负荷曲线相对平缓、同时使用率低的区域可采用区域供冷方式。采用区域供冷时，必须进行全年能耗计算及技术经济分析论证。区域供冷宜选用天然可再生能源，宜采用蓄能、分布式供能等节能高效的系统形式。进行容量计算时，应根据各分区的功能与用冷特点，确定同时使用系数及不保证率。一般情况下，同时使用系数宜取 $0.5\sim0.8$。区域供冷管道传热面积较大，保温宜采取必要的加强措施，如控制总体输送能耗、散冷量、温升等，以减少管道传热损失。区域供冷系统宜结合采取多级泵、大温差小流量、变流量运行控制、直供等措施以降低输送能耗。

习　　题

7-1　蒸气压缩式制冷的工作原理是什么？

7-2　蒸气压缩式制冷循环由哪些主要设备组成，它们的作用是什么？

7-3　蒸气压缩式制冷系统的压缩机是怎么分类的，各自的特点及适用情况如何？

7-4　什么是制冷剂、载冷剂和冷却剂？试举例说明。

7-5　吸收式制冷机由哪些主要设备组成，它们的作用是什么？

7-6　热泵的低位热源形式有哪些，热泵供热一定比电加热器供热节能吗？

7-7　什么情况下采用冰蓄冷空调系统比较经济？

7-8　单冷型、热泵型和热回收型多联机的区别是什么？

7-9　制冷机房、空调机房等设备用房在建筑中的布置应注意什么问题？

参 考 文 献

[1] 哈尔滨建筑大学，等. 供热工程 [M]. 2版. 北京：中国建筑工业出版社，1985.

[2] 贺平，孙刚. 供热工程 [M]. 3版. 北京：中国建筑工业出版社，1993.

[3] GB 50736—2012. 民用建筑供暖通风与空气调节设计规范 [S]. 北京：中国建筑工业出版社，2012.

[4] CJJ 34—2010. 城镇供热管网设计规范 [S]. 北京：中国建筑工业出版社，2010.

[5] GB 50738—2011. 通风与空调工程施工规范 [S]. 北京：中国建筑工业出版社，2011.

[6] CJJ/T 81—2013. 城镇供热直埋热水管道技术规程 [S]. 北京：中国建筑工业出版社，1999.

[7] 住建部，中国建筑标准设计研究院. 全国民用建筑工程技术措施 暖通空调·动力 [M]. 北京：中国计划出版社，2009.

[8] GB 50189—2015. 公共建筑节能设计标准 [S]. 北京：中国建筑工业出版社，2015.

[9] 单文昌，尚雷译. 供热学 [M]. 北京：中国建筑工业出版社，1986.

[10] GB 50041—2008. 锅炉房设计规范 [S]. 北京：中国计划出版社，2008.

[11] 李德英. 供热工程 [M]. 北京：中国建筑工业出版社，2004.

[12] 李向东，于晓明. 分户热计量采暖系统设计与安装 [M]. 北京：中国建筑工业出版社，2004.

[13] 陆耀庆，等. 实用供热空调设计手册 [M]. 2版. 北京：中国建筑工业出版社，2009.

[14] GB 3095—2012. 环境空气质量标准 [S]. 北京：中国环境科学出版社，2012.

[15] GB 50016—2014. 建筑设计防火规范 [S]. 北京：中国计划出版社，2014.

[16] 严启森，石文星，田长青. 空气调节用制冷技术 [M]. 4版. 北京：中国建筑工业出版社，2010.

[17] 郑庆红，高湘，等. 现代建筑设备工程 [M]. 2版. 北京：冶金工业出版社，2014.

[18] 李树林，南晓红，冀兆良. 制冷技术 [M]. 北京：机械工业出版社，2003.

[19] 卜一德. 地板采暖与分户热计量技术 [M]. 北京：中国建筑工业出版社，2007.

[20] JGJ 26—2010. 严寒和寒冷地区居住建筑节能设计标准 [S]. 北京：中国建筑工业出版社，2010.

[21] GB 50325—2010. 民用建筑工程室内环境污染控制规范 [S]. 北京：中国计划出版社，2011.

[22] JGJ 142—2012. 辐射供暖供冷技术规程 [S]. 北京：中国建筑工业出版社，2012.

[23] 王子介. 低温辐射供暖与辐射制冷 [M]. 北京：机械工业出版社，2004.

[24] 朱颖心. 建筑环境学 [M]. 2版. 北京：中国建筑工业出版社，2005.

[25] 陆亚俊，马最良，姚杨. 空调工程中的制冷技术 [M]. 2版. 哈尔滨：哈尔滨工程大学出版社，1997.

[26] 全国暖通空调技术信息网. 集中供暖住宅分户热计量系统设计实例 [M]. 北京：中国建材工业出版社，2001.

[27] GB 50072—2010. 冷库设计规范 [S]. 北京：中国计划出版社，2010.

[28] 段长贵. 燃气输配 [M]. 北京：中国建筑工业出版社，2001.

[29] GBZ 1—2010. 工业企业设计卫生标准 [S]. 北京：人民卫生出版社，2010.

[30] 赵荣义，范存养，薛殿华，等. 空气调节 [M]. 北京：中国建筑工业出版社，2009.

[31] 陆亚俊，马最良，邹平华. 暖通空调 [M]. 北京：中国建筑工业出版社，2002.

[32] 马最良，姚杨. 民用建筑空调设计 [M]. 北京：化学工业出版社，2003.

[33] GB 16297—1996. 大气污染物综合排放标准 [S]. 北京：中国标准出版社，1997.

[34] GB 22337—2008. 社会生活环境噪声排放标准 [S]. 北京：中国环境科学出版社，2008.

[35] GB 6566—2010. 建筑材料放射性核素限量 [S]. 北京：中国标准出版社，2011.

[36] GB/T 18883—2002. 室内空气质量标准 [S]. 北京：中国标准出版社，2003.

[37] GB 50019—2015. 工业建筑供暖通风与空气调节设计规范 [S]. 北京：中国计划出版社，2016.